世纪英才高等职业教育课改系列规划教材（通信类）

TD-SCDMA 系统组建、维护及管理

孙社文 主 编

人民邮电出版社
北京

图书在版编目（CIP）数据

TD-SCDMA系统组建、维护及管理 / 孙社文主编. -- 北京 : 人民邮电出版社, 2010.10
世纪英才高等职业教育课改系列规划教材. 通信类
ISBN 978-7-115-23760-6

Ⅰ. ①T… Ⅱ. ①孙… Ⅲ. ①码分多址－移动通信－通信系统－高等学校：技术学校－教材 Ⅳ. ①TN929.533

中国版本图书馆CIP数据核字(2010)第169090号

内容提要

目前我国 3G 移动通信系统已在大规模部署和实施，3G 技术备受关注，尤其是在国家“三网融合”的政策背景下，我国信息产业将迎来新一轮的高速增长。但是 3G 的基础应用环境仍然薄弱，尤其是在 3G 人才培养方面存在巨大的缺口。本书以中兴通讯 TD-SCDMA 移动通信网络设备为载体，基于移动通信工程项目实施过程的“全过程、大情境”，设计了 6 个学习情境：“搭建 TD-SCDMA 网络的工程准备”、“无线网络的规划与勘察”、“RNC 设备的安装和调试”、“Node B 设备的安装和调试”、“手机通话功能的实现”、“无线网络维护和优化”。在整体结构设计上，考虑了项目教学的教学载体及主要环节，内容设置由浅入深，由简单到复杂，紧密联系工程实际，具有鲜活的实用性。

本书可作为高等院校通信类相关专业的教材，也可供从事电子、通信及计算机等行业的专业人员，以及从事 3G 移动通信网络建设、运营管理和服务等相关方面的技术人员作为参考用书。

世纪英才高等职业教育课改系列规划教材（通信类）

TD-SCDMA 系统组建、维护及管理

◆ 主　　编　孙社文
　责任编辑　丁金炎
　执行编辑　郑奎国

◆ 人民邮电出版社出版发行　　北京市崇文区夕照寺街 14 号
　邮编　100061　　电子函件　315@ptpress.com.cn
　网址　http://www.ptpress.com.cn
　三河市潮河印业有限公司印刷

◆ 开本：787×1092　1/16
　印张：18.25
　字数：430 千字　　2010 年 10 月第 1 版
　印数：1 – 3 000 册　　2010 年 10 月河北第 1 次印刷

ISBN 978-7-115-23760-6

定价：33.00 元

读者服务热线：(010)67132746　印装质量热线：(010)67129223
反盗版热线：(010)67171154

前言

Foreword

第三代移动通信 3G 系统是当前移动通信发展和应用的主流方面，它能够处理图像、音乐、视频流等多种媒体形式，提供包括网页浏览、电话会议、电子商务等多种信息服务。3G 技术的三大国际主流应用技术标准分别是 CDMA2000、WCDMA 和 TD-SCDMA。TD-SCDMA 技术标准是我国首次拥有了自主知识产权并被国际电联标准化组织（ITU-T）采纳的 3G 移动通信国际标准。

目前我国 3G 移动通信系统已在大规模部署和实施，3G 技术备受关注，尤其是在国家“三网融合”大的政策背景下，我国信息产业将迎来新一轮的高速增长。但与产业增长相适应的复合型人才储备却明显不足。3G 的基础应用环境仍然薄弱，尤其是在 3G 人才培养方面存在巨大的缺口。随着 3G 工程大规模建设和应用步伐的加快，3G 人才的缺口更加明显。

在多年移动通信课程教学实践及中兴 TD-SCDMA 工程实践的基础上，面对全新的、还在发展的 3G 技术，作者将高等职业教育“工学结合”的理念融入本书的编写之中。本书以中兴通讯设备有限公司的 3G 移动通信网络设备为载体，基于移动通信工程项目实施过程的“全过程、大情境”，设计了 6 个学习情境：

学习情境（一）：搭建 TD-SCDMA 网络的工程准备

学习情境（二）：无线网络的规划与勘察

学习情境（三）：RNC 设备的安装和调试

学习情境（四）：Node B 设备的安装和调试

学习情境（五）：手机通话功能的实现

学习情境（六）：无线网络维护和优化

在整体结构设计上，考虑了项目教学的教学载体及其主要环节，相应地设计了“任务描述”、“任务目标”、“资讯准备”、“计划与实施”、“检查与评价点”等项目。内容设置由浅入深，由简单到复杂，紧密联系工程实际，具有鲜活的实用性。

为使本书尽可能具有以上特色，笔者使用了当前已公开发表的行业标准、出版著作和部分网络资料。深圳中兴通讯学院、中兴通讯 NC 教育管理中心的张勇、谢鸥老师对本书的编写给予了很大支持，李栩工程师还参加了本书的编写工作。另外，北京金戈大通通信技术有限公司组织相关领域专家对全书内容进行了详细审校，在此对他们表示崇高的敬意和由衷的感谢。

限于作者水平，书中难免存在疏漏之处，敬请广大读者批评指正。

编　者

目　录

Contents

学习情景 1　搭建 TD-SCDMA 网络的工程准备

➲ 情景说明

随着移动通信技术的发展进入 3G 时代，随之而来的 3G 网络建设也大规模展开。TD-SCDMA 3G 网络在工程建设中会涉及很多施工步骤和方法，如网络勘查、硬件安装、设备调测、工程验收等，每个施工环节也会有不同的施工要求。本情景将主要介绍 TD-SCDMA 网络工程建设的工程步骤、流程和实际现场的施工要求。

正确的工程施工流程和施工要求是 TD-SCDMA 工程建设能够顺利完成的基本保障，是网络能够正常运行的基础。建设高质量的通信网络，必须确保规范、严禁、无差错的通信工程施工，这是 TD-SCDMA 网络建设中必不可少的一环。通信工程施工并不是一个简单的技术性工作，还涉及协调、服务等一系列的工作。我们将在本情景中介绍工程施工的相关内容。

搭建 TD-SCDMA 网络的整个工程流程如图 1-1 所示。

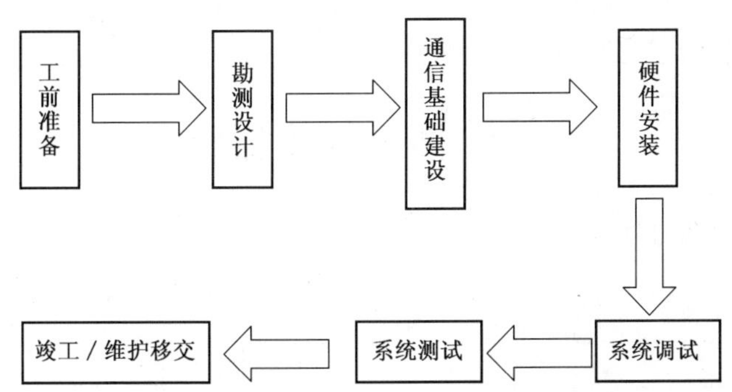

图 1-1　搭建 TD-SCDMA 网络工程流程图

➲ 学习目标

- 相关知识
  - ✧ 了解移动通信系统的基本情况。
  - ✧ 了解整个 TD-SCDMA 网络建设的工程流程。
  - ✧ 掌握搭建 TD-SCDMA 网络工程所需准备的内容。
- 拓展知识(*)
  - ✧ TD-SCDMA 技术有哪些优势。
  - ✧ 整个 TD-SCDMA 网络结构是怎样的。
  - ✧ 通信工程师有哪些行为规范要求。

- 相关技能
  - 基本操作技能
    - ✧ 工前准备的内容。
    - ✧ 工前准备的要求。
  - 拓展技能、技巧
    - ✧ 通信工程师的行为规范。
    - ✧ 通信工程师的基本工作礼仪。
    - ✧ 服务意识。

任务一 搭建 TD-SCDMA 网络的工程准备

资讯准备

资 讯 指 南	
资 讯 内 容	获 取 方 式
移动通信系统目前的基本情况如何？	阅读资料； 上网； 查阅图书； 询问相关工作人员
通信工程流程有哪些？	
工前准备有哪些要求？	
工程施工准备有哪些具体内容？	

1.1 通信工程流程概括

通信工程流程如图 1-2 所示。

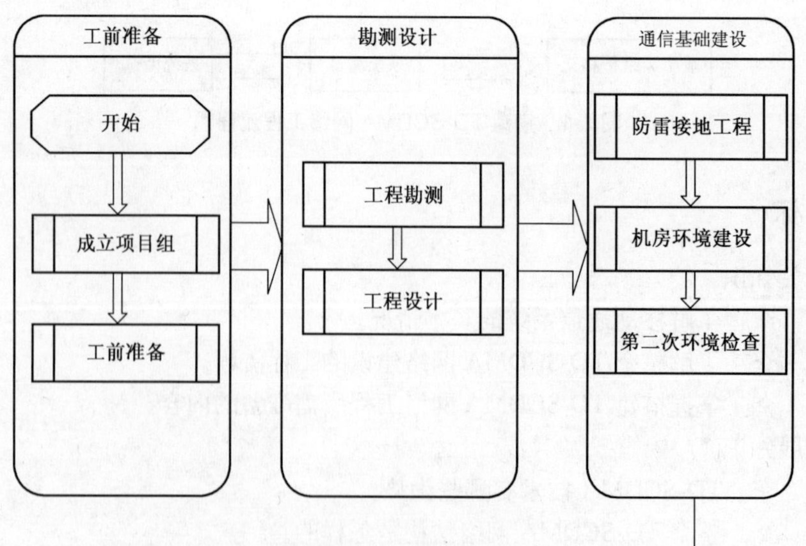

图 1-2 通信工程流程

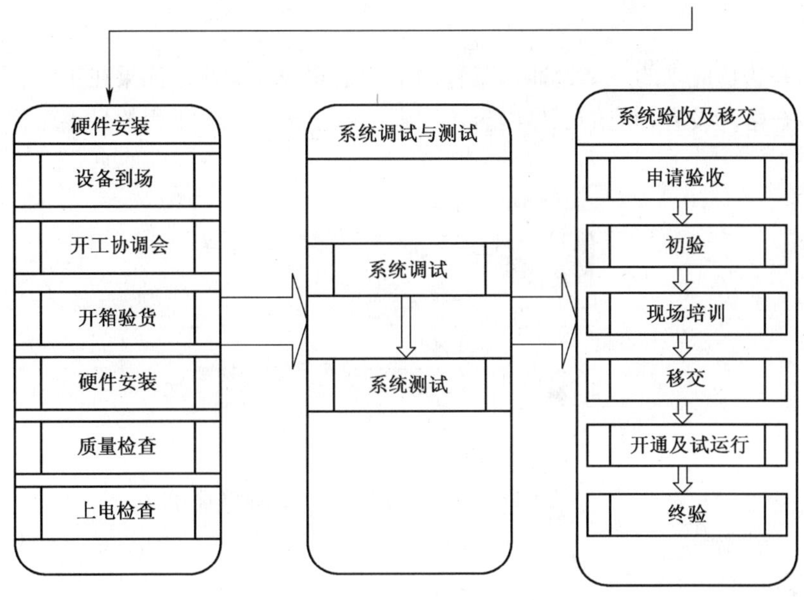

图 1-2 通信工程流程（续）

1.2 工前准备概述

通信工程施工流程图如图 1-3 所示。工前准备是一个工程中必备的阶段，而通信工程因其高技术性、规范性、多方协作及网络化等特点，对工程师有着比对其他从业人员更为严格的工前要求。一名通信工程师，在一项通信工程开始之前，首先应该具备相应的技术准备以及相应的工程素质准备。

1. 信息准备

一般来说，在通信工程施工前期，工程项目经理需要研究分析项目的大小，配备相关技术人员，确定项目的难度、特点、工作量、工期要求以及工作地点等。而在项目经理将相关任务发送至通信工程师之后，工程师要从相关的《工程任务书》中获得该项目的各种信息，并且进行工程前期的技术、知识、素质、工作内容以及工具的各种准备工作。

2. 技术准备

在工程施工之前，工程师须根据核心通信设备的不同种类，进行不同的技术专业准备。例如对于一个程控交换工程，应配备相应的程控交换工程师；对于一个光传输工程，则需要一个具备相应的光传输知识的工程师。

工程素质是除了技术专业之外，工程师还必须具备的工程基本素质，是满足工程工作的一系列协调能力、工作方法、解决问题的能力准备。在一项程控交换的工作中，具备了程控技术专业的工程师，依然必须拥有对于通信工程中人际交往、勘测设计、硬件相关安装技术，以及质量可靠性与测试的基本知识。只有在专业知识之外具备了这些工程基本知识，工程师才能够在工程施工中较为顺利地将整个工程建设成为一个稳定可靠的通信网络。

良好的开始是成功的一半，通信工程施工的工作同样如此。如果在工程开始之前，工程师素质不合格，或者相应的工作内容不清晰，就会影响整个工程的后续工作。

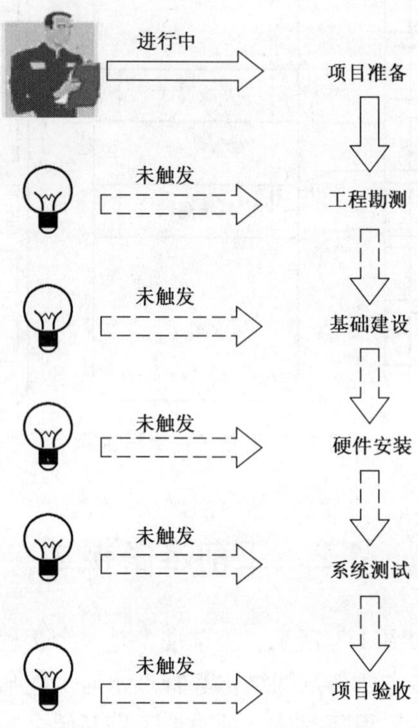

图 1-3　通信工程施工流程图

1.3　工程施工准备

一、工程施工前的人员准备

- 在工程合作的情况下，工程安装以合作方技术人员为主，以客户方技术人员为辅共同完成，并以中兴技术人员为工程督导。
- 在非工程合作的情况下，工程安装以中兴技术人员为主，以客户方技术人员为辅共同完成。
- 合作方技术人员应经过中兴的严格培训和考核，掌握系统的安装、调试方法，并取得上岗证书后方有资格在中兴工程督导的督导之下进行设备安装与调试。
- 客户方技术人员应经过中兴的预培训，掌握一定的安装、施工方法。
- 塔上安装人员必须经过相关培训，并取得相关作业证书。
- 塔上安装人员必须身体状态良好，未饮酒，并已购买人身安全保险。
- 塔上安装人员必须遵守安全器具的使用原则，并使用安全带。

二、设备安装环境检查

1. 室内

室内主要检查机房是否有市电接入，建筑物的承重能力是否符合要求，防雷接地是否具备；检查机房是否按要求进行粉刷，温度、湿度是否满足要求；检查机房空调是否安装，排水系统是否完成等。

2. 室外

室外主要是对天、馈线安装环境进行检查，判断是否符合基站收发信台的工程设计要求；重点检查天线的避雷针、避雷接地点及馈线的避雷接地点；检查室外走线架、天线支撑杆之间的距离及以支撑杆的牢固度和抗风性是否符合设计要求；检查天、馈线安装环境是否与当初的勘测设计环境相同，是否需要更改设计。

三、工程施工前的开箱验货

- 搬运前找到 1 号箱，了解发货总体信息。
- 依照装箱清单，找出相应的包装箱。
- 包装箱搬运到机房或机房附近进行开箱。
- 使用开箱工具，如撬杠、大一字螺丝刀、锤子等打开装有机柜的包装箱。
- 与客户一起点货，填写《开箱验货报告》，交客户签字。
- 当出现错货、缺货时，打电话联系中兴通讯当地办事处。
- 取出机柜，直立于坚实的地面上。
- 根据需要打开其他包装箱。

四、工程施工前的工具准备

- 电钻及钻头。
- 吸尘器。
- 斜口钳、尖嘴钳、老虎钳、剪线钳、PCM 接头制作压线钳及液压钳。
- 小号活动扳手和大号活动扳手。
- 大号十字螺丝刀、小号十字螺丝刀、大号一字螺丝刀及小号一字螺丝刀。
- 电烙铁、助焊剂、焊锡丝、美工刀及热风枪。
- 地阻仪、数字万用表。
- 5m 的卷尺、水平仪、记号笔。
- 铁锤、橡皮锤。
- 馈缆连接器制作专用工具。
- 防水胶泥、防水胶布。
- 坡度仪、地质罗盘。
- 其他辅助工具。

计划与建议

计划与建议（参考）	
1	通过上网或询问相关工作人员了解目前移动通信网络的基本情况
2	通过上网、查阅图书了解 TD-SCDMA 的技术特点和优势
3	通过阅读资料或询问相关工作人员了解通信工程的整个工程流程
4	讨论分析并明确工程准备的具体内容

试一试

（1）影响工程质量的几个因素：____________、____________，____________。

（2）工程施工前的准备主要包括____________________、____________________、____________________。

（3）简述网络设备安装前对环境检查的要求。

（4）简述开箱验货的步骤。

练一练

画出 TD-SCDMA 系统建设工程施工的流程图。

学习情景 2　无线网络的规划与勘察

➲ 情景说明

无线网络规划是无线网络建设过程中的一个非常重要的环节，通过勘察采集实际的地形、环境数据，并对实际采集的数据进行分析，按照运营商的要求，对需要覆盖的区域进行站点的布置。本情景的学习目的重点在于掌握规划的流程、链路预算和容量预算的基本知识、站点勘察的作用和流程及勘察注意事项。

➲ 学习目标

➘ 相关知识

- ✧ TD-SCDMA 系统无线网络规划的原则和策略。
- ✧ 无线网络规划的流程和基本内容。
- ✧ 链路预算和容量规模预算。
- ✧ 无线网络勘察的流程及步骤。

➘ 拓展知识

- ✧ 无线网络勘察的注意事项。
- ✧ 勘察报告的填写。
- ✧ 天线基本知识。

➘ 相关技能

➢ 基本操作技能

- ✧ 勘察工具的使用。

➢ 拓展技能、技巧

- ✧ 天线选型。

任务二　无线网络的规划

资讯准备

资讯指南	
资讯内容	获取方式
无线网络规划的作用是什么？	阅读资料； 上网；
网络规划在整个网络建设中处于什么位置？	

续表

资讯指南	
资讯内容	获取方式
无线网络规划中需要遵循哪些原则?	查阅图书; 询问相关工作人员
无线网络规划中通常会采用哪些策略?	
无线网络规划流程有哪些步骤?	

2.1 无线网络规划的作用

任何一个通信网络在建设之前都要进行一定的设计，包括网络的规模、能够支持的业务类型和用户数量及网络的布置等。网络规划中对数据的收集，一般在分析运营商的要求，并进行实地网络勘察之后，通过规划软件进行详细地规划并输出。在后期网络建成运行的过程中，还会进一步针对网络的质量进行优化。因此，网络规划是网络建设和应用中一个非常重要的环节。无线网络规划也同样要从这些方面进行考虑，但无线网络规划还要涉及无线资源的规划，也就是确定如何分配有限的频点。在采用码分多址的系统中，还要考虑如何分配码资源。如在 TD-SCDMA 的网络规划中就要考虑以下 4 个方面。

1. 覆盖规划

考虑不同无线环境的传播模型，如平原、山地、盆地等不同环境中，信号的传播衰减程度不同；考虑不同的覆盖率要求等，进而设计基站类型。

2. 容量规划

考虑不同用户业务类型，如语音业务、数据业务等，不同类型业务需要的带宽资源不同，进而进行网络容量规划。

3. 频点规划

无线通信的载体是有限的频率资源，因此要对有限的频点进行分配，须考虑用户数和用户构成、可用频点资源多少、业务类型和业务量及站型的选择，进而设计频点的分配方案。由于相同或者相近的频率之间会产生干扰，因此一般在进行频点规划时，应尽量避免相邻小区使用相同或者接近的频点。TD-SCDMA 采用了码分多址方式，因此频率资源得到了极大的复用，即使相邻的小区也能够使用相同的频点。

4. 码资源规划

TD-SCDMA 的码资源规划包括两点，即下行同步码的规划和复合码的规划。在码分多址系统中，“码”通常用来区分不同的用户以及不同的基站和小区，但对于“码”有严格的要求，需要其满足一定的条件（如正交性等），因此，码资源是有限的。因此对相邻小区和码的复用距离要进行合理规划，不可将相关性很强的码分配在覆盖区交叠的相邻小区或扇区。

2.2 网络规划的原则

网络规划必须要达到服务区内最大程度的时间、地点的无线覆盖，最大程度减少干扰，达到所要求的服务质量，最优化地设置无线参数，最大程度提高系统服务质量；在满足容量和服务质量的前提下，尽量减少系统设备单元，降低成本。

网络规划是覆盖（Coverage）、服务（Service）和成本（Cost）三要素（简称 CSC）的一个整合过程，如何做到这三要素的和谐统一，是我们网络规划必须面对的问题。一个出色的组网方案应该是在网络建设的各个时期以最低代价来满足运营要求。网络规划必须符合国家和当地的实际情况；必须适应网络规模滚动发展，系统容量以满足用户增长为衡量；要充分利用已有资源，应平滑过渡；注重网络质量的控制，保证网络安全、可靠；应综合考虑网络规模、技术手段的未来发展和演进方向。

TD-SCDMA 频率资源丰富，充分考虑了以上原则，并提出了“一次规划，分期建设”的组网理念。其各次规划互不相干，各种业务联系覆盖。TD-SCDMA 网络规划原则如图 2-1 所示。

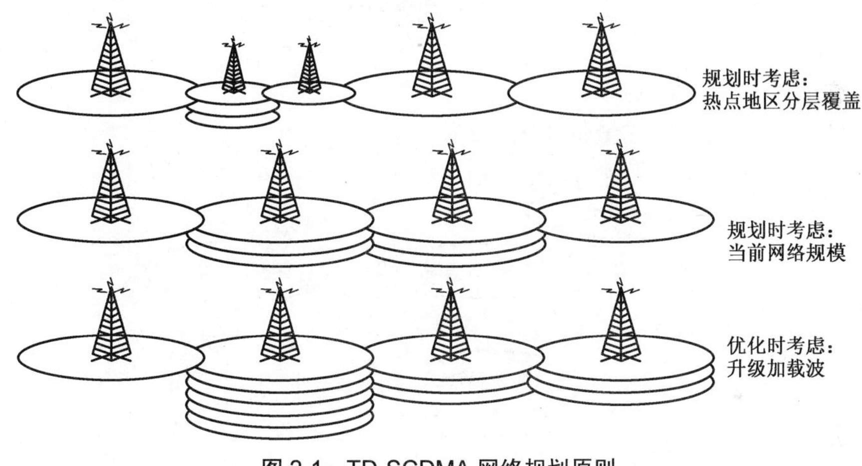

图 2-1　TD-SCDMA 网络规划原则

2.3　网络规划的策略

规划策略的指导思想是覆盖点、线、面，充分吸收话务量。话务（业务）量集中的“点”为重点覆盖区域，确保这些区域的覆盖，我们称为“点”覆盖。对于话务（业务）量流动的“线”，把重点覆盖区域通过的几条主要“线”连接在一起，保证用户的满意度，确保这些区域的覆盖，我们称为“线”覆盖。对于对话务（业务）量有一定需求的地区“面”，为了进一步提高用户的满意度，同时尽量吸收更多的用户，我们把次要“点”和次要的“线”，连接起来，确保对这些区域一定程度的覆盖，我们称为“面”覆盖。

1. “点”覆盖

指的是在重点覆盖区域，包括（省）市政府办公地、运营商办公地（楼）、高级写字楼、高档宾馆区、高档住宅区、大型商场、集市和娱乐场所、医院、大专院校等重点覆盖区的楼上或以重点覆盖区为中心的 50m 范围内有站点；重点覆盖区的基地距离为 600～800m。

2. “线”覆盖

指的是主要商业街、市区主要交通干道、城际高速公路、机场公路等主要交通干道区域覆盖。

3. “面”覆盖

在上述主要站点选择之后，可进行覆盖区的覆盖，主要是把各个独立的主要站点连接起来，保证网络的连续覆盖。对位于普通的居民住宅区的次要站点，站点的选择应根据住宅区的疏密情况确定，站点之间的距离在 1km 左右。

一个覆盖良好、性能完善的网络，不是一蹴而就的，而是经过多次规划才能建设完成；也不是有宏蜂窝的广域覆盖就能解决道路、热点和重点建筑的覆盖，在组网过程中，要灵活使用宏蜂窝、微蜂窝、射频拉远和直放站等。

2.4 网络规划的流程

1. 网络规划在网络建设中的地位

网络规划在网络建设中的地位如图 2-2 所示。

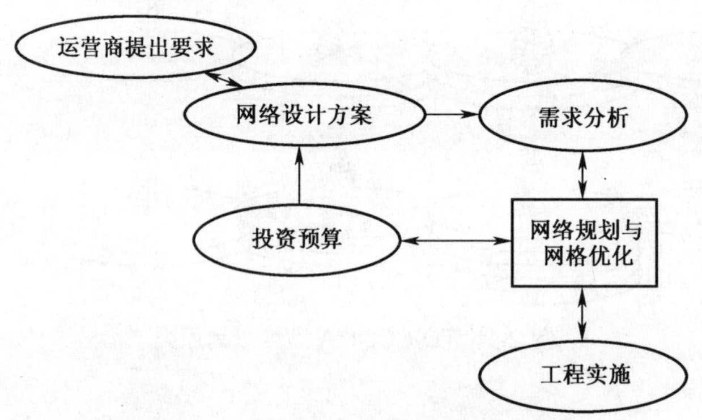

图 2-2 网络规划在网络建设中的地位

在满足运营商提出的覆盖范围、容量及服务质量要求的情况下，通过网络规划给出网络规模的估算结果，使投资最小化，并利用仿真工具软件验证。

网络规划要对网络的发展趋势做出预测，并为未来的建设作好准备。

2. 网络规划的一般步骤

网络规划的一般步骤如图 2-3 所示。

3. 网络规划前的需求分析

需求分析阶段要根据客户要求的业务区，确定怎样划分覆盖区域，以及与之相对应的用户（数）密度分布；确定业务区域划分，以规划设计所要达到的目标；就客户提出的规划要求做客户需求分析，了解规划区的地物、地貌，研究话务量的分布，了解规划区的人口分布和人均收入；了解规划区的现网信息，给出满足客户提出的覆盖、容量、QoS 等要求的规划策略。对客户要求覆盖的重点区域实地勘察，利用 GPS 了解覆盖区的位置和面积。通过现网话务量分布的数据，指导待建网络的规划。根据提供的现网基站信息，作好仿真前的准备工作。综上所述，需求分析阶段需要做以下工作。

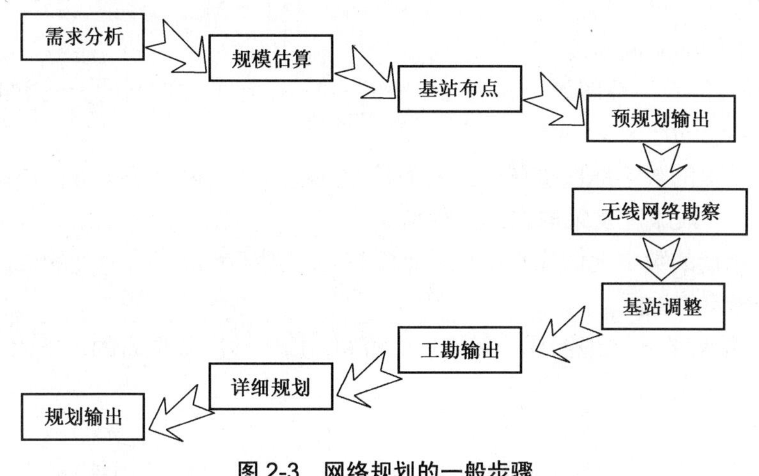

图 2-3　网络规划的一般步骤

- 了解地形地貌环境和人口分布状况。
- 了解无线网络频点环境。
- 了解客户的网络建设战略。
- 了解系统设计参数要求。
- 了解覆盖需求。
- 了解客户可提供的站点信息。
- 了解现有无线网络站点分布和话务分布信息。
- 了解客户的其他特殊需求。

一般在网络规划的需求阶段，要进行业务模型建模。

4. 网络规模估算

在做网络规划前，可以预先估计网络的规模，如整个网络需要多少基站、多少小区等。网络规模估算就是通过链路预算容量估算之后，大致确定基站数量和基站密度。再根据覆盖确定需要的 Node B 数量时，计算反向覆盖可以得到小区覆盖半径，进而根据各个业务区的面积可以粗略计算需要的 Node B 数量；然后根据用户容量确定需要的 Node B 数量，二者之间取大即为所需要的 Node B 数量。

网络规模直接由两个方面决定，一是由于覆盖受限而必需的小区数目，二是由于小区容量受限而必需的小区数目。所以，网络规模估算包括两部分，一部分是基于覆盖的规模估算，一部分是基于容量的规模估算。

5. 基站布点

基站布点是指根据规模估算，在电子地图上进行模拟布点。

(1) 电子地图包括的信息

- 地形高度（必须）。
- 地物覆盖（必须）。
- 矢量（必须）。

- 建筑物的平面位置和高度数据（可选）。
- 文本标注（可选）。

(2) 电子地图的不同精度

- 5m 精度的数字地图属于高精度资料，一般用于话务密度高的大城市市区及采用微蜂窝系统的地区。
- 20m 精度的数字地图也属于比较高精度的资料，一般用于话务密度比较高的城市市区、一般城区及采取宏蜂窝的地区。
- 50m 精度的数字地图属于中等精度的资料，用于一般话务密度的郊区和农村及采取宏蜂窝的地区。
- 100m 精度的数字地图属于低精度的资料，用于地区和全省的范围内、农村及使用宏蜂窝的地区。

6. 基站选址

站点布局阶段的任务是从运营商可提供的站点或候选站址中选择合适的站点，进而确定站点的站型、网络整体结构，并根据覆盖和容量的需要确定站点的站型，在此基站上搭建合理的网络拓扑结构。在站点分布的规划中，应根据综合的因素选择网络单元，这些因素包括地形、地貌、覆盖、容量、机房条件等，组网中常见的网络单元有宏蜂窝、微蜂窝、射频拉远、直放站等。把他们灵活地运用到网络建设中，可以取得良好的效果。

站址选择在整个网络规划的过程中是非常关键的工作。如果站址选择合理，规划时只需要对参数进行微调就可以满足要求；反之如果站址选择不合理，常常导致规划性能不佳，甚至需重新选择站址，而使前一阶段的规划工作的作废。

- 在建网初期设站较少时，选择的站址应保证重要用户和用户密度大的市区有良好的覆盖。在不影响基站布局的前提下，应尽量选择现有站址作为候选站址，并利用其机房、电源及铁塔等设施。
- 避免在雷达站附近设站，如要设站，应采取必要措施防止相互干扰，以保障安全。
- 避免在高山上设站。高站干扰范围大，在高山上设站往往对处于小盆地的乡镇覆盖不好。
- 避免在树林中设站。如要设站，应保持天线高于树顶。
- 市区基站中，小蜂窝区（R=1～3km）基站宜选高于建筑物平均高度但低于最高建筑物的楼房作为站址，微蜂窝区基站则选低于建筑物平均高度的楼房设站且四周建筑物屏蔽较好；应避免选择今后可能有新建筑物影响覆盖区的站址。考察有无必要的建站条件：楼内是否有可用的市电及防雷接地系统；楼面负荷是否能满足工艺要求；楼顶是否有安装天线的场地等。成本方面要考虑选择机房改造费低、租金少的楼房作为站址。
- 在选择站址时，可以对候选站址作传播测试。传播测试的结果除了用于传播环境评估外，还可用于传播模型的校正。大量的工程实践证明，在准平坦地形的条件下，标准偏差不大于 8dB；丘陵地形条件下，标准偏差不大于 11dB，均值偏差不大于 3dB，则可认为该模型是可用的。值得注意的是，有一些测试点的测试值与预测值的偏差会到十几甚至几十分贝（标准偏差不大于 8dB 不意味着预测的最大偏差不大于 8dB）。在选择传播模型时应根据不同的环境选用不同的传播模型，对环境的分类描述包括人文环境（密集城区、一般城区、郊区、农村、开阔地等）、地形地貌（准平坦地形、不规则地形等）及小区类型（宏蜂窝、微蜂窝、微微蜂窝等）。

➢ 最后根据实地的勘察结果与仿真结果相结合对站点进行筛选。选择适合 TD-SCDMA 组网要求的站点，在此基础上搭建网络构架。

7. 预规划输出

预规划输出是通过进行规划预仿真实现的。

所谓规划预仿真就是利用 PLANET 仿真软件做网络规模估算结果的验证工作。通过仿真来验证估算的基站数量和基站密度能否满足规划区对系统的覆盖和容量要求，以及混合业务可以达到的服务质量，大体上给出基站的布局和基站预选站址的大致区域和位置，为勘察工作提供勘察的指导方向。

规划仿真的最终目的主要是通过仿真运算实现对于一个实际网络建设方案的检验，并且提供工具方便对于网络结构和设备重要参数的调整，以优化网络；其流程如图 2-4 所示。

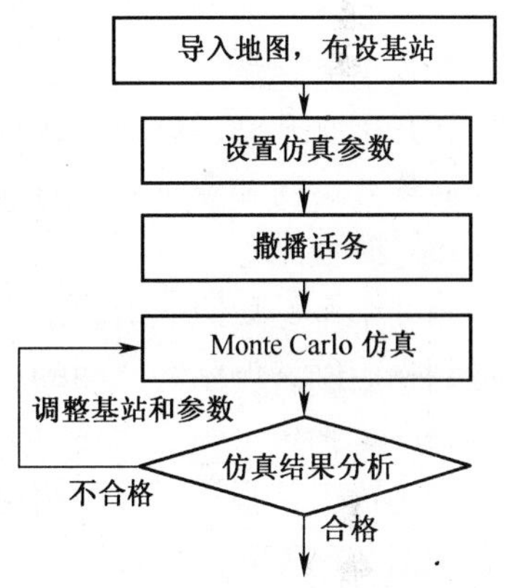

图 2-4 规划预仿真流程

8. 无线网络勘察

进行无线网络堪察的目的是确认预规划所选的站址是否满足建站要求，具体要求包括无线方面的准则和非无线方面的准则。

（1）无线方面的准则

➢ 主瓣方向场景要开阔。
➢ 智能天线特殊要求：智能天线周围 40～50m 范围内不能有明显的反射物。
➢ 周围无对覆盖区形成阻挡的高大物体。
➢ 地形可见性要好。
➢ 足够的天线安装空间。
➢ 馈线要尽可能短。

（2）非无线方面的准则

➢ 要有合适的机房。
➢ 要可以建设机房。
➢ 要有适合安装天线的位置。
➢ 天线安装位置距机房距离应小于 50m。
➢ 天线安装位置应能牢靠地架设抱杆。
➢ 天线安装位置对覆盖区方向的视野要开阔。

9. 基站调整

基站调整应根据仿真得到的基站数量和基站密度等结果，以及对基站情况的勘察结果

进行。基站调整的手段包括以下几种。

（1）调整发射功率

调整发射功率，使基站的覆盖半径发生变化，进而增大或减小覆盖范围。

（2）改变下倾角

基站天线下倾角度的调整也是基站调整的一个重要手段，加大基站天线的下倾角可以缩小小区的覆盖范围，进而减少小区间的干扰和导频污染。

（3）改变扇区方向角

有些基站天线的波束主瓣朝向前方有高楼或障碍遮挡，导致信号无法接受，这时候可以在考虑不干扰临小区的情况下，进行方位角的调整。

（4）降低天线高度

在城市环境中，要避免过高的站点。站点位置过高，会使相距很远的小区用户接受到比所在小区还要强的基站信号，引起严重的导频污染。

（5）更换天线类型

不同的天线类型有不同的应用场景，根据实际的应用环境应该选取不同的天线型号，以增加覆盖的效果。

（6）增加基站、微蜂窝或直放站

对热点地区和覆盖盲点可以采用增加微蜂窝、直放站、射频拉远等的调整方式。

（7）改变站址

当某个基站周边的地貌地形发生变化导致无线传播环境恶化，不再适于假设站点，或者受到物业网络调整等方面的影响时，需要进行基站地理位置的调整。

10. 工勘输出

工勘输出是根据无线网络勘察的结果，进行网络仿真和基站调整，将仿真结果输出，流程如图 2-5 所示。

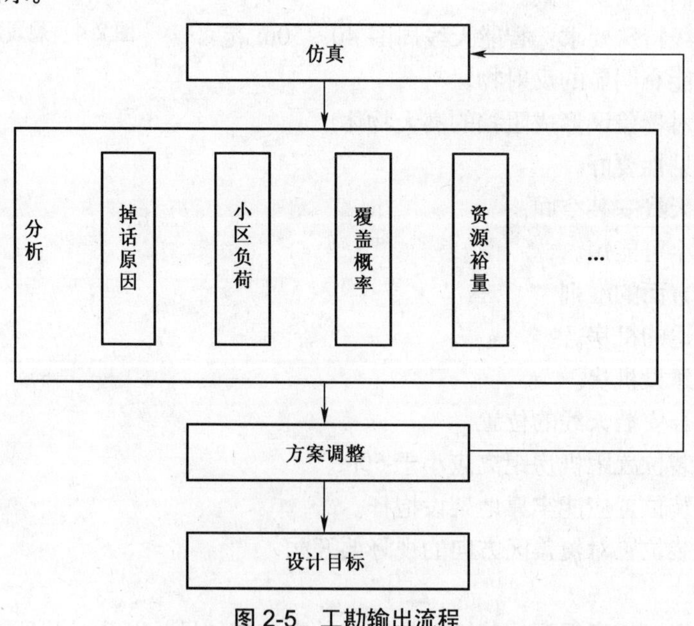

图 2-5 工勘输出流程

11. 详细规划

详细规划的主要内容主要包括两方面，即网络仿真和无线参数规划。

(1) 网络仿真

在这一步中将按照工勘输出的站点，重新进行仿真分析，调整方案，目的是便于后续的无线参数规划。此时要考虑邻小区等。

(2) 无线参数规划

无线参数规划包括三步，即邻小区规划、频点规划、码资源规划。

- 邻小区规划：根据网络仿真的 Best Server 图，可以规划出相邻小区。按照一定规则，可列出邻小区列表，以便后续频点和码资源的规划。
- 频点规划：频点规划的原理是将可用的频率分成若干组，每小区使用一组频率，并隔开一定的距离复用相同的频率。目前，技术组开发的频点规划工具是 Matlab 版本的，由于考虑到后期工具科会将此工具包装，因此，没有进行界面化的编程。
- 码资源规划：码资源规划分为下行同步码规划和复合码规划。

下行同步码用于标识不同小区。在系统设计初挑选 32 个下行同步码时，虽然已经充分考虑了其相关性，但是通过我们的相关性研究表明，32 个下行同步码两两之间的相关性存在差异。因此，在网络规划时，需要对相邻小区的下行同步码做规划，同一个下行同步码也要有一定的复用距离。

复合码是扰码与扩频码的乘积，长度为 16chips。复合码之间的互相关特性对接收端解调信号有影响，原则上，我们不将相关性很强的码分配在覆盖区交叠的相邻小区或扇区。

另外，码资源规划要注意以下两点：

- 利用率：尽量减少因码分配而阻塞掉的码字。
- 复杂度：尽量减少分配的码字数量。

12. 规划输出

网络规划输出的是 TD-SCDMA 无线网络规划报告。无线网络规划报告是无线网络规划成果的直接表现，也是规划水平的反映，主要包括规划区域类型划分、规划区域用户预测、规划区域业务分布、网络规划目标、网络规划规模估算、无线网络规划方案、无线网络仿真分析及无线网络建议等。

从客户的角度来看，规划报告的质量高低直接反映了规划水平的高低。规划输出要完全体现在规划报告中，无线网络规划报告的内容要详尽、客观、真实，要如实反映该区的各种需求、面临的问题和解决方案；要展现产品的最优性能，满足客户的最大期望。

规划输出的对象主要有两部分，即局方和用服人员。

计划与建议

计划与建议（参考）	
1	通过阅读资料、查阅图书或询问相关工作人员了解网络规划的要点、原则和策略
2	熟悉网络规划的流程及规划中需要注意的事项
3	分组讨论学习，画出网络规划流程图

展示评价

(1) 教师及其他组负责人根据小组展示汇报的整体情况进行小组评价。

(2) 学生展示汇报中，教师可针对小组成员的分工对个别成员进行提问，给出个人评价表。

(3) 组内成员互评打分。

(4) 评选今日之星。

试一试

(1) TD-SCDMA 无线网络规划就是要进行________、________、________和________几个方面的规划。

(2) 无线网络规划的原则是 ________________。

请按顺序列出网络规划流程的 9 个步骤。________、________、________、________、________、________、________、________、________。

(3) 列出网络勘察中需要注意的几个主要因素（列出 6 个即可）。________、________、________、________、________、________、________。

(4) 基站布点是根据预算在________上进行模拟布点。

(5) 根据现场勘察结果需要对基站进行调整，基站调整的对象可包括________、________、________、________、________、________。

(6) 详细规划的主要内容包括 ________和________两方面。

练一练

按照网络规划的步骤，要求学生完成一个简单网络的模拟规划。

任务三　链路预算和容量规模预算

资讯准备

资 讯 指 南

资 讯 内 容	获 取 方 式
链路预算的作用	阅读资料； 上网； 查阅图书； 询问相关工作人员
TD-SCDMA 中链路预算的类型	
最大损耗的计算	
TD-SCDMA 的容量受哪些方面的限制?	

3.1　链 路 预 算

链路预算是覆盖规划的前提，通过计算业务的最大允许损耗（即在损耗不可避免的情况下，仍需要保证正常的通信质量时允许的最大损耗），可以求得一定传播模型下小区的覆盖半径，从而确定满足连续覆盖条件的基站规模。通常覆盖规划都是以手机能够达到的最大半径为基础进行计算的，因为影响前向覆盖半径的不确定因素很多，如同时连接的用户数、用户分布、用户速率等，计算起来较为复杂。

链路预算是 TD-SCDMA 无线网络规划中必不可少的一步，通过它能够指导规划区内小区半径的设置、所需基站的数目和站址的分布，也是实际工程中有助于快速进行网络建设的有力工具。链路预算包括上行业务信道链路预算、下行业务信道预算和下行公共信道链路预算。

1. 上行业务信道链路预算

上行业务信道链路预算模型如图 3-1 所示。

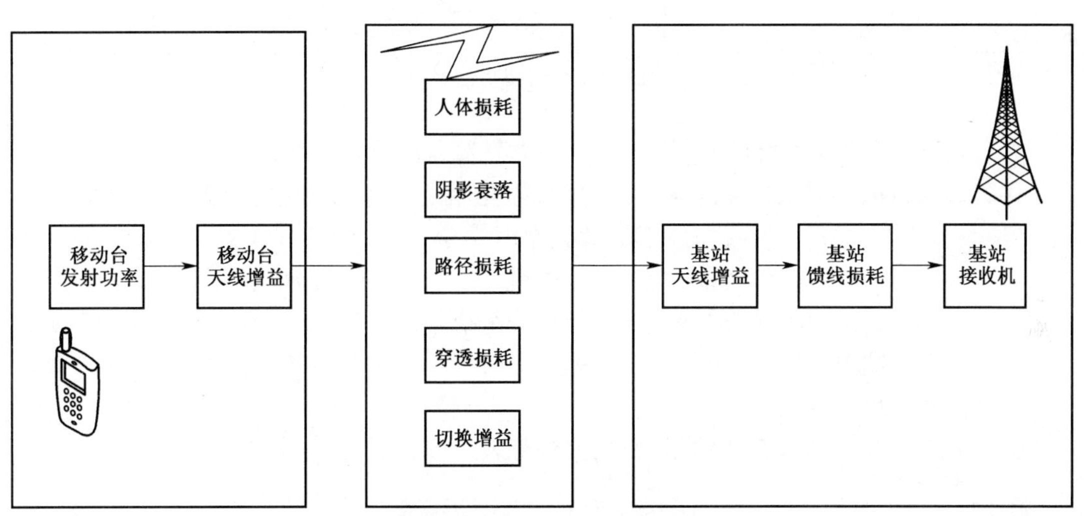

图 3-1　上行链路预算模型

图 3-1 所示为上行链路预算的模型，左边大方框圈起来的部分为发射端，中间为发射与接收之间的无线链路，右边表示接收端。发射信号到达基站后的接收功率为：

基站接收功率 = 移动台发射功率+移动台天线增益–人体损耗–阴影衰落余量–路径损耗–穿透损耗+切换增益+基站天线增益–基站馈线损耗　(1)

无线信号到达基站后须满足一定的解调门限才能被接收机正确解调，即

$$\frac{\text{接收功率}}{\text{背景噪声}+\text{干扰}} \geqslant \text{C/I} \qquad (2)$$

C/I 称为信噪比。假设接收信号刚好满足解调要求，那么接收功率=C/I+背景噪声+干扰，这样综合（1）、（2）两式，就可以得到上行最大路径损耗为

上行最大路损 = 移动台发射功率+移动台天线增益–人体损耗–阴影衰落余量–穿透损耗+切换增益+基站天线增益–基站馈线损耗–C/I–背景噪声–干扰

2. 下行业务信道链路预算

下行业务信道链路预算模型如图 3-2 所示。

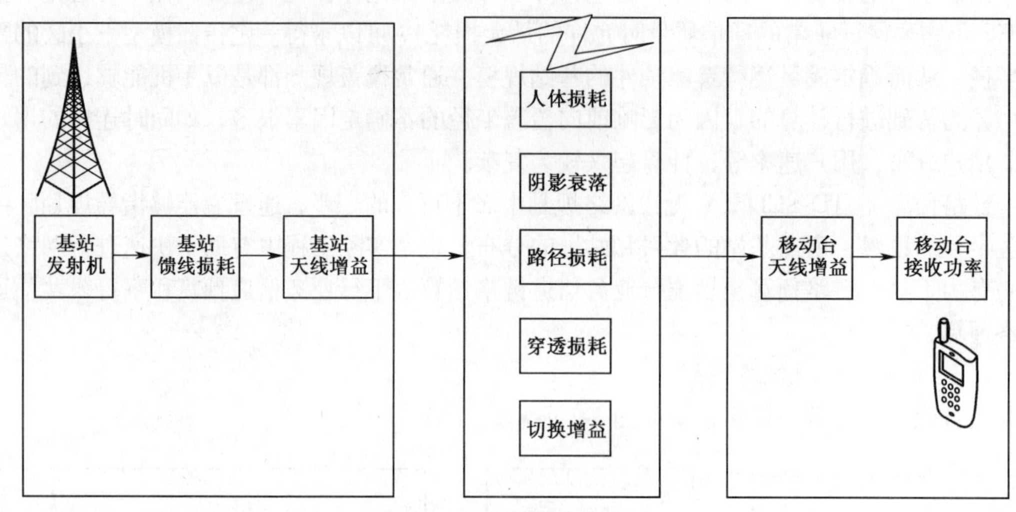

图 3-2 下行链路预算模型

下行链路预算与上行类似，下行的最大路损计算公式为

下行最大路损 = 基站发射功率–基站馈线损耗+基站天线增益–人体损耗–阴影衰落–穿透损耗+切换增益+移动台天线增益–C/I–背景噪声–干扰

➢ 与上行相比，链路预算中差别最大的就是基站的发射功率。对于基站来说，单时隙内单载波的所有功率理论上都可以分配给某个业务使用，但是在一个小区中，移动终端的位置是随机的，也就是说某时隙内的所有功率不能只分配给某个移动终端使用。

表 3-1 所示为 TD –SCDMA 的上行链路预算表。

表 3-1 TD –SCDMA 上行链路预算表

项 目		单位	语 音		可视电话		数据业务（PS64）	
			密集城区	一般城区	密集城区	一般城区	密集城区	一般城区
系统参数	信道模型		TU3	TU3	TU3	TU3	TU3	TU3
	业务速率	bit/s	12.2k	12.2k	CS64k	CS64k	PS64k	PS64k
	工作频率	MHz	2000	2000	2000	2000	2000	2000
	扩频带宽	MHz	1.28	1.28	1.28	1.28	1.28	1.28
发射端	最大发射功率	dBm	24.00	24.00	24.00	24.00	24.00	24.00
	天线增益	dBi	0.00	0.00	0.00	0.00	0.00	0.00
	人体损耗	dB	3.00	3.00	0.00	0.00	0.00	0.00
	EiRP	dBm	21.00	21.00	24.00	24.00	24.00	24.00

续表

项目		单位	语音		可视电话		数据业务（PS64）	
			密集城区	一般城区	密集城区	一般城区	密集城区	一般城区
接收端	热噪声密度	dBm/Hz	–173.98	–173.98	–173.98	–173.98	–173.98	–173.98
	热噪声功率	dBm	–112.90	–112.90	–112.90	–112.90	–112.90	–112.90
	噪声系数	dB	3.50	3.50	3.50	3.50	3.50	3.50
	噪声功率	dBm	–109.40	–109.40	–109.40	–109.40	–109.40	–109.40
	小区负载		75%	75%	75%	75%	75%	75%
	干扰余量	dB	1.00	1.00	1.00	1.00	1.00	1.00
	处理增益	dB	10.62	10.62	3.42	3.42	3.42	3.42
	Eb/No	dB	9.42	9.42	10.62	10.62	7.02	7.02
	C/I	dB	–1.20	–1.20	7.20	7.20	3.60	3.60
	接收机灵敏度	dBm	–109.60	–109.60	–101.20	–101.20	–104.80	–104.80
	基站天线增益	dBi	15.00	15.00	15.00	15.00	15.00	15.00
	智能天线增益	dBi	7.50	7.50	7.50	7.50	7.50	7.50
	馈线损耗	dB	0.50	0.50	0.50	0.50	0.50	0.50
储备	区域覆盖概率		95%	95%	95%	95%	95%	95%
	边缘覆盖概率		88%	88%	88%	88%	88%	88%
	阴影衰落标准差	dB	10.00	10.00	10.00	10.00	10.00	10.00
	阴影衰落余量	dB	11.60	11.60	11.60	11.60	11.60	11.60
	功控余量	dB	1.00	1.00	1.00	1.00	1.00	1.00
	切换对抗快衰落增益	dB	0.00	0.00	0.00	0.00	0.00	0.00
	切换对抗慢衰落增益	dB	4.99	4.99	4.99	4.99	4.99	4.99
	建筑物穿透损耗	dB	19.00	13.00	19.00	13.00	19.00	13.00
	储备总计（室外）	dB	7.61	7.61	7.61	7.61	7.61	7.61
	储备总计（室内）	dB	26.61	20.61	26.61	20.61	26.61	20.61
路损	最大允许路损（室外）	dB	144.99	144.99	139.59	139.59	143.19	143.19
	最大允许路损（室内）	dB	125.99	131.99	120.59	126.59	124.19	130.19

3. 下行公共信道链路预算

下行公共信道链路预算只考虑 PCCPCH 的链路预算，与其他专用业务相比，公共信道具有如下特点。

- 没有功率控制。
- 没有赋形增益。

3.2 容量估算

1. 按码道受限分析

TD-SCDMA 系统是一个码道受限系统，即由于码资源有限，所能支持的用户数量也受到限制。

对于 12.2kbit/s 的语音业务，其扩频因子为 8，共有 8 个相应的扩频码，因此一个时隙最多支持 8 个语音用户。考虑上下行对称的情况，为了与 WCDMA 进行对比，这里也考虑 10MHz 带宽的容量，即最大容量为 8（用户数/时隙）×3（时隙）×6（载波个数/10MHz）=144（用户数）。

对于 64KCS（电路域）业务，其扩频因子为 2，共有 2 个相应的扩频码，因此一个时隙最多支持 2 个用户。考虑上下行对称的情况，最大容量为 2（用户数/时隙）×3（时隙）×6（载波个数/10MHz）=36（用户数）。

对于 144KPS（分组域）业务，其扩频因子为 2，且同时占用两个时隙。考虑 4 个下行时隙和 2 个上行时隙，在下行的 4 个时隙中传送 144KPS 业务，上行的 2 个时隙传送其他业务。下行 144KPS 的最大容量为 2×(4/2)×6=24（用户数）。

对于 384KPS（分组域）业务，占用 4 个时隙，每个时隙占用一个扩频因子为 2 的码道和一个扩频因子为 8 的码道，所以在 10M 的带宽内最多只能有 6 个下行用户。

可见，对于语音或者数据业务，同样带宽下，由于码资源被占用的情况不同，所能支持的用户数量也随着速率的增加而降低。

2. 按干扰受限分析

早期的 2G 蜂窝系统通常都是一个上行容量受限系统，但是 3G 蜂窝系统主要受限于下行容量，主要原因之一是上行容量可以通过在基站端采用更复杂的处理技术来提高，而这些技术因其复杂性的原因通常不适于在 UE 端采用。另外，在 3G 系统中，下行链路的容量相对更加宝贵，因为系统经常需要传送的是非对称业务，上行链路容量的需求也比下行链路要小。

对 TD-SCDMA 系统来说，上下行切换点的可调整性，更给上下行的容量分配带来了很大的灵活性。即根据用户对数据速率的要求，灵活地分配上行和下行的时隙数量。

在反向链路上，如果移动台的发射功率不足以克服来自其他移动台的干扰时，系统便达到了上行极限容量。在前向链路上，当总功率中没有多余的功率可以分配给一个新增加的用户时，也就达到了下行极限容量。

计划与建议

计划与建议（参考）	
(1)	通过阅读资料、查阅图书或询问相关工作人员明确链路预算和容量预算在网络规划流程中的作用
(2)	通过阅读资料、查阅图书了解链路预算的类型
(3)	讨论分析 TD-SCDMA 容量受限的原因

展示评价

（1）教师及其他组负责人根据小组展示汇报的整体情况进行小组评价。

（2）学生展示汇报中，教师可针对小组成员的分工对个别成员进行提问，给出个人评价表。

（3）组内成员互评打分。

（4）评选今日之星。

试一试

（1）链路预算计算的是____________________________，目的是为了计算出小区的________________，从而确定网络的规模。链路预算包括三种，即____________________、_______________和_______________。

（2）容量估算可以从两个角度进行估算，包括_______________和_______________。

练一练

按照给定的链路预算参数，模拟上线链路的链路损耗。

任务四　无线网络规划勘察任务及报告

资讯准备

<table>
<tr><th colspan="2">资 讯 指 南</th></tr>
<tr><th>资 讯 内 容</th><th>获 取 方 式</th></tr>
<tr><td>无线网络勘察的内容包括哪几个方面？每个方面包括哪些具体内容？</td><td rowspan="8">阅读资料；
上网；
查阅图书；
询问相关工作人员</td></tr>
<tr><td>无线网络勘察流程分为几个阶段？每个阶段有哪些具体工作？</td></tr>
<tr><td>基站选址的一般原则是什么？</td></tr>
<tr><td>站点勘查必须要反馈的数据有哪些？</td></tr>
<tr><td>根据勘察数据可以提出哪些规划建议？</td></tr>
<tr><td>填写勘察报告时需要注意哪些方面？</td></tr>
<tr><td>站点勘察需要使用的工具有哪些？主要工具的使用方法和注意事项是什么？</td></tr>
<tr><td>在形成勘察调整意见时，应该注意哪些问题？</td></tr>
</table>

4.1　无线网规勘察的内容

无线网规勘察是在无线网络初步（预）规划的基础上进行的数据采集、记录和确认工作，勘察内容主要包括话务区分布勘察、无线传播环境勘察和其他一些相关信息的采集。

1. 话务分布勘察

话务分布是无线网络容量规划的基石，相应地，详细的、准确的话务分布信息的获取是整个无线网络规划勘察任务的主要组成部分之一。话务分布勘察的主要内容如下所述。

➢ 调查服务区内话务需求的分布情况，需要记录话务热点区的位置（经度、纬度和海拔高度）及小区和村庄的用户数。
➢ 了解调查经济发展水平、人均收入水平和消费习惯。
➢ 了解运营商通信业务的发展计划，对规划期内的用户发展做出合理的预测或建议。

2. 无线传播环境勘察

无线覆盖是无线网络必须解决的三大问题之一，无线网络的覆盖与覆盖区域的电波传播环境密切相关。良好的环境勘察是覆盖计算的前提，因此在无线网络勘察过程中需要了解服务区内的地形、地物和地貌特征，并记录采集如下相关信息。

➢ 覆盖区域的总体环境特征描述（基本的地形地物描述）。
➢ 覆盖村庄的位置信息，包括经度、纬度、海拔高度及相对于基站的距离。
➢ 障碍物描述，比如山体、高楼、树林等，包括位置信息、障碍物特征、高度及阻挡范围等。
➢ 普通居民楼层高度和密度，一般商用楼层高度和密度、楼间距等。
➢ 覆盖区村庄的描述，包括 3D 位置信息、可视性、房屋特点、总体结构布局（比如街道走向等）及房屋穿透损耗估算等。
➢ 上述信息的照片采集。

3. 其他信息的收集

现场了解、收集部分无线规划用数据是无线网络勘察工作的重要组成部分，可以为后期网络规划的准确性提供保障，需要做的工作如下所述。

➢ 了解运营商对各个基站的要求（无线覆盖、服务质量和容量等要求）和建站目的。
➢ 了解覆盖区域的人口数量、覆盖区域的大致面积。
➢ 了解服务区内运营商或相关运营商现有网络设备的性能及运营情况。
➢ 收集服务区的街道图、地形高度图，如有必要，需购买电子地图。
➢ 了解覆盖区域内移动用户的年增长率及当前移动手机的渗透率。
➢ 了解是否存在相同或相邻频段的网络及其使用的频段。

4.2 网规勘察的流程

网规勘察分为三个阶段，即勘察准备阶段、勘察实施阶段和勘察总结交流阶段。

1. 勘察准备

勘察准备阶段即勘察前与局方（或网络规划人员）交流，内容主要包括如下几项。

(1) 信息准备

从无线网络工程师处获取无线网络预规划报告，了解项目信息；获取局方本次工程的基站建设意图，比如边际网、室内覆盖、热点覆盖、全国广覆盖及道路覆盖等。

(2) 人员准备

熟悉传输分布的本地工程师、向导及其他技术人员（传输、电源、铁塔、方舱、基建等)。

(3) 车辆准备

这时要求局方准备配合勘察的车辆。

(4) 勘测计划准备

➢ 进行人员分工、分组计划。
➢ 进行勘察范围划分。
➢ 勘察路线、安排进度、划分职责等。

(5) 勘察工具准备

测试手机、相机、皮尺、罗盘、GPS、勘测记录表、测距仪、SIM 卡、地图及望远镜等。

(6) 勘察技术准备

➢ 了解本次使用的 Node B 性能数据。
➢ 掌握无线网络勘察工具的使用。
➢ 掌握无线网络的基础知识。
➢ 估算覆盖距离。
➢ 估算天线挂高。
➢ 进行话务估算培训。

(7) 其他

进行语言交流，准备通讯录，了解财务状况等。

2. 勘察实施

勘察人员获取相关的勘察资源后，按照勘察计划和勘察路线实施无线网络勘察。勘察过程中需要按照要求详细地记录有关数据，包括如下几个类别。

➢ 话务数据。
➢ 工程数据。
➢ 无线传播环境数据。
➢ 其他数据。比如，对由于某种原因造成的个别基站勘察中止做记录，需注明原因及可能的解决办法、备选站点、照片信息。

上述数据都需现场签字确认。

3. 勘察总结

无线勘察数据量较大和部分信息的不确定性等特点决定了勘察总结分为信息整理和交流确认两个部分。

(1) 信息整理

信息整理分为阶段整理和汇总两部分。阶段整理过程中便于发现问题并及时处理；汇总所有勘察信息便于为网络详细规划和工程实施提供准确的依据。

➢ 阶段整理：每日或每周勘察结束后，勘察小组的组长需要整理当日或本周的勘察结果，集中勘察问题和勘察经验，生成技术文档在勘察小组内进行交流；同时，向勘察现场负责人汇报，微调后期勘察的计划。

➢ 汇总：勘察结束后，勘察小组必须将所有的勘察文档和确认后的基站数据统一汇总到组长，由勘察负责人整理后，按规定格式提交给网规技术经理，并将审核结果提交项目经理。

（2）交流确认

交流确认相应地分为阶段性交流确认和最终交流确认两个部分。

➢ 段性交流确认：勘察总负责人对勘测小组提供的数据进行审核，对于不符合要求的勘察方案，需要组织项目勘察交流会议，提出补救意见和措施；严重的要组织重勘等。合格的勘察方案与局方交流、确认，确认的方案归档；反之，重新勘测。

➢ 最终交流确认：所有基站勘察、确认后，经勘察小组汇总形成最终文档提交勘察负责人，送项目经理进行工程施工图纸的绘制，并抄送网规负责人进行详细的网络规划。

（3）勘察经验汇总

对本次工程中获取的勘察经验进行汇总，形成相关的经验库，便于后期类似项目的勘察。

4.3 网规勘察的技术要求

一、选址的一般原则

对于新建的基站，基站的勘察、选址工作在无线网络规划工程师预规划的基础上由运营商与无线网络勘测工程师共同完成，网络规划勘测工程师提出选址建议，由运营商与业主协商房屋或地皮租用事宜，委托设计院进行工程可行性勘察，并完成机房、铁塔设计。

网络规划勘测工程师通过勘察、选址工作，了解每个站点周围电波传播环境和用户密度分布情况，并得到站点的具体经纬度。一般来说，站址的选择主要从场强覆盖、话务密度分布、建站条件、经济成本等几个方面来考虑。基站的初始布局与勘察具体要考虑如下因素。

➢ 业务量和业务分布要求：基站分布与业务分布应基本一致，优先考虑热点地区。

➢ 覆盖和容量要求：按密集市区——>市区——>郊区——>农村的优先级考虑覆盖，此外对交通干道、重要旅游区也应优先考虑。基站选择在重点覆盖区，可以确保为这些地区的移动台提供良好的功率覆盖。如果站址选择合理，可以减少 UE 的发射功率电平，从而减少干扰，增加网络容量。

➢ 基站周围环境要求：基站天线高度满足覆盖目标，一般要求天线主瓣方向 100m 范围内无明显阻挡。同时，天线不宜过高，避免扇区间的过度重叠影响网络容量和质量。基站所在建筑物高度、天线挂高要求如表 4-1 所示，实际工程中应根据具体情况作适当调整。

表 4-1 站高选取原则

区域类型	天线挂高	建筑物高度要求
密集市区	30～40m	不要选在比周围建筑物平均高度高 6 层以上的建筑物上，最佳高度为比周围建筑物平均高度高 2～3 层
市区	30～40m	不要选在比周围建筑物平均高度高 6 层以上的建筑物上，最佳高度为比周围建筑物平均高度高 2～3 层
郊区	30～50m	不要选在比市郊平均地面海拔高度高很多的山峰上
农村	根据周围环境而定	

- 基站无线环境：避免在大功率无线电台、雷达站、卫星地面站等强干扰源附近选站。与异系统共址时，如与 GSM1800MHz 系统共址时，要保证天面上有足够的垂直隔离空间，另外，应避免在涉及国家安全的部门附近选站。
- 网络结构要求：基站的站间距应根据电测及仿真分析结果确定，一般要求基站站址分布与标准蜂窝结构的偏差应小于站间距的 1/4，在密集覆盖区域应小于站间距的 1/8。
- 有效利用已有物业：在满足网络结构和其他建站条件的情况下，应尽量利用运营商现有的物业，包括机楼、微波站等。但对于明显不符合建站条件的已有物业，不应选用。
- 与现有运营商共用站址：在密集市区和市区条件下，站址相对密集且选址难度大，在条件允许的情况下，可考虑与移动、联通共用铁塔或屋顶架设天线。
- 站址的选取要与市政规划相结合：选站过程中，要争取政府部门的支持，如和环保、市政规划等相关部门做好协调，避免由于对市政规划不了解而造成不必要的工程调整。
- 站址安全性要求：站址应尽量选在交通方便、市电可用、环境安全的地点，避免设在雷击区以及大功率无线电发射台、雷达站或其他强干扰源附近；不宜选址在易燃、易爆建筑物场以及生产过程中散发有毒气体、多烟雾、粉尘或其他有害物质的工业企业附近。

二、天线勘察

1. 天线的选型原则

在网规网优工作中，我们一般关心天线的增益、天线辐射方向图、水平波瓣宽度、垂直波瓣宽度和下倾角度这几个参数。

（1）水平波瓣角度的选择

天线的垂直波瓣宽度和下倾角决定了基站覆盖的距离，而天线的水平波瓣宽度和方位角度决定了覆盖的范围。对于基站数目较多、覆盖半径较小、话务分布较大的区域，天线的水平波瓣宽度应选得小一点；对于覆盖半径较大、话务分布较少的区域，天线的水平波瓣宽度应选得大一些。对于业务信道定向赋形，全向天线的水平波瓣宽度的理论值为 35°；定向天线在 0°赋形时，水平波瓣宽度的理论值为 12.6°；40°赋形时，水平波瓣宽度的理论值为 17°。在城市，适合 65°的三扇区定向天线，城镇可以使用水平波瓣角度 90°，农村则可以采用 105°。对于高速公路，可以采用 20°的高增益天线。

（2）垂直波瓣宽度的选取

覆盖区内地形平坦、建筑物稀疏、平均高度较低的，天线的垂直波瓣宽度可选得小一点；若覆盖区内地形复杂、落差大，天线的垂直波瓣宽度可选得大一些。天线的垂直波瓣宽度一般 5°～18°之间。

（3）增益的选择

天线增益是天线的重要参数，对于不同的场景要考虑采用不同的天线增益。对于密集城市，覆盖范围相对较小，增益要相对小些，以降低信号强度，减少干扰。对于农村和乡镇，增益可以适度加大，达到广覆盖的要求，增大覆盖的广度和深度。对于公路和铁路，增益可以比较大，由于水平波瓣角较小，增益较高，可以在比较窄的范围内达到很远的覆盖距离。

（4）下倾角的选择

圆阵智能天线可以进行电子下倾，但电子下倾度不是任意可调的，一般是厂家预置，下倾角度为 0°～8°，线阵列尚不能进行电子下倾的调节。

2. 天线安装条件的勘察

对于天线安装条件，主要有以下几个方面的勘察。

➢ 覆盖方向的障碍物勘察：天线的方向图不能由于天线周围障碍物的反射和遮挡发生严重畸变。
➢ 天线之间的隔离度：包括发射天线和发射天线之间的隔离度，发射天线和接收天线之间的隔离度，接收天线之间的分集距离（为了实现一定的分集增益）。

三、数据采集

1. 覆盖区域类型划分

即要完成规划区覆盖区的分类工作。分类的标准和原则是话务量和覆盖区地物。话务量分类是综合考虑面积、人口、社会经济、固话收入、PHS 放号以及竞争对手移动用户分布情况等地区分类。地物分类根据当地规划区经济发展情况，将规划区分成四类，即密集城区、一般城区、郊区和农村地区，如表 4-2 所示。不一定每个规划区都必须具备以上四种类型，但其业务指标均如表 4-3 所示。

表 4-2 地物分类

环境类型	覆盖区的范围和面积
密集城区/一般城区	利用街道名称来确定封闭的覆盖区范围；以最北街道的西北交道口为封闭环的起点，以街道为名称为“边”。从北-东-南-西-北形成闭环区域，面积＝长（东西）×宽（南北）
郊区	把郊区和市区的界限描述清楚，以街道为分界线。还有需要覆盖的面积
农村地区	只需把农村的地形（地貌、地物）描述清楚即可

2. 站点勘察基本数据

包括基站的客观信息、基站编号、基站名称、经纬度信息、天面高度及海拔高度，如表 4-4 所示。

记录的表格格式如表 4-5 所示。

表 4-3 业务指标

业务需求类型	承载速率（UL/DL）kbit/s	各业务的渗透率（各业务用户数比）	室外覆盖率	室外慢衰落标准差	室内覆盖率	室内慢衰落标准差	忙时平均每用户 Erlang	阻塞率	忙时平均每用户吞吐率（UL/DL）bit/s
语音业务	cs12.2k_UL/cs12.2k_DL		98%		85%		0.02	2%	
可视电话	cs64k_UL/cs64k_DL						0.002	2%	
PS 64K 业务	ps64k_UL/ps64k_DL			10		12			200
PS 128K 业务	ps64k_UL/ps128k_DL								200
PS 384K 业务	ps64k_UL/ps384k_DL								400

表 4-4 站点勘查报表数据

客观信息	基站名称、经纬度、天面高度、海拔高度
基站编号	由两个部分组成业务区缩写＋序号
基站名称	地名＋楼宇名，市区中，地名采用街道名称；在村、乡镇，以村、乡镇名称命名
经纬度信息	用 GPS 测得
天面高度	指从架设天线的天面到地面的相对高度，可使用测距仪或高度计测得
海拔高度	使用 GPS 记录基站站址的海拔高度，即绝对高度

表 4-5 上海实测表

基站编号	基站名称	北纬（度）	东经（度）	地址	天面高度	海拔高度
nodeB1	漕河泾机房	31.18056	121.40219	虹漕路钦州北路交界	25（m）	41（m）
nodeB2	明旺大厦	31.20933	121.41919	定西路 738 号	15（m）	31（m）
nodeB3	美港宾馆	31.20020	121.42220	淮海西路 241 号甲	27（m）	42（m）
nodeB4	三湘大厦	31.19575	121.41381	中山西路 518 号	64（m）	75（m）
nodeB5	银河宾馆	31.20528	121.40719	中山西路 888 号	21（m）	32（m）
nodeB6	古北湾大酒店	31.20194	121.39742	虹桥路 1446 号	60（m）	71（m）
nodeB7	锦江洗涤	31.18869	121.40928	桂林路与吴中路交口	22（m）	38（m）
nodeB8	华联家电	31.18233	121.38925	吴中路 748 号	12（m）	30（m）

续表

基站编号	基站名称	北纬（度）	东经（度）	地址	天面高度	海拔高度
nodeB9	市委党校	31.16153	121.40872	虹漕南路 200 号	51（m）	70（m）
nodeB10	新业大厦	31.16944	121.39433	田林路 388 号	52（m）	67（m）

根据测得的数据，可以对该网络提出规划建议，包括如下几点，实测如表 4-6 所示。

表 4-6　网络规划建议

建议站型	建议方位角	建议下倾角	建议天线挂高	实现方式	GSM 隔离距离
S111	30°、190°、275°	4°	35	增高架	垂直隔离
S111	0°、160°、250°	4°	26	增高架	垂直隔离
S111	20°、160°、280°	4°	32	抱杆	垂直隔离
S111	80°、200°、310°	4°	67	抱杆	垂直隔离
S111	0°、140°、260°	4°	28	增高架	垂直隔离
S111	0°、120°、250°	4°	63	抱杆	垂直隔离
S111	20°、130°、250°	4°	37	增高架	垂直隔离
S111	30°、110°、270°	4°	39	增高架	垂直隔离
S111	45°、170°、280°	4°	57	抱杆	垂直隔离
S111	30°、160°、290°	4°	58	抱杆	垂直隔离

- ➢ 建议站型：勘察人员根据勘察结果，确定蜂窝类型（宏蜂窝、微蜂窝等）和站型（全向、定向）。
- ➢ 建议天线参数：选择天线的增益、水平波瓣和垂直波瓣，天线的方位角、下倾角。
- ➢ 建议天线挂高：是指天线位置到地面的距离；建议是否需要增高，以及增高采用的方式，如抱杆长度、拉线塔长度、增高架高度、落地塔高度等信息；
- ➢ 建议隔离方式和隔离距离：隔离的方式有水平隔离，垂直隔离；隔离距离的单位是 m；

在勘察之后，经过全面了解情况，提出自己的勘察建议。

对于距离最近的基站，记录距离、方位角；密集城区，记录 2km 范围内的基站；一般城区，记录范围 3～5km；农村或郊区，记录范围为 5～10km。如果在这些范围内没有基站，记录最近的基站，并说明选择基站的理由，说明覆盖区的覆盖对象。

记录结果如表 4-7 所示。

表 4-7　记录结果

最近站点信息	站址选择理由
锦江、华联、新业	覆盖 CNC 机房和附近的工业区以及居民区
美港、银河	覆盖范围有限，需建塔
明旺、三湘	7 层楼顶，需要加增高架，25 米，有移动 G 网站

续表

最近站点信息	站址选择理由
美港、锦江	覆盖中山西路高架北部
明旺、古北湾	覆盖高架
银河	覆盖虹桥路及周围密集城区
三湘、漕河泾	覆盖目标是周边居民小区和交通要道，以及连续覆盖
新业、漕河泾	5 楼，高 21 米
新业	覆盖马路和学校，居民区
漕河泾、党校	覆盖周围写字楼和工厂、马路

3. 现有机房资源

如局方有现成的机房资源可用，需详细记录现有机房资源所在的区域、经纬度、地址、楼高等信息。如表 4-8 所示。

表 4-8 现有机房资源

序号	所在区域	局所名称	经度（度）	纬度（度）	地址	机房楼层	房顶或铁塔是否可用

4. 重要交通线

给出线状公路等级、公路名称、起点和终点、公路里程，把公路的位置在地图上标明。如表 4-9 所示。

表 4-9 重要交通线

序号	重点交通线名称	公路等级	重点交通线里程	交通线穿越重要地区	在地图上标识
在地图上的标识					
图片					
说明					

5. 市内的重要建筑物

给出规划城市的主要建筑物的清单。重要建筑物是和话务需求相对应的，客户提供的信息越准确，投资的回报率越高。可参见表 4-10。

表 4-10　　市内的重要建筑物

序号	建筑物名称	经度	纬度	楼层	类型				建筑结构		属性	经纬度和地址在地图上标识
					大型商场	星级宾馆	商务楼	政府机关	钢筋混凝土	玻璃幕墙		
在地图上的标识												
图片　、												
文字说明												

6. 现网站点信息

根据现有网络经验，通过实地勘察等方法可以比较合理地确定网络的覆盖和质量。可参见表 4-11。

表 4-11　　现网信息表

基站编号	基站名称	经度（度）	纬度（度）	天面高度/海拔高度		站型	工作频段（下行）	天线挂高	天线挂高实现方式

对于以上数据的收集是网络规划建设数据需求，也就是完成规划区规划工作的基本信息要求。在完成上述数据收集之后，才能开展下一步工作。

四、勘察报告填写的注意事项

- 基站经纬度的测试由 GPS 完成。注意必须使 GPS 锁定卫星，即 GPS 显示的卫星锁定柱状图由空心成为实心，出现 3D 字样后进行度数。
- 基站地理环境描述：主要描述站点周围的地理环境状况和大致地形，对于插花站点，需要对周围已存在的站点进行描述（包括周围站点的大致位置、覆盖情况等），以附图形式表达。
- 小区环境描述：为拟定的各个小区朝向进行描述，包括特别的描述，如地形阻挡、覆盖目标；必要时以附图或照片形式表达。
- 重点区域：为重点地区的必要补充，如政府办公楼及运营商的营业厅。
- 方向角：一律按照正北顺时针方向计。
- 传输方式：该站点拟采用的传输方式，如微波、光纤等。
- 直放站基本信息：描述该直放站和网络规划相关的主要特性，如该直放站的型号、工作频段、直放站的类型（选频直放站或移频直放站等）。
- 塔放基本信息：描述该塔放和网络规划相关的主要特性，如该塔放的型号、工作频段等。
- 对于在勘察表格中出现的天线、塔放、直放站等，需要在总的勘测文档后附上这些器件的型号、主要性能指标、厂家等信息。

- 表格中，黑体所示为勘测人员的建议值，对于建议值，如特殊的室内穿透损耗、特别的天线朝向等，需要勘测人员提供建议参考值。
- 在必要的时候要提醒局方各种站点设备的最大配置。
- 在拍摄站点周围环境时，背向基站取景，从 0° 开始，每隔 45° 一张照片，主要的服务区各一张照片；再拍 1～2 张基站的远景照片；重点描述周围环境是否有遮挡及本基站与周围环境的相对高度、覆盖区建筑物的密集程度、本站点的高度差，还有公路的走向、宽度，以及遮挡建筑物的方位、距离和高度。
- 备选站点选取时要注明备选原因。

小提示：一份好的勘察报告，将会在网络建设及后续工作中起到至关重要的作用。

4.4 网规勘察工具

一、站点勘察所需的工具

一般来说，站点勘察需要如下设备。

- GPS：测试所选站址的经纬度、海拔高度信息。
- 罗盘：判断方向以了解站点周围的状况。
- 测距仪：测量覆盖区域或障碍物的距离或高度。
- 皮尺：用以必要的测量。
- 望远镜：增加可视范围。
- 数码相机：拍摄待选站址和站点周围的情况，用以备案和留待进一步的选择判断。
- 测试设备（非必备）：测试现有站点在待选站址周围的覆盖情况，了解原有站点（新建站点为替换站点）的覆盖情况等，并将测试数据备案。
- 测试车辆：每个勘测小组至少 1 辆勘测车，如果勘察地区为多山或丘陵地区，需要能适合在山地长途奔涉的车辆。

二、勘察工具的使用方法

站点规划勘察工具主要有手持式 GPS、指南针、测距仪、数码相机和皮尺等，下面分别介绍手持式 GPS、指南针、测距仪和数码相机的使用方法。

1. 手持式 GPS

本节以 GPS 12 XL 为例介绍 GPS 的主要功能和使用方法。

（1）主要功能

- 测量所在点的经纬度和海拔高度。
- 测量当前时间。
- 如果在运动中，可以测量当前的速度。
- 计算出当前点到导航点的方位角、距离和所走的里程等参数。

(2) 功能键简介

典型的 GPS 的外形结构如图 4-1 所示。型号为 GPS 12XL 的 GPS，其设计使用户操作简单、使用方便，其面板按键非常简洁明了。各功能键简介如下：

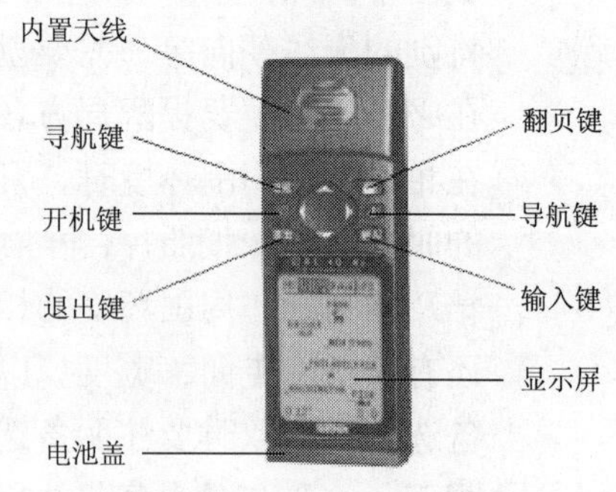

图 4-1　GPS 的外形结构

开机键：用于开、关机和调节屏幕三级背景光的强度。持续按 power 键约 1 秒即出现开机页面，接着显示卫星捕捉（接收状态）页面；按住 power 键约 2 秒钟即可关机；短暂按 power 键即可调整屏幕的背景光，在夜间或光线不好时使用。

翻页键：用于顺序显示各主要画面，或从各功能选择画面退出。

退出键：显示前一页或在各功能设置处退出。

定位键：按住此键将当前位置记录为一个航点。

导航健：用于驶向目标点。

输入键：打开各功能画面中菜单选项还可用于进行字母、数字等选择的确认、激活及数据的输入的确认。

光标键：用于上、下、左、右移动光标。

电池盖：旋转螺丝，安装、卸取电池。仪器使用四节 5 号干电池，需更换电池时，关机后扭动仪器尾部金属挂环，取出电池进行更换，完毕后还原开机便可正常工作。

在 GPS 自动定位过程中，必须注意观察 GPS 的精度值，一般要求该值小于 5 米，有两种查看方法：第一种方法是在捕捉卫星页面右上角的 EPE 值；第二种方法是按标记键进入标定位置页面，用上、下键将光标移到“平均”处，按输入键后，即可得到误差值。

(3) 导航使用方法

① 建立航点。

1　定位完成后，按标记键进入标定位置页面。

2　按上、下键将光标移到航点名（由字母和数字组成，通常用区域名缩写加航点名缩写来表示，最多 6 位）处，按输入键，进入输入状态，按上下键选择所要用的航点名。

3　按输入键确认修改的名字后，将光标移至存入处，按输入键确认。

4　在标定位置页面中还有一行为加入航线，可以输入航线名，即可加入该航线。

这样就完成了一个航点和航线的建立。通过“翻页键”翻到功能设定页面，选择最近航点菜单，可看到目前所处位置与已建的最近航点的直线距离和方位角。但该数值无法长时间保存，它会随着所处位置的改变而实时更新。

最近航点功能对于实时测量航点间距和方位十分有用。

② 去除航点。

1　按翻页键到功能设定页面，如图 4-1（d）所示。

2　按上下光标到航点选项处，按输入键出现航点页面。

3　按上下键选择要去除的航点，并按输入键，出现选择菜单，选择“去除”，GPS 将会询问是否删除，选择“是”即可去除此航点。

③ 开始导航。

翻页至罗盘或高速公路页面，按输入键出现选择菜单，选择罗盘和高速公路中的一个，按输入键即选入该页面（罗盘页面如图 4-1（c）所示）。

④ 按导航页面导航。

1　按导航键，显示航点页面。

2　用上下左右键选择要驶向的航点编号或名称。

3　按输入键确认后，GPS 将自动转至导航页面，并计算出所在地到导航点的方位角、距离和所走的里程等导航参数。

⑤ 按航线导航。

1　建立航线上的航点，也可以直接引用原来建立的航点。

2　按翻页键进入功能设定页面（如图 4-1（d）所示），选择航线后进入航线页面。

3　选择航线编号，按输入键确认，光标自动移到下一行。

4　按输入键后进行航点编号的输入，输入完毕后按输入键确认。

按上述方法输入全部航点后，在最下面一行可以设定航线的正向或反向，也可以清除此航线。正向代表从航线第一个航点出发，按顺序航行。

⑥ 航线修改。包括航线的清除及航点的修改、添加和删除。在航线页面中，先选择要修改的航线号，再选择要修改的航点，确认后进入修改页面，修改后确认即可完成航线修改。

2. 指南针

指南针主要用于测量天线的方位角、斜面的坡度，有些可以用来粗略测量下倾角。在规划勘察、优化调整等阶段需要用到指南针。

（1）测定方位

① 规划选点中确定扇区天线的方位角。

1　首先确定扇区朝向。

2　平持仪器，由照准经准星向被测方向瞄准（可以用某个点作为参考），磁针北端所对准刻度读数即为扇区朝向。

② 优化中测量已安装天线的方位角。

- 方法一：用指南针刻度盘的零度线对着天线后平面的中轴线（或天线前平面的中轴线），利用天线的中轴线与指南针的照准和准星相重合，以保证指南指针垂直于天线平面，此时指北指针的刻度读数即为天线方向角。若在前平面，则减去 180° 就是天线方位角。
- 方法二：要测量或者定位天线的方位角，可以间接测量天线后平面底线的方位角，两者相差 90°（这样可以避免一些特殊情况给我们带来的不便）。假定人正对着天线正前方，就可测量天线后平面底线左向的方位角，那么天线方位角等于天线后平面底线的方位角加上或减去 90°。如图 4-2 所示。

（2）测定斜面坡度

打开指南针，指南针面板如图 4-3 所示。使反光镜与度盘座约成 45° 角，侧持指南针，沿照准、准星向斜面边瞄准，并使瞄准线与斜面平行，让测角器自由摆动，从反光镜中视测角器的中央刻线所指示的俯仰角度表上的刻度分划，即为所求的坡度。

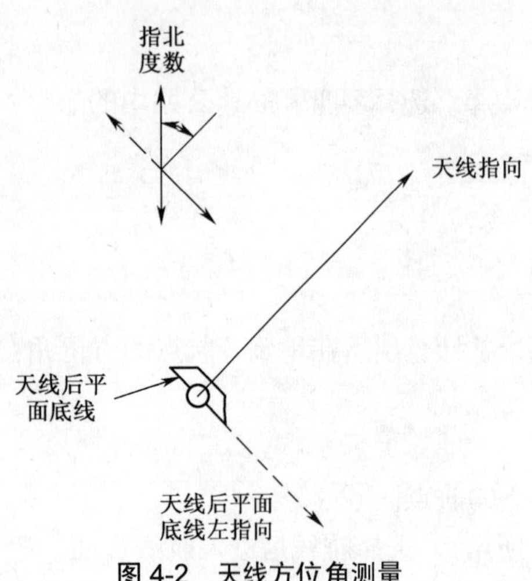

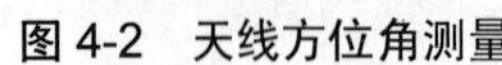
图 4-2　天线方位角测量

图 4-3　指南针面板

(3) 测量天线下倾角

DQY-1 型地质用指南针可以测量天线下倾角，使用方法如下所述。

打开指南针，将指南针罗盘左侧紧贴天线背面，调整指南针背面的滚轴，使指南针内下倾角测量指针上的小气泡位于中间，此时指针所指的的度数即为该天线的下倾角。

3. 测距仪

(1) 主要功能

在网络规划中，测距仪主要用于测量天线安装位置的高度、周围建筑物到站点之间的距离等。

(2) 外观和按键介绍

测距仪呈长条形，尾部为三角形。尾部为电池部分，使用 4 节 7 号 AAA 碱性电池。其外观实物图如图 4-4 所示。

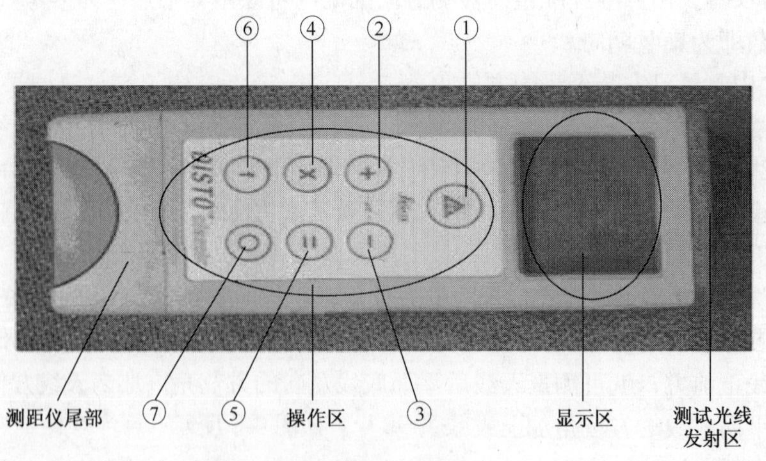

图 4-4　测距仪外观图

- ON 键：用于启动仪器和进行测量。
- ＋键：用于加法计算和前向移动选择。

- –键：用于减法计算和后向移动选择。
- ×键：乘法计算。
- ＝键：等于、输入或确认键。
- f 键：用于调用功能。
- O 键：菜单，一般模式，设置键。

（3）建筑物高度测量

① 按一下 ON 键，启动测距仪，屏幕上显示发射符号，此时在墙上可以看到从测距仪前端发射出来的红点（红外线）。

② 再按一下 ON 键进行距离测量，显示屏上将出现测量的距离值。一直按着此键将一直测量，松开后显示值为最后测得的值，即测距仪尾部到激光所指点的距离。

在测量建筑物高度时要注意，测距仪与建筑物外墙面要尽量保持平行，地面红点所在位置离建筑物越近越好，否则测量出来的距离与实际距离的偏差会较大。

（4）两段距离求和

① 按照建筑物高度测量的方法测得第一个距离值。

② 按一次＋键，然后再测得另一个距离值，按＝键得到两次测量的和。

（5）天线挂高测量

① 将测距仪放到女儿墙外，尾部与女儿墙顶部持平，测得楼房高度 H_1。

② 将测距仪放到女儿墙内，尾部与女儿墙顶部持平，测得女儿墙的高度 H_2。

③ 将测距仪放在抱杆下，尾部挨着楼面，尽量保持垂直，测得楼面与天线底部的高度 H_3，那么天线的挂高为 $H=H_1-H_2+H_3+L/2$，其中 L 为天线长度。

4. 数码相机

站点勘察过程中，数码相机主要用于拍摄规划区域环境、站点周围环境及站点天面情况。该项工作十分重要，详细准确的照片资料对于规划结果的审核及日后的优化工作有很重要的意义。

数码相机是重要的信息记录辅助工具，拍摄的照片是项目负责人判断勘察站点是否合适并规划区域环境适用的传播模型的重要手段。

为确保数码相片所记录信息的准确性和全面性，对数码相机的使用作如下要求。

（1）出发前准备

- 检查存储卡容量：必须确保能够满足拍照的需要。
- 检查电池容量：对使用充电电池的相机需要确保电池充满，对于使用 5 号干电池的相机需要准备一套备用电池；尤其是对于需要到偏远区域进行勘察的情况，建议最好配备充电器和充电电池。
- 最好先使用相机试拍两张照片，确认相机工作正常；最好把充电器、电池、数据线、相机随机软件也都试用一下。

（2）相机设定

- 设定照片品质。勘察人员可以根据当日的勘察任务选用适当的相片品质，应该尽量选用较高品质的模式，如 1024×768 分辨率或以上；需考虑每天 40～80 张的照片数量。

- 在相机设定中，应注意设置日期和时间的显示，便于后期资料整理。
- 设定远景模式，提高拍摄的站点周围环境照片的清晰度。
- 相机一般可以调整快门、景深、感光度等参数，建议选用自动模式。

（3）拍摄要求

- 拍摄站点周围环境时，应使用光学变焦将相机焦距调为最小，以保证取景范围最大化；不要使用数码调焦。
- 拍摄站点周围环境时，在取景窗中天空应占到整个画面的 1/4～1/5，注意保持画面中地平线的水平。
- 拍照时相机不要晃动，特别是光线较暗、曝光时间较长时。
- 拍摄站点周围环境时，要求从正北开始，顺时针方向每 45° 拍摄一张相片。
- 拍摄站点周围环境时，若楼面较大，为避免楼面的遮挡，建议靠近女儿墙拍摄；楼面较小时，在保证安全的前提下，建议在建筑物最高点拍摄；对于有铁塔的情况，要求保证拍摄点高出周围环境 10m 以上。
- 拍摄楼面时，要求包括整个楼面 90%以上的面积；规划的天线大致位置要拍到。如果与 GSM 网共站，GSM 网天线、走线架位置也要拍到；可以通过拍摄多张照片的方式完成，但需要在照片命名中表示清楚。
- 机房照片从门口拍摄；候选站点建筑物的外观照片要求能够看到整个建筑物。
- 拍摄照片时，尽量不要拍到人。
- 每个站点照片拍完以后，都要对该站点的所有照片查看一次，以确保所有照片正确拍摄。

（4）注意事项

- 在拍摄站点周围环境时，必须拍摄北、东北、东、东南、南、西南、西、西北共 8 个方向的环境照片。
- 在拍摄天面环境时，需要将抱杆位置包括进去，如果一张照片不行，就分两张来拍摄。
- 照片复制到电脑上后，要对照片进行命名，便于资料的归档及以后的查询。

计划与建议

计划与建议（参考）	
1	通过练习掌握勘察工具的使用方法
2	进行实地勘察，填写各类勘察表格
3	分组讨论进行勘察总结交流
4	输出勘察报告

展示评价

（1）教师及其他组负责人根据小组展示汇报的整体情况进行小组评价。

（2）学生展示汇报中，教师可针对小组成员的分工对个别成员进行提问，给出个人评价表。

（3）组内成员互评打分。

（4）自评打分。

（5）本学习情景成绩汇总。

（6）评选今日之星。

试一试

（1）无线网络规划勘查的内容包括____________、____________和____________。

（2）网络勘查中常用的勘查工具包括____________、____________、____________、____________、____________、____________、____________和____________。

练一练

选择某一地点进行完整的站点勘察。

1. 勘察流程

（1）准备信息

准备信息见表 4-12。

表 4-12 工程登记

合 同 号		工程类别	□新建 □扩容 □改制	
容量配置	站点数 + 扇区数 + 载频数		工程准备完成时间	
用户名称				
用户联系人		联系电话/传真		
办事处联系人		联系电话/传真		

此合同共包括（ ）站点，具体情况见表 4-13。

表 4-13 各站点情况

序号	名称	勘察情况	是否选用	备 注
1		//是否勘察	Y/N	//说明候选点情况等
2				
3				
4				
5				
6				
7				
8				
9				

续表

序号	名称	勘察情况	是否选用	备　注
10				
11				

注：在"勘察情况"一栏中打✓表示本次勘察（在本报告中有此局的勘察数据）；打×表示本次未勘察（如因机房未建等不具备勘察条件引起，报告中无此局的勘察数据）。

（2）基站勘察信息

XXXXX 大厦

站点编号：　　　//"XX-001"，XX 表示区域名称的首字母缩写。如"徐汇区基站序号为 001"即表示为"XH-001"。

勘察人员：　　　　　　　　客户：××　　　　　　　　　　联系电话：

中兴：××　　　　　　　　联系电话：

勘察时间：　　　年　　月　　日

2. 基站位置信息

此环节需要对所选择勘查的楼从较远处进行拍摄，以便较好地说明和其周围建筑物的相对高度关系，并对所勘察的站点本身的结构有一个认识。也为了后续工作人员方便找到该楼；另外也可对基站所处的楼房或者铁塔和周围的环境之间有一个比较清晰的了解。对于密集市区内的站点，可以在勘察相邻站点时，对该站点进行拍摄。建议从两个垂直角度上进行拍摄（如南北方向和东西方向，或者标明拍摄点的经纬度和高度）。在郊区和农村，可以选择合适的位置进行拍摄（可以仅从一个角度进行拍摄），主体要清晰，整体结构要明了。如图 4-5 和图 4-6 所示，基本参数及共站无线系统勘察情况分别如表 4-14 和表 4-15 所示。

图 4-5　××大厦东西走向周围环境图

图 4-6 ××大厦南北走向周围环境图

表 4-14 基本参数

序号	勘察项目	勘察结果
1	站点名称	一般以大厦名称命名
2	站点详细地址	______地区（市）_____县（区）_______村（路）______门牌号
3	建筑物类型	（　　）可以删除其他类型，仅保留符合要求的 1. 一般机关楼 2. 安全部门办公楼 3. 居民楼 4. 教学楼 5. 商务楼 6. 其他__________
4	户主联系方式	户主姓名__________电话___________其他信息__________
5	基站所处位置	（　　）可以删除其他类型，仅保留符合要求的 1.平地 2.半山腰 3.山顶 4.小山包上 5.谷底 6.斜坡上部 7.斜坡下部 8. 其他_______
6	经纬度信息	经度（E）：　　纬度（N）：　　误差：_______m
7	基站类型	1. 宏基站 2. 微蜂窝 3. 射频拉远 4. 其他
8	天线安装类型	（　　）可以删除其他类型，仅保留符合要求的 1. 楼顶抱杆 2. 楼顶桅杆 3. 地面自立塔 4. 地面拉线塔 5. 楼顶自立塔 6. 楼顶拉线塔 7. 其他_________
9	备注	没有其他需要说明的行可以删掉
10	楼房天面情况	■ 不能/能直接到达楼顶天面，出入是/否困难； ■ 楼顶海拔：______m，楼层数______层，层高_____m，楼房高度_______电梯房（水箱房）高度________m，长度________m，宽度_______m，走向_______； ■ 有/无可用抱杆，抱杆外径_____mm，可安装长度___m； ■ 画图建议使用 Visio，最好给出俯视图和侧视图； 14.33m　3.6m　1.5m　5.97m　2.5m　水箱（高 2.8m）　5m　8.36m　15°　N

续表

序号	勘察项目	勘察结果
10	楼房天面情况	■ 如果是地面塔，可以删除该行内容； ■ 如果是楼顶桅杆，需要画出其位置和高度
11	铁塔情况	■ 铁塔平台数____，铁塔高度____m，可用平台直径_____m，可用平台距离铁塔底部高度_____m，和其他系统天线间的距离____m，有/无可用抱杆，抱杆外径____mm，可安装长度___m； ■ 铁塔草图和预安装安装位置草图如下： 70m 45m 扇区 1 扇区 2 扇区 3 ■ 其他系统的天线如果距离比较近（如 3m 内），可进行频段、发射功率、波瓣角等信息的描述； ■ 如果是楼顶直接安装，可以删除该行
12	备注	没有其他需要说明的行可以删掉

表 4-15　　共站无线系统勘察情况

序号	勘察项目	勘察结果
1	所属运营商	
2	站型	■ 标明系统类型：gsm、cdma、wcdma、pcs、微波、其他； ■ 标明工作频段； ■ 标明设备厂家等
3	天线位置	■ （　　）可以删除其他类型，仅保留符合要求的 1．楼顶天面　2．水塔（电梯房）顶　3．楼顶桅杆　4．楼顶铁塔__平台　5．建筑物外墙　6．其他______ ■ 最好画图表示，或者使用照片
4	天线参数	型号_______，挂高____m，方位角____度，下倾角___度； 型号_______，挂高____m，方位角____度，下倾角___度
5	备注	没有其他需要说明的行可以删掉

3．周围无线传播环境

- ➢ 各个方向的环境照片要求为 jpeg 格式，大小建议为 640×480（可以通过 ACDSEE 进行处理，避免文件太大）。
- ➢ 照片要求清晰，在能见度较好的时候拍摄。
- ➢ 照片的主题主要为地面无线传播环境，天空部分不宜超过 1/4。

➢ 各个方向的照片要求连续（请使用罗盘进行方向的确认）。基于此，可以不限于8个方向，而有针对性地增加某个方向的环境照片；不过需要说明拍摄的角度（北偏东××度）

➢ 针对某角度内存在的高楼阻挡，应附一专门的照片进行说明，并在规划时予以考虑，此外对阻挡物说明时，应尽量给出阻挡物相对于基站的大体方位与距离。

➢ 正北（北偏东0°）方向环境勘察项目如表4-16所示。

表4-16 正北（北偏东0°）环境图

序号	勘察项目	勘察结果
1	地貌情况	（ ）可以删除掉其他类型，仅保留符合要求的 1．海洋 2．内陆水域（湖、水库） 3．开阔地（如农田等） 4．林地 5．绿地 6．村庄 7．工商业区 8．高级住宅区 9．密集高层建筑群 10．分立的高层建筑物 11．一般建筑群 12．密集建筑群 13．其他_______
2	规划覆盖范围	■ 该方向上需要本扇区覆盖的距离_____km，或覆盖到______路和______路；
3	障碍物阻挡情况	■ 附近 有/无 高大阻挡物； ■ 距离______m，相对扇区天线的高度_______，相对扇区天线的方位角______度，阻挡夹角_______度
4	重点覆盖区	（ ）可以删除其他类型，仅保留符合要求的 1．运营商营业厅 2．运营商职工居住区 3．运营商办公区 4．运营商营业厅 5．政府部门所在地 6．繁华商业区 7．写字楼密集区 8．三星级以上宾馆 9．重要娱乐场所 10．高档住宅区 11．汽车站/火车站/机场 12．高速公路 13．旅游区 14．其他_________
5	备注	没有其他需要说明的行可以删掉

➢ 东北（北偏东45°）方向环境勘察项目如表4-17所示。

表4-17 东北（北偏东45°）环境图

序号	勘察项目	勘察结果
1	地貌情况	（ ）可以删除其他类型，仅保留符合要求的 1．海洋 2．内陆水域（湖、水库） 3．开阔地（如农田等） 4．林地 5．绿地 6．村庄 7．工商业区 8．高级住宅区 9．密集高层建筑群 10．分立的高层建筑物 11．一般建筑群 12．密集建筑群 13．其他_______
2	规划覆盖范围	该方向上需要本扇区覆盖的距离_____km，或______路和______路
3	障碍物阻挡情况	■ 附近 有/无 高大阻挡物； ■ 距离______m，相对扇区天线的高度_______m，相对扇区天线的方位角______度，阻挡夹角_______度
4	重点覆盖区	（ ）可以删除其他类型，仅保留符合要求的 1．运营商领导居住区 2．运营商职工居住区 3．运营商办公区 4．运营商营业厅 5．政府部门所在地 6．繁华商业区 7．写字楼密集区 8．三星级以上宾馆 9．重要娱乐场所 10．高档住宅区 11．汽车站/火车站/机场 12．高速公路 13．旅游区 14．其他_________
5	备注	没有其他需要说明的行可以删掉

➢ 正东（或北偏东 90°）方向环境勘察项目如表 4-18 所示。

表 4-18　　正东（北偏东 90°）环境图

序号	勘察项目	勘察结果
1	地貌情况	（　　）可以删除其他类型，仅保留符合要求的 1．海洋 2．内陆水域（湖、水库） 3．开阔地（如农田等） 4．林地 5．绿地 6．村庄 7．工商业区 8．高级住宅区 9．密集高层建筑群 10．分立的高层建筑物 11．一般建筑群 12．密集建筑群 13．其他______
2	规划覆盖范围	该方向上需要本扇区覆盖的距离____km，或____路和____路
3	障碍物阻挡情况	■ 附近 有/无 高大阻挡物； ■ 距离______m，相对扇区天线的高度______m，相对扇区天线的方位角______度，阻挡夹角______度
4	重点覆盖区	（　　）可以删除其他类型，仅保留符合要求的 1．运营商领导居住区 2．运营商职工居住区 3．运营商办公区 4．运营商营业厅 5．政府部门所在地 6．繁华商业区 7．写字楼密集区 8．三星级以上宾馆 9．重要娱乐场所 10．高档住宅区 11．汽车站/火车站/机场 12．高速公路 13．旅游区 14．其他________
5	备注	没有其他需要说明的行可以删掉

➢ 东南（或北偏东 135°）方向环境勘察项目如表 4-19 所示。

表 4-19　　东南（北偏东 135°）环境图

序号	勘察项目	勘察结果
1	地貌情况	（　　）可以删除其他类型，仅保留符合要求的 1．海洋 2．内陆水域（湖、水库） 3．开阔地（如农田等） 4．林地 5．绿地 6．村庄 7．工商业区 8．高级住宅区 9．密集高层建筑群 10．分立的高层建筑物 11．一般建筑群 12．密集建筑群 13．其他______
2	规划覆盖范围	该方向上需要本扇区覆盖的距离____km，或____路和____路
3	障碍物阻挡情况	■ 附近 有/无 高大阻挡物； ■ 距离______m，相对扇区天线的高度______m，相对扇区天线的方位角______度，阻挡夹角______度
4	重点覆盖区	（　　）可以删除其他类型，仅保留符合要求的 1．运营商领导居住区 2．运营商职工居住区 3．运营商办公区 4．运营商营业厅 5．政府部门所在地 6．繁华商业区 7．写字楼密集区 8．三星级以上宾馆 9．重要娱乐场所 10．高档住宅区 11．汽车站/火车站/机场 12．高速公路 13．旅游区 14．其他________
5	备注	没有其他需要说明的行可以删掉

➢ 正南（或北偏东 180°）方向环境勘察项目如表 4-20 所示。

表 4-20　　正南（北偏东 180°）环境图

序号	勘察项目	勘察结果
1	地貌情况	（　　）可以删除其他类型，仅保留符合要求的 1．海洋 2．内陆水域（湖、水库） 3．开阔地（如农田等） 4．林地 5．绿地 6．村庄 7．工商业区 8．高级住宅区 9．密集高层建筑群 10．分立的高层建筑物 11．一般建筑群 12．密集建筑群 13．其他______

续表

序号	勘 察 项 目	勘 察 结 果
2	规划覆盖范围	该方向上需要本扇区覆盖的距离_____km，或______路和______路
3	障碍物阻挡情况	■ 附近 有/无 高大阻挡物； ■ 距离______m，相对扇区天线的高度_______m，相对扇区天线的方位角______度，阻挡夹角_______度
4	重点覆盖区	(　　　) 可以删除其他类型，仅保留符合要求的 1．运营商领导居住区 2．运营商职工居住区 3．运营商办公区 4．运营商营业厅 5．政府部门所在地 6．繁华商业区 7．写字楼密集区 8．三星级以上宾馆 9．重要娱乐场所 10．高档住宅区 11．汽车站/火车站/机场 12．高速公路 13．旅游区 14．其他__________
5	备注	没有其他需要说明的行可以删掉

➢ 西南（或北偏东 225°）方向环境勘察项目如表 4-21 所示。

表 4-21　　西南（北偏东 225°）环境图

序号	勘 察 项 目	勘 察 结 果
1	地貌情况	(　　　) 可以删除其他类型，仅保留符合要求的 1．海洋 2．内陆水域（湖、水库） 3．开阔地（如农田等） 4．林地 5．绿地 6．村庄 7．工商业区 8．高级住宅区 9．密集高层建筑群 10．分立的高层建筑物 11．一般建筑群 12．密集建筑群 13．其他______
2	规划覆盖范围	该方向上需要本扇区覆盖的距离_____km，或______路和______路
3	障碍物阻挡情况	■ 附近 有/无 高大阻挡物； ■ 距离______m，相对扇区天线的高度_______m，相对扇区天线的方位角______度，阻挡夹角_______度
4	重点覆盖区	(　　　) 可以删除其他类型，仅保留符合要求的 1．运营商领导居住区 2．运营商职工居住区 3．运营商办公区 4．运营商营业厅 5．政府部门所在地 6．繁华商业区 7．写字楼密集区 8．三星级以上宾馆 9．重要娱乐场所 10．高档住宅区 11．汽车站/火车站/机场 12．高速公路 13．旅游区 14．其他__________
5	备注	没有其他需要说明的行可以删掉

➢ 正西（或北偏东 270°）方向环境勘察项目如表 4-22 所示。

表 4-22　　西南（北偏东 270°）环境图

序号	勘 察 项 目	勘 察 结 果
1	地貌情况	(　　　　　) 可以删除其他类型，仅保留符合要求的 1．海洋 2．内陆水域（湖、水库） 3．开阔地（如农田等） 4．林地 5．绿地 6．村庄 7．工商业区 8．高级住宅区 9．密集高层建筑群 10．分立的高层建筑物 11．一般建筑群 12．密集建筑群 13．其他_______
2	规划覆盖范围	该方向上需要本扇区覆盖的距离_____km，或____路和____路
3	障碍物阻挡情况	■ 附近 有/无 高大阻挡物； ■ 距离______m，相对扇区天线的高度_______m，相对扇区天线的方位角______度，阻挡夹角_______度

续表

序号	勘察项目	勘察结果
4	重点覆盖区	（　　）可以删除其他类型，仅保留符合要求的 1．运营商领导居住区　2．运营商职工居住区　3．运营商办公区 4．运营商营业厅　5.政府部门所在地　6.繁华商业区　7.写字楼密集区 8.三星级以上宾馆　9．重要娱乐场所 10．高档住宅区　11．汽车站/火车站/机场　12．高速公路 13．旅游区 14．其他_______
5	备注	没有其他需要说明的行可以删掉

➢ 西北（或北偏东 315°）方向环境勘察项目如表 4-23 所示。

表 4-23　　西北（北偏东 315°）环境图

序号	勘察项目	勘察结果
1	地貌情况	（　　）可以删除其他类型，仅保留符合要求的 1．海洋 2．内陆水域（湖、水库）3．开阔地（如农田等）4．林地 5．绿地 6．村庄 7．工商业区 8．高级住宅区 9．密集高层建筑群 10．分立的高层建筑物 11．一般建筑群 12．密集建筑群　13．其他_______
2	规划覆盖范围	该方向上需要本扇区覆盖的距离______km，或______路和______路
3	障碍物阻挡情况	■　附近 有/无 高大阻挡物； ■　距离______m，相对扇区天线的高度_______m，相对扇区天线的方位角______度，阻挡夹角______度
4	重点覆盖区	（　　）可以删除其他类型，仅保留符合要求的 1．运营商领导居住区　2．运营商职工居住区　3．运营商办公区 4．运营商营业厅　5.政府部门所在地　6.繁华商业区　7.写字楼密集区 8.三星级以上宾馆　9．重要娱乐场所 10．高档住宅区　11．汽车站/火车站/机场　12．高速公路 13．旅游区 14．其他_______
5	备注	没有其他需要说明的行可以删掉

4．重点区域分布

××基站覆盖范围内，主要的重要区域如表 4-24 所示。

表 4-24　　重点区域明细表

ID	村庄/楼宇名称	距基站距离	建筑物高度	建筑物切向宽度	外墙材料描述	预估用户数
A	营业厅	800m	100m	72°-92°	一般	
B	××大厦	500m	80m	225°-233°	一般	
C	××	800m	80m	285°-289°	玻璃	
D	××	750m	60m	330°-335°	一般	
E						
F						

图 4-7 所示为示例图，在撰写报告时，请使用图 4-8，或者根据该图格式自绘图代替之，并且删掉下图。

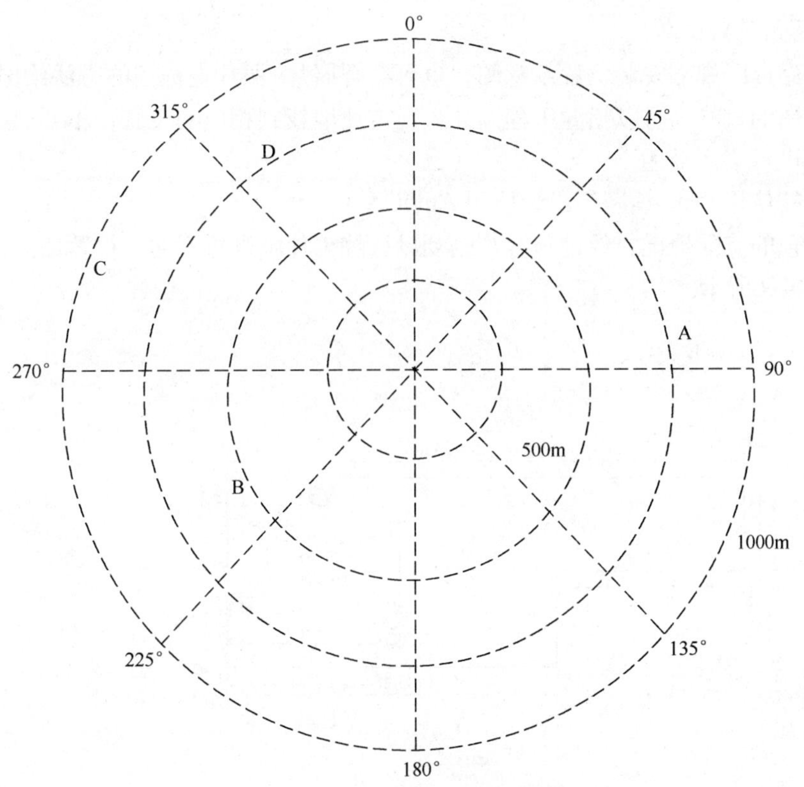

图 4-7 重点区域分布示意图

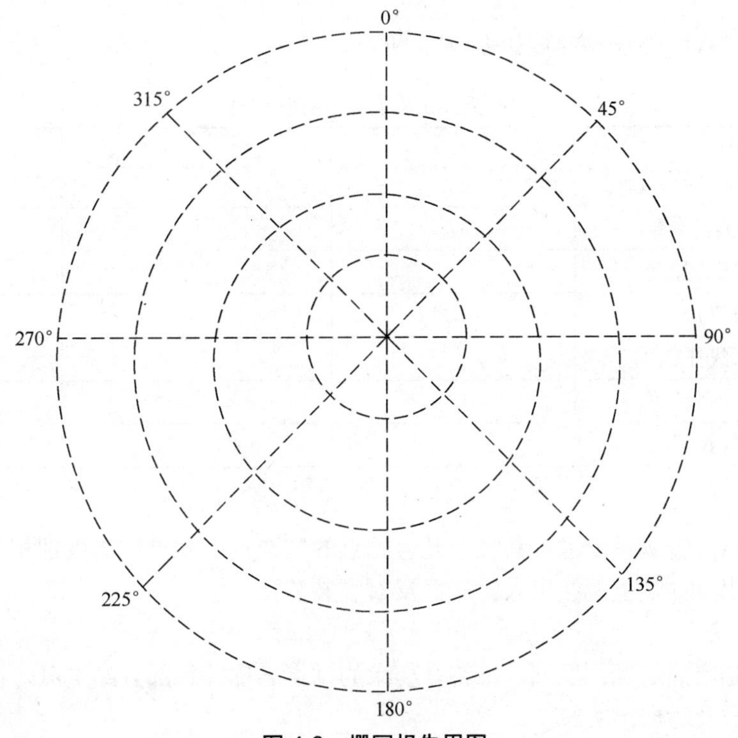

图 4-8 撰写报告用图

5. 扇区预规划信息

对于基站扇区规划安装位置示意图，也可结合照片+照片上标记的方法给出。

绘制草图的目的是可以指导工程设计人员方便地找到相应的位置，不要引起误解。如果需要，可进行文字描述。

请尽可能使用 visio 绘图，或者使用 AutoCAD。

根据楼顶的实际情况，经过与客户以及设计院工程师进行沟通，推荐扇区天线安装位置建议如图 4-9 所示。

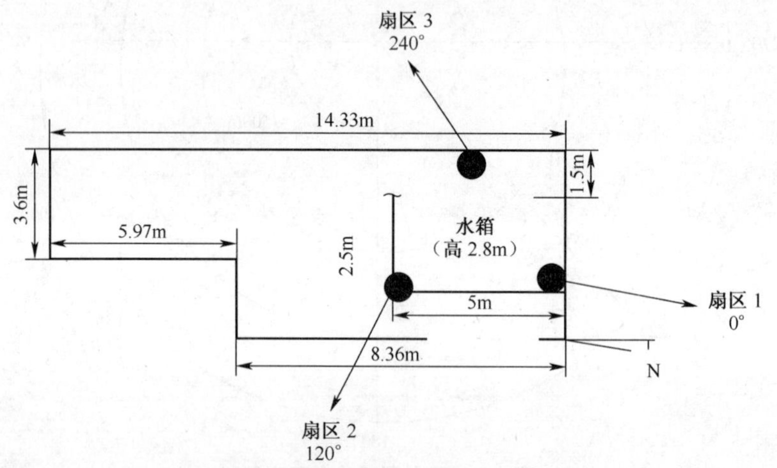

图 4-9 扇区天线安装位置建议示意图

扇区天线工程安装推荐参数如表 4-25 所示。

表 4-25 扇区天线工程安装推荐参数表

扇区 项目	1	2	3
现有/建议天线参数			
现有/建议天线挂高			
参考方位角			
可实现天线挂高			
现有下倾角			
估算馈线长度			

6. 小结

说明该站点是否满足要求，其属于几号站点的候选点。如果候选级别相等，如果有其他风险也可列出（如晚上无法出入、居民反对安装等）。

7. 勘察结论

总结一下勘察的情况，罗列一下符合要求的站点名称等。部分站点风险也可在此简单给出，以便领导及时做出决策。

学习情景 3　RNC 设备的安装和调试

➲ 情景说明

RNC 是 TD-SCDMA 系统的主要组成设备，RNC 在网络中连接 NodeB、SGSN、MSC 等网络单元，是 TD-SCDMA 系统的核心设备之一。本情景将介绍的内容包括 RNC 设备硬件功能、单板功能、硬件安装、接口协议、RNC 设备中单板及连线配置、OMC 网管安装、OMC 网管配置和 TD 系统设备调测等。本情景中的内容在实际工程中是现场安装、工程督导、设备调测等岗位工作人员的必备技能。

下图是 RNC 在 TD-SCDMA 系统中与其他网络设备的系统连接图，有助于我们了解 RNC 与系统设备的逻辑关系。

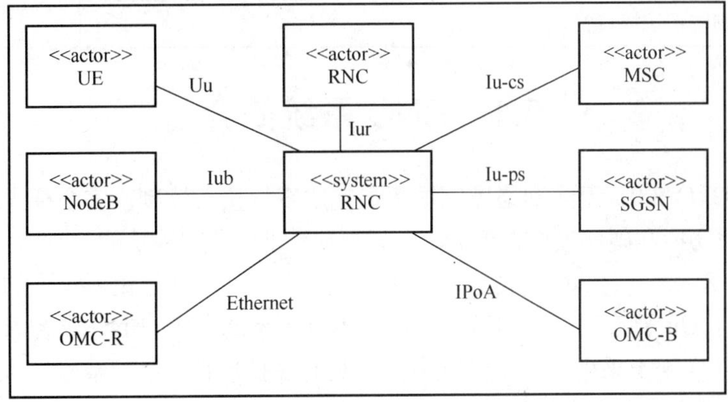

➲ 学习目标

➘ 相关知识

- ✧ RNC 设备和系统结构、系统单板的功能。
- ✧ RNC 硬件和模块的连接关系，硬件配置时类型及数量的选择和搭配。
- ✧ RNC 软件系统结构、数据库、OMC 安装、RNC 设备的数据配置。

➘ 拓展知识

- ✧ RNC 中常用的备用方式和不同单板所采用的备用方式。
- ✧ RNC 系统的常见组网方式。

➘ 相关技能

➢ 基本操作技能

- ✧ RNC 设备安装、调试。
- ✧ Oracle 9i 数据库、OMC 软件安装调试。

✧ RNC 数据配置。

➢ 拓展技能、技巧

✧ 实例分析。

任务五　熟悉 RNC 设备的硬件

资讯指南	
资讯内容	获取方式
RNC 3.0 硬件系统设计中有哪些基本设计原则？	阅读资料； 上网； 查阅图书； 询问相关工作人员
机架、机框、单板的概念是什么？	
RNC 系统在功能上可划分为几个模块？它们的主要作用是什么？	
RNC 系统的系统容量是由哪些机框来实现的？	
RNC 系统中有哪些系统接口？	

5.1　RNC 系统简介

ZXTR RNC（V3.0）无线网络控制器负责完成系统接入控制、安全模式控制、移动性管理（包括接力切换和硬切换控制等）、无线资源管理和控制等功能。

另外，ZXTR RNC（V3.0）无线网络控制器提供 3GPP R4 协议所规定的各种功能，提供 Iu、Iub、Iur、Uu 等系列标准接口，支持与不同厂家的 CN、RNC 或者 Node B 互连。

RNC 在系统实现上采用分布式处理方式，具有高扩展性、高可靠性、大容量等特点，可以平滑地向 IP UTRAN 过渡。

5.2　RNC 硬件系统设计原则

（1）硬件平台基于 IP。

（2）内部接口标准化。

（3）后向兼容性强。

（4）可扩展性要求：硬件平台在很长的一段时间内要保持稳定，充分考虑到技术的前瞻性，部分新技术的出现不会对整个硬件平台产生革命性的影响，整个硬件平台支持向 IPv6 的演进；各个功能实体采用模块化设计，各功能实体之间的接口标准化且相对独立，单独功能实体的升级不影响其他功能实体。

（5）统一的设计风格：充分考虑重用性和兼容性，如多块功能单板由同一块硬件单板实现，相同功能电路由同一标准电路实现，使各种模块的通用器件/部件的比例尽可能高；在整个硬件平台系统范围统一定义单板引脚、尺寸，统一规划背板设计，使相关功能的单板可重用，可混插，减少生产和维护的复杂度和成本费用。

（6）减少硬件与应用之间的耦合性：硬件平台的设计需要保持良好的适应性，以适应不同的功能应用对硬件架构的要求，硬件平台不会成为产品升级换代的瓶颈。

（7）标准化和模块化设计：产品采用标准化和模块化设计，达到与其他产品最大的资源和技术共享，以减少产品的技术风险和进度风险。

5.3　RNC 硬件系统

1. 环境框图

在 UMTS 中，RNC 由以下接口界定：Iu/Iur/Iub，如下系统结构图中的 MSC 为移动交换中心（Mobile Switching Centre），SGSN 指 GPRS 服务支持节点（Serving GPRS Support Node）。在 3GPP 协议中，Iu、Iur、Iub 三者物理层介质可以是 E1、T1、STM-1、STM-4 等多种形式。在物理层之上是 ATM 层，ATM 层之上是 AAL 层。有两种 AAL 被用到：控制面信令和 Iu-PS 数据采用 AAL5，其他接口用户面数据采用 AAL2。

🕮**知识点**：T1/E1 代表两种数据传输速率标准。

T1 是北美标准，支持 1.544Mbit/s 专线电话数据传输，由 24 条独立通道组成，每个通道的传输速率为 64kbit/s，可用于同时传输语音和数据。

E1 是欧洲标准，支持 2Mbit/s 速度，由 30 条 64kbit/s 线路、2 条信令、控制线路组成。4 个 E1 可复接成 1 个 E2（8Mbit/s），4 个 E2 可以复接成 1 个 E3（34Mbit/s），4 个 E3 可复接成 1 个 E4（140Mbit/s）。ZXTR RNC 系统外部接口示意图如图 5-1 所示。

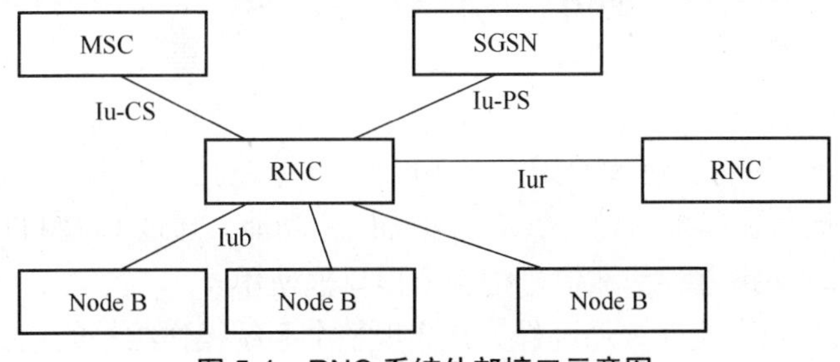

图 5-1　RNC 系统外部接口示意图

SDH（同步数字序列）是一种将复接、线路传输及交换功能融为一体，并由统一网管系统操作的综合信息传送网络。前身是美国贝尔通信技术研究所提出来的同步光网络（SONET），后由国际电报电话咨询委员会（CCITT）重新命名为 SDH，并使其成为不仅适用于光纤，也适用于微波和卫星传输的通用技术体制。

SDH 采用的信息结构等级称为同步传送模块（STM-N，N＝1、4、16、64），最基本的模块为 STM-1，传输速率为 155.520Mbit/s（使用 155Mbit/s 光纤接入，客户端为 STM-1 光口卡，信道化点对多点，有 63 个 E1）；4 个 STM-1 同步复用，可构成一个 STM-4，传输速率为 622.080Mbit/s；4 个 STM-4 或 16 个 STM-1 同步复用，可构成一个 STM-16，传输速率为 2488.32Mbit/s；4 个 STM-16 同步复用，可构成一个 STM-64，传输速率为 10Gbit/s。

2. 硬件系统总体框图

ZXTR RNC 由以下单元组成。

- 操作维护单元 ROMU。
- 接入单元 RAU。
- 交换单元 RSU。
- 处理单元 RPU。
- 外围设备监控单元 RPMU。

ZXTR RNC 硬件系统总体框图如图 5-2 所示。

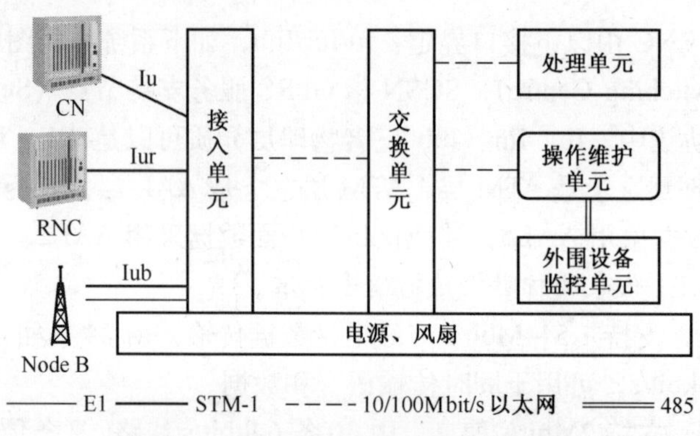

图 5-2　ZXTR RNC 硬件系统总体框图

5.4　功 能 框 图

1. 操作维护单元

操作维护单元 ROMU 包括 ROMB 单板和 CLKG 单板。

（1）CLKG 单板负责系统的时钟供给和外部同步功能。通过 Iu 接口提取时钟基准，经过板内同步后，驱动多路定时基准信号给各个接口框使用。

（2）ROMB 单板负责处理全局过程，并实现整个系统操作维护的相关控制（包括操作维护代理)，并通过 100Mbit/s 以太网与 OMC-R（操作维护中心，用于基站的维护操作）实现连接，以及实现内外网段的隔离。ROMB 单板还可作为 ZXTR RNC 操作维护处理的核心，它直接或间接监控和管理系统中的单板，提供以太网口和 RS-485 两种链路对系统单板进行配置管理。

ROMB 与 OMC-R 之间的通信链路的连接关系如图 5-3 所示。ROMB 将内外部两个网段分开，Hub 为集线器。

2. 接入单元

接入单元为 ZXTR RNC 系统提供 Iu、Iub 和 Iur 接口的 STM-1 和 E1 接入功能。接入单元包括 APBE（ATM 处理板）、IMAB（IMA/ATM 协议处理板）和 DTB 单板（数字中继板)，背板为 BUSN。其中，APBE 单板提供 STM-1 接入，根据后期需要，可以提供 STM-4 接入)；IMAB 与 DTB 一起提供支持 IMA 的 E1 接入，DTB 单板提供 E1 线路接口。

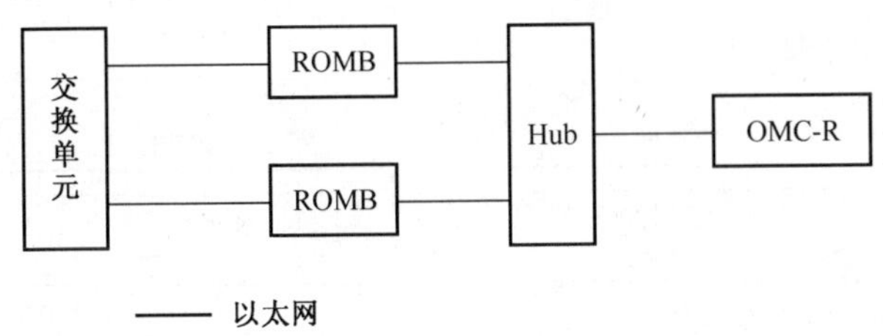

图 5-3 ROMB 和 OMC-R 之间的通信

每个 APBE 单板提供 4 个 STM-1 接口，支持 622Mbit/s 交换容量，负责完成 RNC 系统 STM-1 物理接口的 AAL2 和 AAL5 的终结。

IMAB 单板与 APBE 的区别是前者不提供 STM-1 接口，而是和 DTB 一起提供 E1 接口。每个 DTB 单板提供 32 路 E1 接口（另外还有 SDTB 单板提供一个 155Mbit/s 的 STM-1 标准接口，支持 63 个 E1），负责为 RNC 系统提供 E1 线路接口。一个 IMAB 单板最多提供 30 个 IMA 组，完成 ATM 终结功能。

3. 交换单元

交换单元主要为系统控制管理、业务处理板间的通信，以及多个接入单元之间的业务流连接等，提供一个大容量的、无阻塞的交换单元。交换单元由两级交换子系统组成，结构如图 5-4 所示。

一级交换子系统是接口容量为 40Gbit/s 的核心交换子系统，为 RNC 系统内部各个功能实体之间，以及系统之外的功能实体间提供必要的消息传递通道，用于完成包括定时、信令、语音业务、数据业务等在内的多种数据的交换，并根据业务的要求和不同的用户提供相应的 QoS 功能（包括交换网 PSN4V 和线卡 GLIQV 单板）。

二级交换子系统由以太网交换芯片提供，一般情况下支持层二以太网交换，根据需要也可以支持层三交换；其负责系统内部用户面和控制面数据流的交换和汇聚，包括 UIMC、UIMU 和 CHUB 单板。

RNC 系统内部提供了两套独立的交换平面，控制面和用户面。

- 对于控制面数据，因数据流量较小，采用二级交换子系统进行集中汇聚，无需通过一级交换子系统实现交换。
- 对于用户面数据，因数据流量较大，同时为了对业务实现 QoS，在大话务容量下需要通过一级交换子系统来实现交换和扩展，具体如图 5-4 所示。图中的蓝色线条表示控制面数据流；黑色线条表示用户面数据流。粗黑线表示千兆以太网的连接，细黑线表示百兆以太网的连接。

在只有两个资源框的配置下，用户面可以不采用一级交换子系统，而两个资源框直接通过吉比特光口对连，也可以满足 ZXTR RNC 组网的需要。此时交换单元可简化如图 5-5 所示。

系统资源框数目为 2～6 个时，用户面可以采用二对线卡完成一级交换平台功能。此时交换单元将进一步简化，如图 5-6 所示。

交换单元的维护通过 RS-485 总线和以太网本身共同进行。RS-485 负责初始化管理控制和在控制面以太网故障时的一些异常管理，通过以太网完成流量统计、状态上报、系统

MIB 管理等更高级的管理。

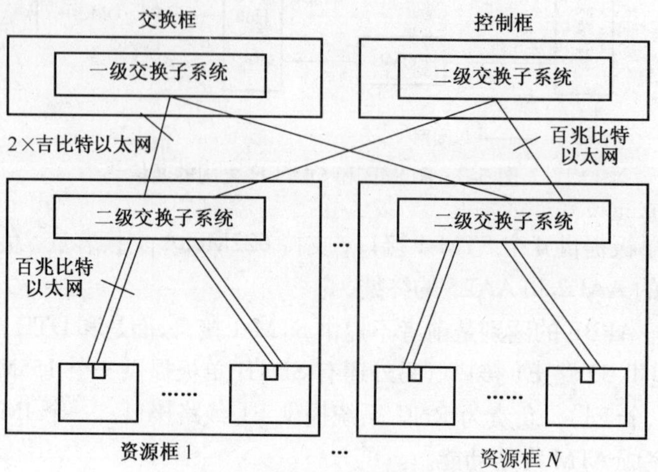

图 5-4　交换单元结构示意图

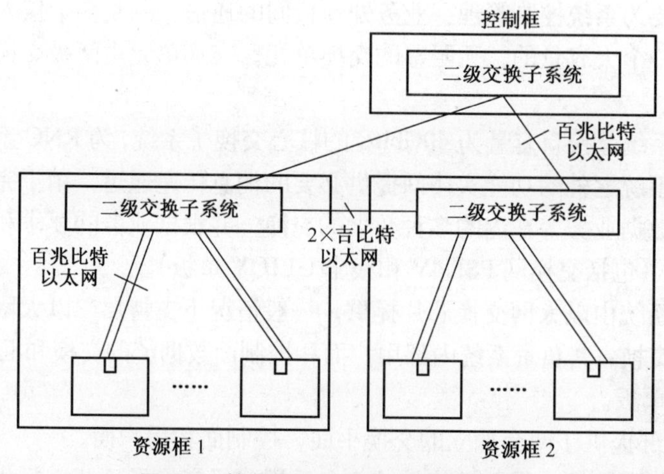

图 5-5　简化后的交换单元结构示意图

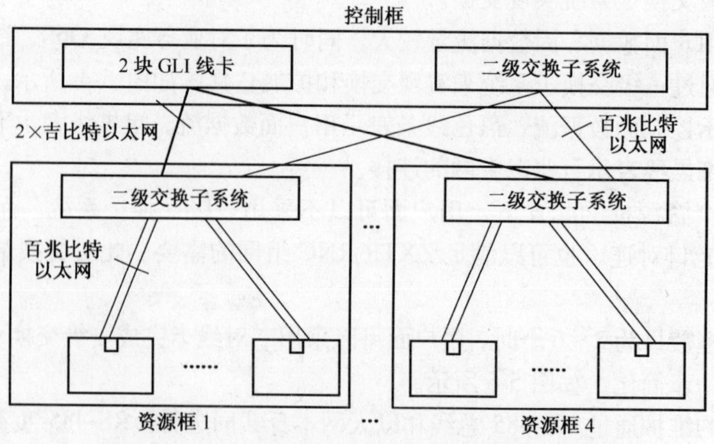

图 5-6　2～6 个资源框情况下交换单元结构示意图

4. 处理单元

处理单元实现 ZXTR RNC 的控制面和用户面上层协议处理，包括 RCB、RUB 和 RGUB（RGUB 板现在已不用，功能集中到 RUB 板中）。

每块 RGUB 板提供和交换单元二级交换子系统相连的以太网端口，完成对于 PS 业务 GTP-U 协议的处理。

每块 RUB 板提供和交换单元二级交换子系统相连的以太网端口，完成对于 CS 业务 FP、MAC、RLC、UP 协议栈的处理和 PS 业务 FP、MAC、RLC、PDCP、UP 的处理。

RCB 连接在交换单元上，负责完成 Iu、Iub 接口上控制面的协议处理。主备两块单板之间采用百兆比特以太网连接，实现故障检测和动态数据备份。硬件提供主备竞争的机制。

5. 外围设备监控单元

外围设备监控单元包括 PWRD 单板和告警箱 ALB。

PWRD 完成机柜中一些外围和环境单板信息的收集，包括电源分配器和风机的状态，以及温湿度、烟雾、水浸和红外等环境告警。PWRD 通过 RS-485 总线接受 ROMB 的监控和管理。每个机柜有 1 块 PWRD 板。

告警箱 ALB 根据系统出现的故障情况进行不同级别的系统报警，以便设备管理人员及时干预和处理。

5.5 系统主备

ZXTR RNC 系统的关键部件均提供硬件 1+1 备份，如 ROMB、RCB、UIMC、UIMU、CHUB、PSN4V、GLIQV 等。而 RUB 和 RGUB 采用负荷分担的方式，接入单元根据需要可以提供硬件主备。ZXTP RNC 系统主备示意图如图 5-7 所示。

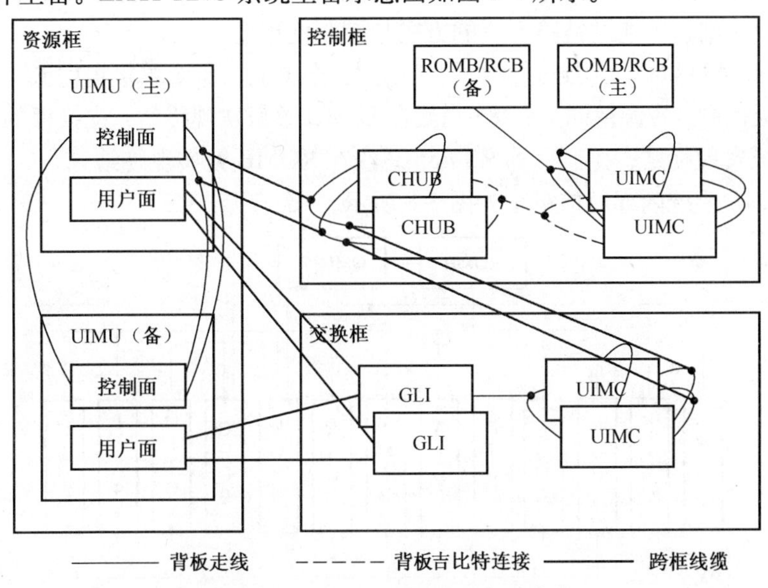

图 5-7　ZXTR RNC 系统主备示意图

资源框的 UIMU 单板提供控制面和用户面两个平面，对本层框的单板均提供高阻复用端口，而交换框和控制框的 UIMC 仅提供控制面一个平面。

资源框的控制面与控制中心的互连考虑：资源框和控制中心均高阻复用，用两根电缆连到控制中心；关于资源框的主备倒换，控制中心不必知道；反之亦然。正常情况下，CHUB 单板及 UIM 板软件依靠生成树算法，自动识别并禁止一条连接通道，只允许另一条通道工作。一旦允许的通道断链，单板软件能够自动发现并且自动打开原来禁止的那条通道，完成通道的备份切换。这种方法消除了框间互连的单点故障。

资源框的用户面和交换框的互连考虑：通过 GE（吉比特以太网）口相连，一个 GE 口带两个光接口（由子卡提供），依靠光链路的指示来判断主备状态，实现硬件的主备倒换。

其他单板的主备考虑：接口单板（如 DTB、APBE）、资源处理单板（如 RUB）一般采用 $m+n$ 的备份方式（主要依靠软件实现）；关键单板（如 UIMC、UIMU、RCB）采用 1+1 备份。

5.6 系统内部通信链路设计

ZXTR RNC 系统采用控制面和用户面分离设计方式。资源框背板设计两套以太网，一套用于用户面互连，一套用于内部控制、控制面互连；另外在背板上再设计一套 485 总线。对于具有控制以太网接口的单板，485 总线的作用主要是在以太网异常时进行故障诊断、告警，在特定场合可根据需要做 MAC、IP 地址的配置，正常情况下不用此功能。

控制面以太网采用单平面结构，每个资源框控制以太网通过 UIMU 与两个百兆比特以太网口（物理上采用 2 根线缆）和控制框的 CHUB 相连（依靠生成树算法禁止其中一个，或者 UIMU 和 CHUB 板在上电初始化时，通过设置 VLAN 的方式把其中一个网口独立开来），对于控制流量较大（大于百兆比特，配置时可以估算出最大流量）的资源框，采用两个百兆比特以太网口，通过链路汇聚的方式与控制框相连。

框内的 RS-485 和以太网通过背板引线连到各个单板。每个单板提供 RS-485 和以太网接口用于单板控制。资源框的 RS-485 总线在 UIMU 单板实现终结；交换框的 RS-485 总线在 UIMC 单板实现终结，控制框的 RS-485 总线在 ROMB 处实现终结。

ZXTR RNC 系统内部通信链路如图 5-8 所示。

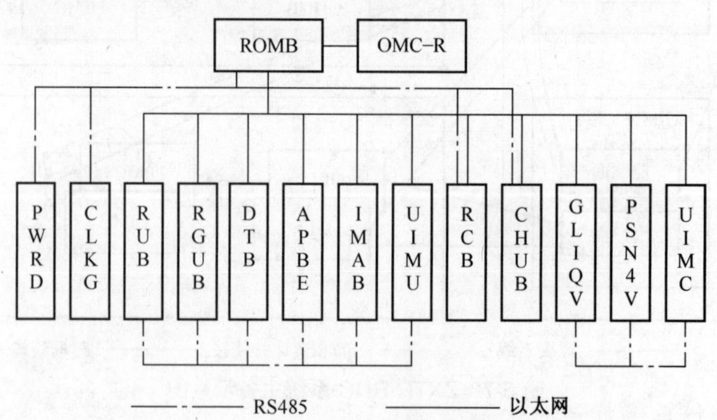

图 5-8 ZXTR RNC 系统内容通信链路示意图

5.7 时钟系统设计

从 ZXTR RNC 在整个通信系统中的位置看，其时钟系统应该是一个三级增强钟或二级钟，时钟同步基准来自 Iu 口的线路时钟或者 GPS/BITS（全球定位系统/楼宇综合定时供给）系统时钟，采用主从同步方式。

ZXTR RNC 的系统时钟模块位于时钟板 CLKG 上，与 CN 相连的 APBE 单板提取的时钟基准经过 UIM 选择，再通过电缆传送给 CLKG 单板；CLKG 单板同步于此基准，并输出多路 8kbit/s 和 16Mbit/s 时钟信号给各资源框，并通过 UIM 驱动后经过背板传输到各槽位，供 DTB 单板和 APBE 单板使用。

时钟单板 CLKG 采用主备设计，主备时钟板锁定于同一基准。当系统时钟运行在自由方式时，备板锁定于主板 8kbit/s，主备倒换在时钟低电平期间进行。主备时钟采用输出驱动端高阻直连，以实现平滑倒换。如图 5-9 所示。

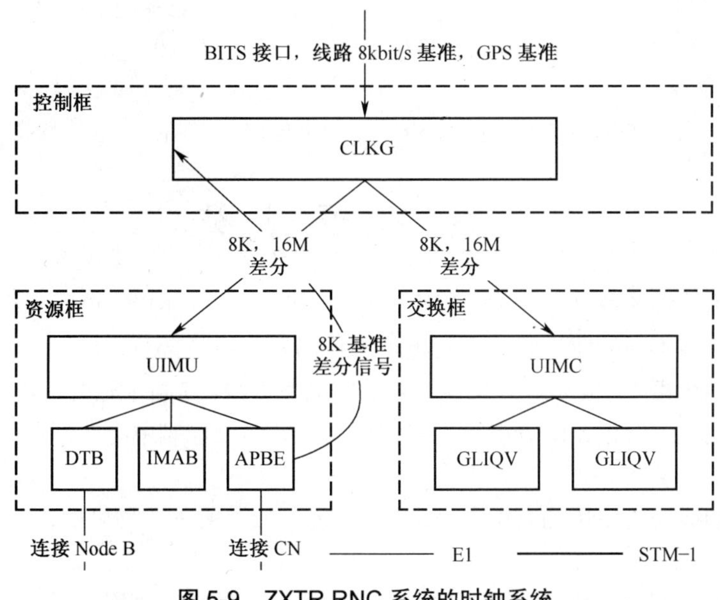

图 5-9 ZXTR RNC 系统的时钟系统

5.8 系统容量设计

ZXTR RNC 系统以资源框为基本配置模块，系统的控制面处理资源和用户面的处理资源挂接在内部的以太网上，并在以太网上实现 ZXTR RNC 内部的交换。

由于系统采用构件化设计方案，系统的容量可以通过叠加功能单板的方法进行平滑扩充。每个资源框形成一个独立的小系统，具备对外的接口，系统扩容的时候可以直接根据用户数计算增加资源框数目，或在资源框内部增加用户面和接口单板实现系统扩容。

5.9 系统接口设计

1. 系统外部接口定义

系统外部接口共有系统电源接口、系统与后台网管接口、Iub/Iur/Iu 接口和时钟基准接口 4 类。

2. 系统电源接口

–48V、48VGND 从机顶馈入；PGND、GND 以及 48VGND 在机架汇合，就近接入大地。

3. 系统与后台网管接口

标准 10/100Base-TX 接口。

4. Iub/Iur/Iu 接口

此类接口分如下 2 种。

➢ E1/T1 接口：ITU-T G.703 和 ITU-T G.704，可根据配置提供非平衡和平衡接口；

➢ STM-1 接口：ITU-T I.432.2，ITU-T G.703，ITU-T G.957。

5. 时钟基准接口

此接口为 ZXTR RNC 系统提供 2Mbit/s 或 2MHz 时钟基准。

5.10 机框分类

机框的作用是将各种单板通过背板组合起来，构成一个独立的单元。ZXTR RNC 的机框由通用插箱安装不同的背板组成。背板是机框的重要组成部分。同一机框的单板之间通过背板内的印制线相连，极大地减少背板背后的电缆连线，提高了整机工作的可靠性。RNC 系统共有 3 种类型的背板，即分组交换网背板（BPSN）、控制中心背板（BCTC）、通用业务网背板（BUSN）。

按照功能和插箱所使用的背板分，RNC3.0 包含如下所述 3 种机框。

1. 控制框

控制框提供 ZXWR RNC（V3）的控制流以太网汇接、处理以及时钟功能。控制框的背板为 BCTC，可以插 ROMB、UIMC、RCB、CHUB、GLI 和 CLKG 单板以及这些单板的后插板。其中，ROMB、CHUB 和 CLKG 单板仅在 1 号机柜的控制框中配置，实现 RNC 系统的全局管理。在其他机柜的控制框中无需配置这些单板。

2. 资源框

资源框提供 ZXWR RNC（V3）的外部接入和资源处理功能，以及网关适配功能。资源框的背板为 BUSN，可以插 RUB、UIMU、RGUB、CLKG、MNIC（多功能接口网板）、DTB、IMAB 和 APBE 单板以及这些单板的后插板。

3. 一级交换框

一级交换框为 ZXWR RNC（V3）提供一级交换子系统，针对用户面数据较大流量时的交换和扩展。交换框的背板为 BPSN，可以插 GLI、PSN 和 UIMC 单板以及这些单板的后插板。

机框与背板的关系如表 5-1 所示。

表 5-1 机框与背板的对应关系

机 框	背 板
交换框	分组交换网背板
控制框	控制中心背板
资源框	通用业务网背板

5.11 系统后背板介绍

一、BCTC 系统控制框背板介绍

1. 功能需求描述

（1）控制以太网：背板提供 46×100Mbit/s+1×1000Mbit/s 的控制流以太网接入能力，其中 GE 端口用于 UIM 和 CHUB 板互连。

（2）时钟接收、提取和分发：背板提供从 CLKG 单板接收时钟、从 DTB 等单板提取 8kbit/s 时钟基准的功能，并通过电缆传送至 CLKG 单板，从 UIM 主控单板分发系统时钟至各业务槽位。同时，需从 CLKG 单板对外提供 15 套系统时钟至各资源子系统，采用电缆传送。

（3）对外控制以太网汇接功能：CHUB 单板对系统各资源框和一级交换框提供 46 个以太网接口，用于系统控制流以太网汇接。

（4）电源和地：提供–48V 电源插座，提供–48VGND、GND、GNDP 等各种地。

（5）物理地址信号：提供机架号（5bit）、机框号（3bit）、槽位号（5bit）、版本号（3bit）等物理地址信号，背板类型 ID 为 001。

（6）业务单板管理信号：Healthy 信号识别和 RST 信号控制。

（7）单板主备信号：为主备单板提供主备控制信号和主备通信通道。

（8）RS-485 信号：提供 RS-485 控制总线。

2. 功能实现

BCTC 的原理框图如图 5-10 所示。

在 BCTC 背板中，UIM 单板内部控制面和用户面的 HUB 互连，对外提供最大 48 个 100M 以太网口，图中红色实心圆点表示 1 个 100M 以太网端口，黑色实心圆点表示 1 个 8K 和 16M 差分时钟端口。即红色实心圆点组成由 UIMC 提供的内部以太网，黑色实心圆点组成内部时钟以太网。槽位 9 和 10 的 UIM 单板提供 31 个 100M 以太网端口连接其他各槽位，1 个 100M 以太网端口主备互连，10 个 100M 以太网端口对外。UIM 单板提供差分 8K 和 16M 时钟信号，分别连接槽位 1～8 和槽位 11～16。

槽位 1～6 两两提供 GLIQV 背靠背连线，并提供最小配置的情况下省去 PSN4V 的连接方法。槽位 9 和 10 的 UIM 提供的千兆以太网端口不进行高阻复用，同时连至槽位 15 和

16，由该槽位单板根据 UIM 主备状态进行选择。

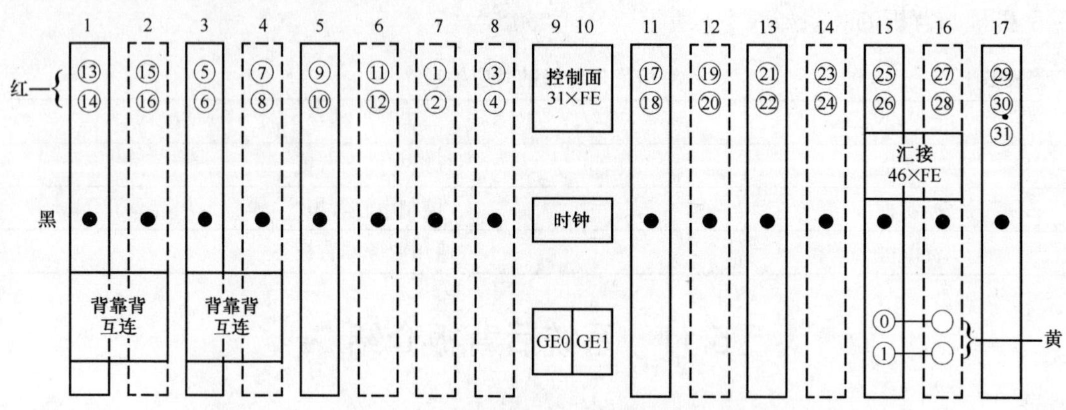

图 5-10 背板 BCTC 信号连接示意图

二、BUSN 系统资源框背板介绍

1. 功能需求描述

（1）控制以太网：背板提供 24 × 100M 的控制流以太网接入能力。

（2）用户面以太网：背板提供 24 × 100M+2 × 1000M 用户面以太网接入能力。

（3）TDM 总线：背板提供 16K 时隙 TDM 总线。

（4）时钟接收、提取和分发：背板提供从 CLKG 单板接收时钟、从 DTB 等单板提取 8K 时钟基准的功能，并通过电缆传送至 CLKG 单板，从 UIM 主控单板分发系统时钟至各业务槽位。同时，需从 CLKG 单板对外提供 15 套系统时钟至各资源子系统，采用电缆传送。

（5）E1/T1 插针：提供 E1/T1 的出线插座。

（6）100M 以太网插座：提供 100M 控制流以太网的出线插座。

（7）电源和地：提供–48V 电源插座，提供–48VGND、GND、GNDP 等各种地。

（8）物理地址信号：提供机架号（5bit）、机框号（3bit）、槽位号（5bit）、版本号（3bit）等物理地址信号，背板类型 ID 为 010。

（9）业务单板管理信号：Healthy 信号识别和 RST 信号控制。

（10）单板主备信号：为主备单板提供主备控制信号和主备通信通道。

（11）RS-485 信号：提供 RS-485 控制总线。

2. 功能实现

资源框背板 BUSN 的原理框图如图 5-11 所示。

在 BUSN 背板中，UIM 单板内部控制面和用户面的 Hub 相互独立，分别对外提供最多 24 个 100M 以太网口，图中红色实心圆圈表示 1 个控制面 100M 以太网端口，蓝色实心圆圈表示 1 个用户面 100M 以太网端口，黑色实心圆点表示 1 个 8K 和 16M 差分时钟端口。

槽位 9 和 10 的 UIM 单板提供 19 个控制面 100M 以太网端口连接其他各槽位，1 个控制面 100M 以太网端口主备互连，4 个控制面 100M 以太网端口对外连接 CHUB。

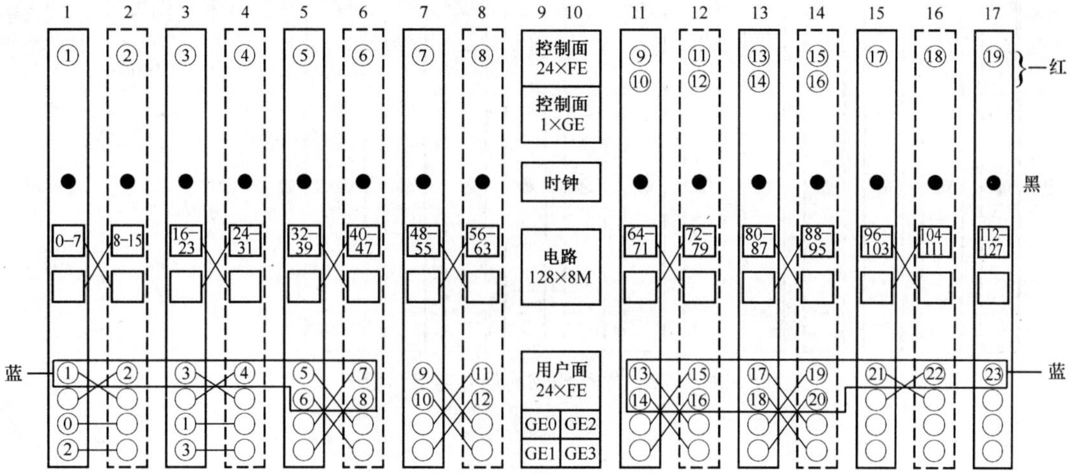

图 5-11 背板 BUSN 信号连接示意图

槽位 9 和 10 的 UIM 单板提供 23 个用户面 100M 以太网端口连接其他各槽位，4 个用户面 1000M 以太网端口连接槽位 1～4。

UIM 单板提供差分 8K 和 16M 时钟信号分别连接槽位 1～8 和槽位 11～16。

三、BPSN 系统交换框背板介绍

1. 功能需求描述

（1）控制以太网：背板提供 46 × 100M 的控制面以太网交换。

（2）时钟接收和分发：背板提供从 CLKG 单板接收时钟的功能，从 UIMC 主控单板分发系统时钟至各业务槽位。

（3）电源和地：提供–48V 电源插座，提供–48VGND、GND、GNDP 等各种地。

（4）物理地址信号：提供机架号（5bit）、机框号（3bit）、槽位号（5bit）、版本号（3bit）等物理地址信号，背板类型 ID 为 001。

（5）业务单板管理信号：Healthy 信号识别和 RST 信号控制。

（6）单板主备信号：为主备单板提供主备控制信号和主备通信通道。

（7）RS-485 信号：提供 RS-485 控制总线。

2. 功能实现

背板 BPSN 的原理框图如图 5-12 所示。

UIMC 单板插在槽位 15 和 16，在该单板内部的 2 套 HUB 互联，仅提供控制面的交换平面。为了描述方便，仍区分为控制面和用户面端口。红色表示原控制面 HUB 提供的端口，蓝色表示原用户面 HUB 提供的端口，黑色圆圈表示时钟端口。UIMC 从 CLKG 获取时钟信号并分发到各槽位。

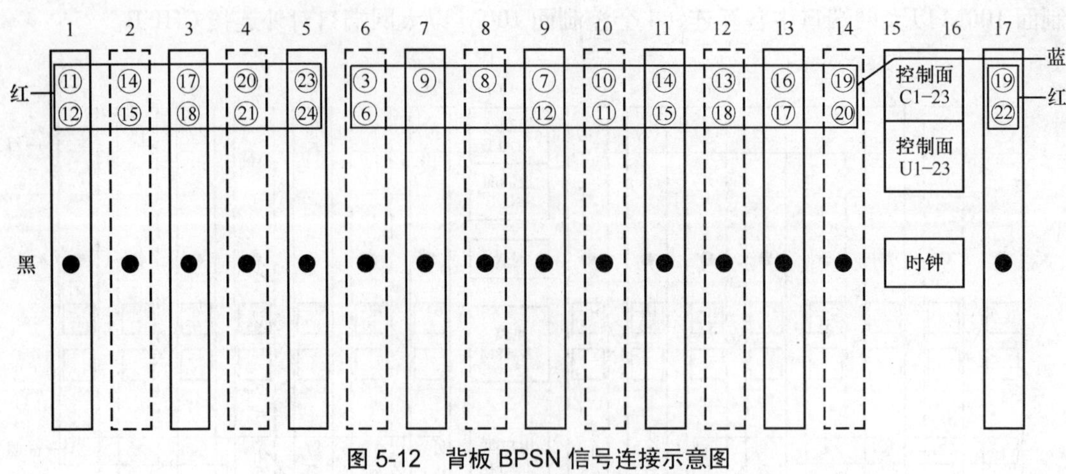

图 5-12　背板 BPSN 信号连接示意图

5.12　系统的单板名称分类及对应关系表

由于考虑到系统的硬件单板的最大复用度，不同的功能板可能由相同的 PCB 板通过配置不同的软件实现，因此这里按照 PCB 分类进行描述，并对不同功能板针对物理上的限制给出可能的位置示意。由同一 PCB 单板加载不同的软件实现的不同功能单板硬件结构完全相同，只是承载的软件不同，其控制方式如版本程序加载、主备倒换、数据同步、监控设计、远程维护等应用软件上和实现方法上统一。

1. PCB 命名

ZXTR RNC 系统中的 PCB 板命名如表 5-2 所示。

表 5-2　　ZXTR RNC 系统中的 PCB 板命名

序号	名　称	代号	代号含义	备　注
1	主处理板	MPX86	Main Process Board – X86	X86 系列，借用 3G 统一平台
2	ATM 处理板增强型版本	APBE	ATM Process Board Enhanced version	借用 3G 统一平台，外部接口为 4×STM-1
3	IMA/ATM 协议处理板	IMAB	IMA Board	借用 3G 统一平台
4	语音码型变换板	VTCD	Voice Transcoder Card DSP version	DSP 版本
5	多功能接口网板	MNIC	Multi-service Network Interface Card	借用 3G 统一平台
6	回波抑制数字中继板	DTEC	Digital Trunk with Echo Cancellation	借用 3G 统一平台
7	通用接口模块 2	UIM/2	Universal Interface Module	借用 3G 统一平台
8	控制面互联板	CHUB	Control Plane HUB	借用 3G 统一平台
9	Vitesse 40Gbit/s 分组交换网板	PSN4V	Vitesse Packet Switch Network 40Gbit/s	40G 容量，借用 3G 统一平台

续表

序号	名　称	代号	代 号 含 义	备　注
10	Vitesse 4×GE 线接口板	GLIQV	Vitesse Quad GE GLI	子卡版本，借用 3G 统一平台
11	时钟产生板	CLKG	Clock Generator	借用 3G 统一平台
12	GPS 接收机载板	GCV3	GPS Carrier V3	无
13	电源分配板	PTRD	PoWeR Distributor	借用 3G 统一平台
14	PTRD 转接背板	PTRDB	POWER Distributor Backplane	PTRD 接插件转接板，借用 3G 统一平台
15	分组交换网背板	BPSN	Backplane of Packet Switch Network	借用 3G 统一平台
16	通用业务网背板	BUSN	Backplane of Universal Switch Network	借用 3G 统一平台
17	控制中心背板	BCTC	Backplane of ConTrol Center	借用 3G 统一平台
18	风扇主控制板	FANM	FAN Main	借用通用电路部单板
19	通用 19 英寸机柜顶装风扇控制电路主板	FANT	无	借用 3G 统一平台
20	风扇连接板	FANC	FAN Connect	借用 3G 统一平台
21	风扇显示板	FAND	FAN Display	借用 3G 统一平台
22	数字中继板后插板	RDTB	Rear Board of DTB	借用 3G 统一平台
23	通用后插板 1	RGIM1	General Rear Board 1	借用 3G 统一平台
24	时钟发生板后插板 1	RCKG1	Rear Board 1 of CLKG	借用 3G 统一平台
25	时钟发生板后插板 2	RCKG2	Rear Board 2 of CLKG	借用 3G 统一平台
26	通用接口模块后插板	RUIM	Rear Board of UIM	借用 3G 统一平台
27	控制面互连后插板	RCHB	Rear Board of CHUB	借用 3G 统一平台
28	GPSB 后插板	RGPSB	Rear Board of GPSB	无
29	8270 子卡	D8270	Daughter Card MPC8270	在 RUB 上，借用 3G 统一平台
30	千兆以太网互连子卡	GCS	GE Connect Subcard	在 UIMC 上，借用 3G 统一平台
31	千兆以太网光接口子卡	GXS	GE 1000BASE-X Subcard	在 UIMU 上，借用 3G 统一平台
32	MPC755 子卡	M755	MPC755 CPU 子卡	在 APBE、IMAB、UIMC 和 UIMU 上，借用 3G 统一平台
33	INTEL 网络处理器 IXP2400 模块子卡	NPI24	Network Processor of Ixp2400	在 GLIQV 上，借用 3G 统一平台

2. 功能板命名

ZXTR RNC 系统中的功能板命名如表 5-3 所示。

表 5-3　　　　ZXTR RNC 系统中的功能板命名

序号	名　称	代号	代号含义	备　注
1	操作维护处理板	ROMB	RNC Operating & Maintenance Board	外部接口为 1×100M
2	用户面处理板	RUB	RNC User plane processing Board	无
3	控制面处理板	RCB	RNC Control plane processing Board	无
4	GTP-U 处理板	RGUB	RNC GTP-U processing Board	外部接口为 1×100M
5	ATM 处理板	APBE	ATM Process Board Enhanced	无
6	IMA/ATM 协议处理板	IMAB	IMA Board	无
7	数字中继板	DTB	Digital Trunk Board	外部接口为 32×E1
8	通用控制接口板	UIMC	Universal Interface Module of BCTC	无
9	通用媒体接口板	UIMU	Universal Interface Module of BUSN	无
10	控制面互联板	CHUB	Control Plane HUB	无
11	分组交换网板	PSN	Packet Switch Network	无
12	千兆线路接口板	GLI	Gigabit Line Interface	无
13	时钟产生板	CLKG	Clock Generator	无
14	GPS 处理板	GPSB	GPS Process Board	无
15	独立业务移动定位中心板	SASB	StandAlone Service Mobile Location Center Board	无
16	电源分配板	PWRD	PoWeR Distributor	无
17	PWRD 转接背板	PWRDB	POWER Distributor Backplane	无
18	分组交换网背板	BPSN	Backplane of Packet Switch Network	无
19	通用业务网背板	BUSN	Backplane of Universal Switch Network	无
20	控制中心背板	BCTC	Backplane of ConTrol Center	无
21	风扇主控制板	FANM	FAN Main	无
22	通用 19 英寸机柜顶装风扇控制电路主板	FANT	无	无
23	风扇连接板	FANC	FAN Connect	无
24	风扇显示板	FAND	FAN Display	无
25	数字中继板后插板	RDTB	Rear Board of DTB	无
26	MNIC 后插板	RMNIC	Rear Board of MNIC	无
27	MPB 后插板	RMPB	Rear Board of MPB	无
28	通用后插板 1	RGIM1	General Rear Interface Module 1	无
29	CLKG 后插板 1	RCKG1	Rear Board 1 of CLKG	无
30	CLKG 后插板 2	RCKG2	Rear Board 2 of CLKG	无
31	UIM 后插板 1	RUIM1	Rear Board 1 of UIM	无

续表

序号	名　称	代号	代 号 含 义	备　注
32	UIM 后插板 2	RUIM2	Rear Board 2 of UIM	无
33	UIM 后插板 3	RUIM3	Rear Board 3 of UIM	无
34	CHUB 板后插板 1	RCHB1	Rear Board 1 of CHUB	无
35	CHUB 板后插板 2	RCHB2	Rear Board 2 of CHUB	无
36	GPSB 后插板	RGPSB	Rear Board of GPSB	无

3. 功能板命名与 PCB 命名的对应关系

ZXTR RNC 系统中的功能板命名和 PCB 命名关系如表 5-4 所示。

表 5-4　　ZXTR RNC 系统中功能板命名和 PCB 板命名的对应关系

序号	功 能 板	PCB 板	备　注
1	ROMB	MPX86	1 块 PCB 板对应 3 块功能板
2	RCB		
3	SASB		
4	RGUB	MNIC	无
5	RUB	VTCD	无
6	APBE	APBE	
7	IMAB	IMAB	无
8	DTB	DTEC	无
9	UIMC	UIM/2	配 GCS 子卡（UIMC）
10	UIMU		配 GXS 子卡（UIMU）
11	CHUB	CHUB	无
12	PSN	PSN4V	无
13	GLI	GLIQV	无
14	CLKG	CLKG	无
15	GPSB	GCV3	无
16	PWRD	PWRD	无
17	PWRDB	PWRDB	无
18	BPSN	BPSN	无
19	BUSN	BUSN	无
20	BCTC	BCTC	无
21	FANM	FANM	无
22	FANT	FANT	无
23	FANC	FANC	无
24	FAND	FAND	无
25	RDTB	RDTB	无
26	RMNIC	RGIM1	1 块 PCB 板对应 3 块功能板

续表

序号	功能板	PCB板	备注
27	RMPB	RGIM1	1块PCB板对应3块功能板
28	RGIM1		
29	RCKG1	RCKG1	无
30	RCKG2	RCKG2	无
31	RUIM1	RUIM	1块PCB板对应3块功能板
32	RUIM2		
33	RUIM3		
34	RCHB1	RCHB	1块PCB板对应2块功能板
35	RCHB2		
36	RGPSB	RGPSB	无

5.13 系统单板介绍

一、主处理器板（MPX86）介绍

MPX86是RNC网元的主处理单板，主要应用在系统的控制框中，用于实现ROMB、RCB等功能板。

1. 功能描述

（1）MPX86需具有ID识别功能，能够从背板读取14位板位ID号，用于上电初始MAC地址配制；能够读取3位背板类型号，3位背板版本号；从本板上读取4位硬件版本号和硬件配置信息，用于版本识别；后台可以在上电后通过控制面以太网通道完成版本程序的下载。

（2）A套CPU子系统

- PIII CPU（700MHz），最大1G SDRAM，提供电子盘和硬盘存储介质。
- 提供4×100M以太网接口，分别为控制面、用户面、主备、外部使用。
- 提供1个485接口，与B套CPU子系统的第1个485接口并联，连接UIM，作为控制面的备份通道。
- 提供1个232接口供调试用。
- 提供1个USB接口，支持USB1.0。

（3）B套CPU子系统

- PIII CPU（700MHz），最大1G SDRAM，提供电子盘存储介质。
- 提供4×100M以太网接口，分别为控制面、用户面、主备、外部使用。
- 提供3个485接口，第1个接口与A套CPU子系统的485接口并联，其余2个分别用于系统的电源管理和GPS管理。
- 提供2个232接口，1个供调试用，1个供管理接口。
- 提供1个USB接口，支持USB1.0。

MPX86 需提供 FLASH 电子盘和硬盘两种存储设备，供存储单板运行版本软件以及有关数据；需支持进行主备倒换，包括手动切换（通过面板按键）和软件切换。

2. 功能单板实现

ZXTR RNC 系统中，MPX86 单板上的两套 CPU 子系统通过加载不同功能软件可以实现 2 种功能单板（其中 ROMB 只能由 CPU 子系统 1 实现），以分配模块号来区分。因为有两个 CPU，所以分两个模块。

（1）ROMB

属于操作维护单元，负责 RNC 系统的全局过程处理，负责整个 RNC 系统的操作维护代理及各单板状态的管理和信息的搜集，维护整个 RNC 系统全局性的静态数据。ROMB 上还可能跑 RPU 模块，负责路由协议处理。ROMB 的模块号固定为 1.2。

（2）RCB

属于处理单元，实现 RNC 系统的控制面信令处理和 No.7 信令处理；RCB 的模块号为 3、4 或 5、6 等，在同一个 RNC 系统内分配不同的号。

MPX86 单板提供的主要外部接口以及各功能单板外部接口使用情况如表 5-5 所示，其中各功能单板列中的“√”表示所列出的外部接口全部使用。如果是具体数字，表示只使用了指定数目的外部接口。后面各节单板对应表格意义相同。

表 5-5 使用 MPX86 实现的各功能单板的外部接口说明

功能单板外部接口		ROMB	RCB	备　注
CPU 子系统 1	1×100M 控制面以太网	√	√	背板连接交换单元 UIMC 单板的控制面端口
	1×100M 用户面以太网	—	—	
	1×100M 外部以太网	√	—	通过电缆连接外部 OMC-R
	1×100M 主备连接以太网	√	√	背板上主备单板互连
	1×485 接口	√	√	通过背板连接控制框中的其他槽位单板
CPU 子系统 2	1×100M 控制面以太网	√	√	背板连接交换单元 UIMC 单板的控制面端口
	1×100M 用户面以太网	—	—	
	1×100M 外部以太网	—	—	
	1×100M 主备连接以太网	√	√	背板上主备单板互连
	3×485 接口	1	1	通过背板连接 ROMB 单板

使用 MPX86 单板实现的功能单板均占用 1 个槽位，各种功能单板可以插在控制框和资源框中，对应位置如表 5-6 所示。其中，第一层为控制框，第二层为资源框。

表 5-6 使用 MPX86 实现的各功能单板在控制框和资源框中的位置

1	2	3	4	5	6	7	8	9	10	11	12	13	14	15	16	17
RCB	RCB	RCB	RCB	RCB	RCB	RCB	RCB	UIMC	UIMC	ROMBRCB	ROMBRCB	RCB	RCB	RCB	RCB	RCB
								UIMU	UIMU	ROMBRCB	ROMBRCB	ROMBRCB	ROMBRCB			

二、多功能网络接口板（MNIC）介绍

1. 功能需求描述

（1）具有 ID 识别功能，能够从背板读取 14 位板位 ID 号，用于上电初始 MAC 地址配制；能够读取 3 位背板类型号，3 位背板版本号；从本板上读取 4 位硬件版本号和硬件配置信息，用于版本识别；后台可以在上电后通过控制面以太网通道完成版本程序的下载。

（2）提供 1×100M 控制流以太网接口。

（3）提供一路 100M 以太网数据备份通道，供主备用。

（4）提供 RS-485 备份控制通道接口。

（5）支持单板的 1+1 主备逻辑控制（也可以 *n*+1 负荷分担工作模式）。

（6）提供最大 8×100M 以太网接口和 2×1000M 以太网接口，如下。

➢ 1 个 1000M 光口（对外）。

➢ 1 个 1000M 电口（支持主备，对内）。

➢ 4 个 100M 以太网口（对内用户面，支持主备）。

➢ 4 个 100M 以太网口（对外）。

2. 功能单板实现

ZXTR RNC 系统中，通过加载不同功能软件，MNIC 单板可以实现以下功能单板。

（1）RGUB：属于处理单元，实现信令 Iu-PS 用户面协议处理功能和 OMC-B 网关功能。

（2）MNIC：提供的主要外部接口以及各功能单板外部接口使用情况如表 5-7 所示，表格中的数字表示实际使用的数目。

表 5-7　使用 MNIC 实现的各功能单板外部接口说明

功能单板 / 外部接口	RGUB	备　注
1×100M 控制面以太网	√	背板连接交换单元 UIMU 单板控制面端口
4×100M 用户面以太网	2	背板连接交换单元 UIMU 单板用户面端口
4×100M 对外部以太网	1	背板通过电缆连接系统外部 OMC-B
1×485 接口	√	通过背板连接 UIMU

使用 MNIC 单板实现的功能单板均占用 1 个槽位，各种功能单板可以插在资源框，对应位置如表 5-8 所示。

表 5-8　使用 MNIC 实现的各功能单板在资源框中的位置

1	2	3	4	5	6	7	8	9	10	11	12	13	14	15	16	17
				RGUB	RGUB	RGUB	RGUB	UIMU	UIMU	RGUB	RGUB	RGUB	RGUB			

三、ATM 处理板（APBE）介绍

1. 功能需求描述

（1）具有 ID 识别功能，能够从背板读取 14 位板位 ID 号，用于上电初始 MAC 地址配制；能够读取 3 位背板类型号，3 位背板版本号；从本板上读取 4 位硬件版本号和硬件配

置信息，用于版本识别；后台可以在上电后通过控制面以太网通道完成版本程序的下载。

(2) 提供 4×STM-1 的 ATM 接入，实现四路 STM-1 的 ATM 组网需求，支持 32 路 IMA。

(3) 实现 1×STM-1 线速的 ATM AAL2 和 AAL5 的 SAR（2K VC、8K CID）。

(4) 实现 ATM 的 OAM 功能。

(5) 可以实现多路 STM-1 的 ATM 组网需求。

(6) CPU 子卡：MPC755 CPU，配备有 512KB BOOT，32MB FLASH，256MB SDRAM 存储器，一个调试以太网通道（PCI 接口），一个调试 RS-232 串口，一个 485 后台管理接口以及外围 EPLD。

(7) 提供 1 个 100M 控制面以太网口，最大 4 个用户面以太网口。

2. 功能单板实现

ZXTR RNC 系统中，APBE 单板属于接入单元，实现系统的 AAL2 和 AAL5 混合 SAR 功能，实现系统的 ATM 终结；同时为系统提供 STM-1 接入功能。

APBE 单板提供的主要外部接口以及使用情况如表 5-9 所示。

表 5-9　APBE 单板外部接口说明

功能单板外部接口	APBE	备　注
1×100M 控制面以太网	√	背板连接交换单元 UIM 单板控制面端口
4×100M 用户面以太网	2	背板连接交换单元 UIM 单板用户面端口
4×STM-1 光口	√	前面板电缆连接系统外部
1×485 接口	√	通过背板连接 UIMU

APBE 单板占用 1 个槽位，可以插在资源框，对应位置如表 5-10 所示。

表 5-10　APBE 单板在资源框中的位置

1	2	3	4	5	6	7	8	9	10	11	12	13	14	15	16	17
				APBE	APBE	APBE	APBE	UIMU	UIMU	APBE	APBE	APBE	APBE			

四、反向复用板（IMAB）介绍

1. 功能需求描述

(1) 具有 ID 识别功能，能够从背板读取 14 位板位 ID 号，用于上电初始 MAC 地址配制；能够读取 3 位背板类型号，3 位背板版本号；从本板上读取 4 位硬件版本号和硬件配置信息，用于版本识别；后台可以在上电后通过控制面以太网通道完成版本程序的下载。

(2) CPU 子卡：MPC755 CPU，配备有 512KB BOOT，32MB FLASH，256MB SDRAM 存储器，一个调试以太网通道（PCI 接口），一个调试 RS-232 串口,一个 485 后台管理接口以及外围 EPLD。

(3) 提供 1 个 100M 控制面以太网口，最大 4 个用户面以太网口。

(4) 提供 16×8MHW 的电路接口，支持 30 个 IMA 组，每个 IMA 组最大 32 个链路。

(5) 实现 155M 线速的 ATM AAL2 和 AAL5 的 SAR（2K VC，8K CID）。

2．功能单板实现

ZXTR RNC 系统中，IMAB 单板属于接入单元，实现系统的 AAL2 和 AAL5 混合 SAR 功能，实现系统的 ATM 终结；同时为系统提供 IMA 接入功能。

IMAB 单板提供的主要外部接口以及外部接口使用情况如表 5-11 所示。

IMAB 单板占用 1 个槽位，可以插在资源框，对应位置如表 5-12 所示。

表 5-11　IMAB 外部接口说明

功能单板外部接口	IMAB	备　注
1×100M 控制面以太网	√	背板连接交换单元 UIM 单板控制面端口
4×100M 用户面以太网	2	背板连接交换单元 UIM 单板用户面端口
16×8MHW	√	背板连接交换单元 UIM 的电路交换部分，进而与 DTB 相连
1×485 接口	√	通过背板连接 UIMU

表 5-12　IMAB 在资源框中的位置

1	2	3	4	5	6	7	8	9	10	11	12	13	14	15	16	17
				IMAB	IMAB	IMAB	IMAB	UIMU	UIMU	IMAB	IMAB	IMAB	IMAB			

五、语音码型变换板（VTCD）介绍

1．功能需求描述

（1）具有 ID 识别功能，能够从背板读取 14 位板位 ID 号，用于上电初始 MAC 地址配制；能够读取 3 位背板类型号，3 位背板版本号；从本板上读取 4 位硬件版本号和硬件配置信息，用于版本识别；后台可以在上电后通过控制面以太网通道完成版本程序的下载。

（2）提供 14 片 DSP 组成的阵列，完成用户面协议处理功能。

（3）提供最大 2×100M 用户面以太网口，作为业务数据通道。

（4）提供 1×100M 控制面以太网口，作为与控制面交互的数据通道。

（5）提供 1×485 接口，作为控制面备用通信链路。

2．功能单板实现

ZXTR RNC 系统中，VTCD 单板通过加载功能软件可以实现功能单板 RUB，属于处理单元。其可实现 ZXTR RNC 系统的用户面协议处理，包括 FP、MAC、RLC、PDCP 及 IUUP 协议的处理。

VTCD 单板提供的主要外部接口以及功能单板 RUB 外部接口使用情况如表 5-13 所示。

表 5-13　使用 VTCD 实现的功能单板 RUB 外部接口说明

功能单板外部接口	RUB	备　注
1×100M 控制面以太网	√	背板连接交换单元 UIM 单板控制面端口
2×100M 用户面以太网	1	背板连接交换单元 UIM 单板用户面端口
1×485 接口	√	通过背板连接 UIMU

使用 VTCD 单板实现的功能单板 RUB 占用 1 个槽位，可以插在资源框，对应位置如表 5-14 所示。

表 5-14 使用 VTCD 实现的功能单板 RUB 在资源框中的位置

1	2	3	4	5	6	7	8	9	10	11	12	13	14	15	16	17
RUB	RUB	RUB	RUB	RUB	RUB	RUB	RUB	UIMU	UIMU	RUB	RUB	RUB	RUB	RUB	RUB	RUB

六、通用接口模块（UIM_2）介绍

1. 功能需求描述

（1）单板能够为资源框内部提供 16K 电路交换功能。

（2）提供两个 24+2 交换式 HUB。一个是控制面以太网 HUB，对内提供 20 个控制面 FE 接口，与资源框内部单板互联；对外提供 4 个控制面 FE 接口，用于资源框之间或资源框与 CHUB 之间互联。一个用户面以太网 HUB，对内提供 23 个 FE，用于资源框互联；对外提供一个 FE，可用于 R4 的 MP 数据传输。

（3）单板可以配置 3 种 GE 接口子卡：选配 GXS 子卡对外提供 1 个用户面 GE 光口，用于资源框和核心交换单元互连，GE 通道采用主备双通道备份方式提供于核心交换单元的 1+1 备份选配 GTS 子卡对内提供第二个用户面 GE 电口；选配 GFS 子卡实现用户面和控制面 HUB 板内互连。

（4）UIM 对内提供的一个用户面 GE 电口，也可用于在控制框内与 CHUB 进行级联。

（5）热主备两块单板的对内 FE 端口在背板上采用高阻复用方式备份。

（6）提供资源框管理功能，对资源框内提供 RS-485 管理接口，同时提供资源框单板复位和复位信号采集功能。

（7）提供资源框内时钟驱动功能，输入 8K、16M 信号，经过锁相、驱动后分发给资源框的各个槽位，为资源单板提供 16M 和 8K 时钟。

（8）提供机架号、机框号、槽位号、设备号、背板版本号及背板类型号的读取功能。

（9）提供 MAC 配置、VLAN，广播包控制功能。

（10）提供 2×100M 以太网口，分别用作调试口和主备单板互连口。

2. 功能单板实现

ZXTR RNC 系统中，UIM_2 单板实现功能单板 UIMC 和 UIMU，属于交换单元；实现 RNC 系统的二级交换子系统功能。

（1）UIMC：属于交换单元，负责控制框和交换框的控制面数据的交换；通过选配 GCS 子卡实现。

（2）UIMU：属于交换单元，负责资源框的控制面和用户面数据的交换；通过选配 GXS 子卡实现。

UIM_2 单板提供的主要外部接口及各功能单板的使用情况如表 5-15 和表 5-16 所示。为简便起见，表中的控制面和用户面以太网口分别以 C 和 U 开头表示。

表 5-15 UIMC 单板外部接口说明

功能单板外部接口	UIMC	备　注
C1-4，U19-24	√	通过主备槽位的 2 块后插板共提供 10 个级联网口，可以在小容量情况下省区 CHUB 单板，来汇接其余各资源框的控制面数据

续表

功能单板外部接口	UIMC	备　注
C5-18	√	背板连接其他各槽位单板的控制面端口
C24	√	背板连接对板槽位，主备 UIMC 单板之间的控制面互联
U1-17	√	背板连接其他各槽位单板的控制面端口
C19-23，U18	—	
1×1G 电口	√	背板连接至 CHUB 槽位
1×485 接口	√	背板电缆连接 ROMB 单板

表 5-16　UIMU 单板外部接口说明

功能单板外部接口	UIMU	备　注
C21-24	√	通过主备槽位的 2 块后插板共提供 4 个级联网口，与控制框 CHUB 或者 UIMC 相连
C2-20	√	背板连接其他各槽位单板的控制面端口
C1	√	背板连接对板槽位，主备 UIMC 单板之间的控制面互联
U2-24	√	背板连接其他各槽位单板的控制面端口
U1	√	通过主备槽位的 2 块后插板主备槽位各自独立提供 1 个对外网口
2×1G 光口	√	前面板光纤连接交换单元的 GLI 单板，用户面扩展用
1×485 接口	√	背板出电缆连接 ROMB 单板
128×8MHW	√	背板连接 DTB、IMAB 槽位

UIM_2 单板占用 1 个槽位，其实现的功能单板可以插在资源框、控制框及交换框，对应位置如表 5-17、表 5-18、表 5-19 所示。

表 5-17　UIMC 在控制框中的位置

1	2	3	4	5	6	7	8	9	10	11	12	13	14	15	16	17
								UIMC	UIMC							

表 5-18　UIMC 在交换框中的位置

1	2	3	4	5	6	7	8	9	10	11	12	13	14	15	16	17
														UIMC	UIMC	

表 5-19　UIMU 在资源框中的位置

1	2	3	4	5	6	7	8	9	10	11	12	13	14	15	16	17
								UIMU	UIMU							

七、控制面集线器（CHUB）介绍

1. 功能需求描述

（1）提供两个 24+2 交换式 HUB，对外部提供 46 个 FE 接口与资源框互联。

（2）UIM 对内提供的一个千兆电口，也可用于在控制框内与 UIM 相连；通过选配 GXS 子卡，提供一个千兆光口，用于系统级联或者扩展。

（3）热主备两块单板的对内 FE 端口在背板上采用高阻复用方式备份。

（4）提供资源框管理功能，对资源框内提供 RS-485 管理接口；同时提供资源框单板复位和复位信号采集功能。

（5）提供机架号、机框号、槽位号、设备号、背板版本号及背板类型号的读取功能。

（6）提供 MAC 配置、VLAN、广播包控制功能。

（7）提供 2 × 100M 以太网口，分别用作调试口和主备单板互连口。

2. 功能单板实现

ZXTR RNC 系统中，CHUB 单板属于交换单元，实现 ZXTR RNC 系统的各资源框和交换框的控制面信息汇聚功能。

CHUB 单板提供的主要外部接口以及接口使用情况如表 5-20 所示。

表 5-20　　CHUB 单板外部接口说明

功能单板外部接口	CHUB	备　注
46 × 100M 以太网	√	背板出电缆连接各资源框的 UIM 控制面端口
1 × 100M 以太网	√	背板和对板互连，主备通信用
1 × 485 接口	√	背板连接 UIMC 单板

CHUB 单板占用 1 个槽位，可以插在控制框，对应位置如表 5-21 所示。

表 5-21　　CHUB 单板在控制框中的位置

1	2	3	4	5	6	7	8	9	10	11	12	13	14	15	16	17
								UIMC	UIMC					CHUB	CHUB	

八、带回声抑制数字中继接口板（DTEC）介绍

1. 功能需求描述

（1）具有 ID 识别功能，能够从背板读取 14 位板位 ID 号，用于上电初始 MAC 地址配制；能够读取 3 位背板类型号，3 位背板版本号；从本板上读取 4 位硬件版本号和硬件配置信息，用于版本识别；后台可以在上电后通过控制面以太网通道完成版本程序的下载。

（2）提供 32×E1/T1 物理接口，从背板接插件出 E1/T1 连接线。

（3）支持局间随路信令方式 CAS 和共路信令 CCS 通道透传。

（4）提供 8×8MHW，通过背板出线。

（5）支持从线路提取 8K 同步时钟（8 选 2），通过电缆传送给时钟单板作为时钟基准。

（6）支持 120/75 欧盟阻抗选择，支持同轴电缆和双绞线。

（7）提供 1×10M 控制面以太网口。

2. 功能单板实现

ZXTR RNC 系统中，DTEC 单板通过加载功能软件可以实现功能单板 DTB，属于接入单元；可实现 ZXTR RNC 系统的最大 32 路 E1 接入功能。

DTEC 单板提供的主要外部接口以及由 DTEC 单板实现的各功能单板外部接口使用情况如表 5-22 所示。

表 5-22　　使用 DTEC 实现的功能单板外部接口说明

功能单板外部接口	DTB	备　注
1×10M 以太网	√	背板连接交换单元的 UIMU 控制面
32×E1 接口	√	背板连接后插板
1×485 接口	√	通过背板连接 UIMU

使用 DTEC 单板实现的功能单板占用 1 个槽位，可以插在资源框，对应位置如表 5-23 所示。

表 5-23　　使用 DTEC 实现的功能单板 DTB 在资源框中的位置

1	2	3	4	5	6	7	8	9	10	11	12	13	14	15	16	17
DTB	DTB	DTB	DTB	DTB	DTB	DTB	DTB	UIMU	UIMU	DTB	DTB	DTB	DTB	DTB	DTB	DTB

九、时钟产生板（CLKG）介绍

1. 功能需求描述

（1）通过 485 总线与控制台通信。

（2）可以后台或手动选择基准来源，包括 BITS、线路（8K）、GPS、本地（二或三级），且手动倒换可以通过软件屏蔽；手动选择基准顺序为 2Mbits1、2Mbits2、2MHz1、2MHz2、8K1、8K2、8K3、NULL。

（3）采用松耦合锁相系统，具有快捕（CATCH）、跟踪（TRACE）、保持（HOLD）、自由运行（FREE）四种工作方式。

（4）输出时钟可为二级或三级，通过更改恒温槽晶振动及软件实现。

（5）提供 15 路 16.384M、8K 时钟给 UIM，每路包括同样的 A、B 两组。

（6）具有时钟丢失和输入基准降质判别。

（7）具有主备倒换功能：具备命令倒换、手工倒换、故障倒换、复位倒换等方式；并在维护性倒换的情况下对系统造成的误码影响<1%。

（8）提供比较完善的告警功能：具备 SRAM 失效告警、恒温槽告警、基准和输出时钟丢失告警、基准降质告警、基准频偏超标告警及锁相环鉴相失败告警等。根据这些告警信息，可以快速定位时钟板的当前工作状态和故障位置。

（9）提供比较完善的在线和生产测试功能：具备 LED 测试、WATCHDOG 测试、SRAM 测试、485 测试及命令接口测试等功能。

（10）时钟的可维护性：VCXO 提供频率调整旋钮，便于若干年后由于石英晶体老化引起中心频率偏移一定范围后进行再调整。

（11）具有 ID 识别功能，能够从背板读取 20 位 ID 信号设定，即机架、机框、槽位、设备号、背板版本号及背板类型号，并能被系统读出（即 4 位机架号+2 位机框号+5 位槽位号+3 位设备号+3 位背板版本号+3 位背板类型号能够通过背板的接口获取）；同时，单板有能说明本板身份的 ID，并能被系统读出（即 4 位 PCB 版本号+4 位 CPLD 版本号），这 8 位数据由硬件单板 PCB 确定。

（12）支持热插拔。

2. 功能单板实现

ZXTR RNC 系统中，CLKG 单板属于操作维护单元，实现 ZXTR RNC 系统的时钟供给和同步功能。

CLKG 单板提供的主要外部接口以及接口使用情况如表 5-24 所示。

表 5-24 CLKG 单板外部接口说明

功能单板外部接口	CLKG	备　注
1×485 接口	√	背板连接 ROMB 单板
30×8K 时钟	√	背板出电缆连接各资源框和交换框
30×16M 时钟	√	背板出电缆连接各资源框和交换框

CLKG 单板占用 1 个槽位，可以插在控制框，对应位置如表 5-25 所示。其中，第一层为控制框，第二层为资源框。

表 5-25 CLKG 单板在控制框和资源框中的位置

1	2	3	4	5	6	7	8	9	10	11	12	13	14	15	16	17
								UIMC	UIMC			CLKG	CLKG			
								UIMU	UIMU					CLKG	CLKG	

十、电源分配（PWRD）介绍

1. 功能需求描述

(1) 提高系统的电磁兼容特性：在传导干扰传播的主要路径上采取防范措施，使系统在电源的输入端的传导干扰降到规定范围之内。其次，提高系统自身的抗干扰能力，降低系统的电磁敏感度。

(2) 提高系统的可靠性：PWRD 电源运行可靠，并可长期无故障运行。另外，PWRD 需要具有较强的机架运行环境监测功能，可以对–48V 输入电源、风扇散热系统、温度、湿度等重要的环境参数进行有效的监测。

2. 功能单板实现

ZXTR RNC 系统中，PWRD 单板属于外围设备监控单元，实现对 ZXTR RNC 系统电源、风扇、和温度等环境量的监控，可以直接与被监控量的传感器/变送器连接，直接采用–48V 电源供电，与 ROMB 的通信链路为 RS-485。

PWRD 单板提供的主要外部接口以及接口使用情况如表 5-26 所示。

表 5-26 PWRD 外部接口说明

功能单板外部接口	PWRD	备　注
烟雾、红外、温度、湿度和水浸等信号输入	√	机架出电缆连接传感器，通过 PWRDB 提供一个 DB25 插座
风扇信号接口	√	机架出电缆连接 3 个风扇插箱，通过 PWRDB 提供 3 个 DB15 插座
1×485 接口	√	机架出电缆连接 ROMB 单板，由 PWRDB 提供 2 个 RJ45 插座

十一、Vitesse GE 线接口（GLIQV）介绍

1. 功能需求描述

（1）提供 8 个 GE 端口，其中 4 个主用，4 个备用，即有效端口为 4 个；相邻 GLIQV 的 GE 口之间提供端口备份。

（2）使用 Ingress 方向的 IXP2400 XScale 内核作为单板 Host CPU。

（3）提供一个 100M 以太网口作控制面。

（4）提供一个 100M 以太网口用于与对 GLIQV 板主备通信。

（5）提供背板调试串口 RS-232（由 Ingress 方向的 IXP2400 子卡提供，Egress 方向的放在母板上，引出作为调试接口）。

（6）GLIQV 单板硬件上配备看门狗电路，在软件跑飞时能实现自复位操作。

（7）具备 GLIQV 本板所在物理位置的读取功能，24bit 的单板在系统中唯一标志及子卡类型和标志。

2. 功能单板实现

ZXTR RNC 系统中，GLIQV 单板属于交换单元，可实现 ZXTR RNC 系统的交换单元 GE 线接口功能，提供与资源框的连接。

GLIQV 单板提供的主要外部接口以及接口使用情况如表 5-27 所示。

表 5-27　　GLIQV 单板外部接口说明

功能单板外部接口	GLIQV	备　注
8×光口	√	面板出光纤连接各资源框的 UIMU 单板
1×100M	√	背板连接本框的 UIMC 单板
1×485	√	背板连接本框的 UIMC 单板

GLIQV 单板占用 1 个槽位，可以插在交换框和控制框，对应位置如表 5-28 和表 5-29 所示。

表 5-28　　GLIQV 单板在控制框中的位置

1	2	3	4	5	6	7	8	9	10	11	12	13	14	15	16	17
GLIQV	GLIQV	GLIQV	GLIQV					UIMC	UIMC							

表 5-29　　GLIQV 单板在交换框中的位置

1	2	3	4	5	6	7	8	9
GLIQV	GLIQV	GLIQV	GLIQV	GLIQV	GLIQV	PSN4V	PSN4V	GLIQV
10	11	12	13	14	15	16	17	
GLIQV	GLIQV	GLIQV	GLIQV	GLIQV	UIMC	UIMC		

十二、分组交换网板（PSN4V）介绍

1. 功能需求描述

（1）提供双向各 40Gbit/s 的用户数据交换能力。

（2）支持 1+1 负荷分担，可以人工倒换，实现负荷分担功能。

（3）工作状态能够通知其他单板。

（4）提供 1 个 100M 以太网作为控制通道，连接 UIMC。

（5）提供 1 个 100M 以太网作为主备通信，连接对板。

（6）提供机架、机框、槽位号的读取功能。

（7）提供 UIMC 硬复位 PSN4V 的功能。

2. 功能单板实现

ZXTR RNC 系统中，PSN4V 单板属于交换单元，实现 ZXTR RNC 系统的交换单元的核心交换功能。

PSN4V 单板提供的主要外部接口以及接口使用情况如表 5-30 所示。

表 5-30 PSN4V 单板外部接口说明

功能单板外部接口	PSN4V	备　注
1×100M	√	背板连接本框的 UIMC 单板
1×10M	√	背板连接对板，主备用
1×485	√	背板连接本框的 UIMC 单板

PSN4V 单板占用 1 个槽位，可以插在交换框，对应位置如表 5-31 所示。

表 5-31 PSN4V 单板在交换框中的位置

1	2	3	4	5	6	7	8	9	10	11	12	13	14	15	16	17
						PSN4V	PSN4V							UIMC	UIMC	

十三、告警箱（ALB）介绍

1. 功能需求描述

（1）利用 850 的 SCC2 和以太网接口芯片 LXT905 与后台服务器通信，接受后台控制信息。

（2）通过 850 的 I/O 口控制 LED 指示灯和扬声器实现声光报警。

2. 功能单板实现

ZXTR RNC 系统中，ALB 通过加载不同功能软件可以实现功能单板 ALB，属于外围设备监控单元，根据系统出现的故障情况进行不同级别的系统报警，以便设备管理人员及时干预和处理；其对一、二、三、四、五级告警由 LED 指示灯显示，同时对一、二、三级告警还要进行声音提示；提供 10M 以太网接口，易于接入和扩展。

ALB 单板提供的主要外部接口以及由 ALB 单板实现的各功能单板外部接口使用情况如表 5-32 所示。

表 5-32 使用 ALB 实现的各功能单板在资源框中的位置

功能单板外部接口	ALB	备　注
10M 以太网	√	出电缆连接 HUB

在 ZXTR RNC 系统中，ALB 独立于机架放置。

5.14 系统单板同机框的对应关系

1. 机架结构示意

ZXTR RNC 系统采用标准 19 英寸机柜构筑整个系统。机柜如图 5-13 所示，其中没有标出风机的位置。

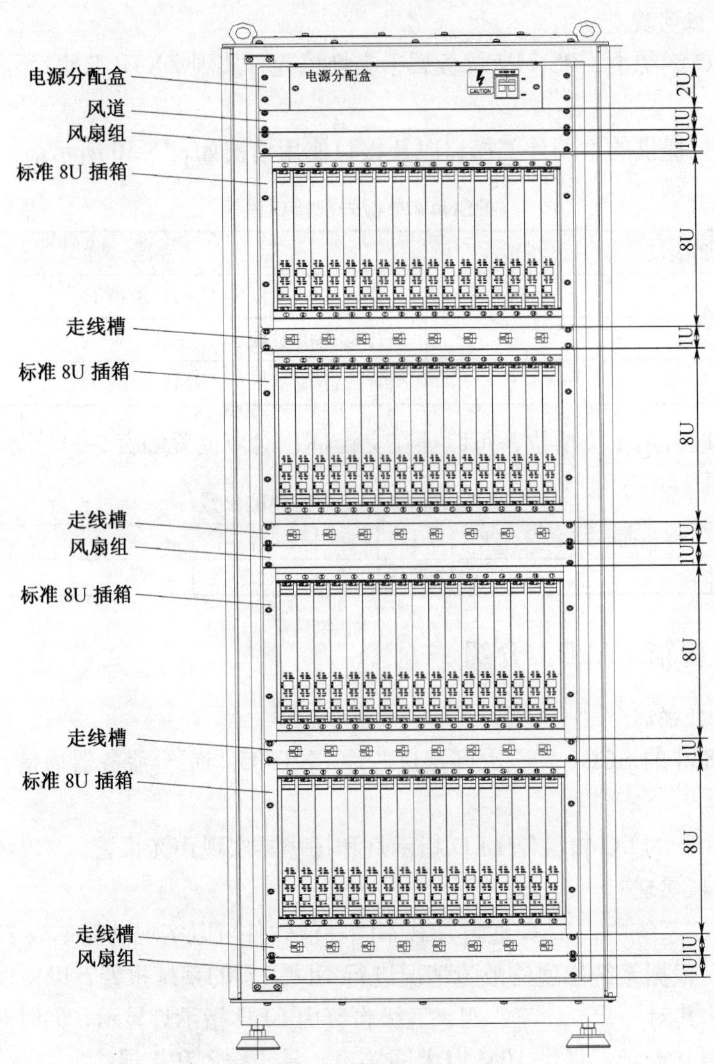

图 5-13 ZXTR RNC 系统机架示意图

机架编号分别为 1 号机架、2 号机架等。每个插箱高 8U、宽 19 英寸，由 17 个 1 英寸的槽位构成。机框由下到上分别为 1 号机框、2 号机框、3 号机框、4 号机框；槽位由左到右分别为 1 号槽位、2 号槽位……16 号槽位、17 号槽位。机架号和插箱号分别通过拨码开关拨码来设置，单板槽位号由背板根据位置硬件固定。

所有机框所有槽位的单板通过背板的–48V 电源线进行供电，没有二次电源板的槽位。

在机架的上面有一个 3U 的电源机框，PWRD 位于此机框中。

2. BCTC 控制框内可使用的单板介绍

BCTC 控制框内可使用的单板如表 5-33 所示。

表 5-33　　BCTC 控制框内可用的单板

RCB GLIQ V	RCB GLIQ V	RCB GLIQ V	RCB GLIQ V	RCB	RCB	RCB	RCB	UIMC	UIMC	ROM B RCB	ROM B RCB	RCB CLK G	RCB CLK G	RCB CHU B	RCB CHU B	RC B

3. BUSN 资源框内可使用的单板介绍

BUSN 资源框内可使用的单板如表 5-34 所示。

表 5-34　　BUSN 资源框内可使用的单板

RUB DTB	RUB DTB	RUB DTB	RUB DTB	RUB DTB APBE IMAB RGU B	RUB DTB APBE IMAB RGU B	RUB DTB APBE IMAB RGU B	RUB DTB APBE IMAB RGU B	UIM U	UIM U	RUB DTB APBE IMAB RGU B ROM B RCB	RUB DTB APBE IMAB RGU B ROM B RCB	RUB DTB APBE IMAB RGU B ROM B RCB	RUB DTB APBE IMAB RGU B ROM B RCB	RUB DTB CLK G	RUB DTB CLK G	RUB DTB

4. BPSN 交换框内可使用的单板介绍

BPSN 交换框内可使用的单板如表 5-35 所示。

表 5-35　　BPSN 交换框内可使用的单板

GLIQV	GLIQV	GLIQV	GLIQV	GLIQV	GLIQV	PSN4V	PSN4V	GLIQV	GLIQV	GLIQV	GLIQV	GLIQV	GLIQV	UIMC	UIMC	

5. V3 RNC 常用机框单板配置介绍

V3 RNC 常用机框单板配置如表 5-36 所示，其使用 BUSN 作为后背板，上面是单板槽位图，下面是后插板槽位图。

表 5-36　　V3 RNC 常用机框单板配置

1	2	3	4	5	6	7	8	9	10	11	12	13	14	15	16	17
DTB		RUB			RGUB	IMAB	APBE	UIMU		ROMB		RCB		CLKG		
BUSN																
RDTB					RMNIC			RUIM1		RMPB				RCKG1		

5.15 UTRAN 网络结构

TD-SCDMA UTRAN 的结构可用图 5-14 所示。

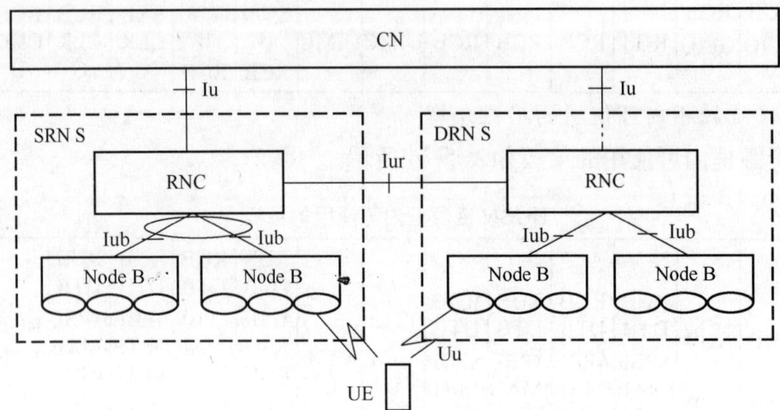

图 5-14 UTRAN 网络结构

从图上可以清楚地看到：

➢ 核心网和 UTRAN 之间的接口是 Iu 口；
➢ 在 UTRAN 内部，RNC 和 NodeB 之间的接口是 Iub 口；
➢ 在 UTRAN 内部，RNC 和 RNC 之间的接口是 Iur 口；
➢ 另外还有一个重要接口——UTRAN 和 UE 之间的接口 Uu 口。

5.16 Uu 接口协议结构

Uu 接口协议结构如图 5-15 所示。

➢ PHY：传输信道到物理信道的映射。
➢ MAC：逻辑信道到传输信道的映射，提供数据传输服务，主要包括 MAC-b、MAC-c、MAC-d 三种实体。
➢ RLC： 提供用户和控制数据的分段和重传服务，分为透明传输 TM、非确认传输 UM、确认传输 AM 三类服务。
➢ PDCP：提供分组数据传输服务，只针对 PS 业务，完成 IP 标头的数据压缩。
➢ BMC：在用户平面提供广播多播的发送服务，用于将来自于广播域的广播和多播业务适配到空中接口。
➢ RRC：提供系统信息广播、寻呼控制、RRC 连接控制等功能。

一、RRC 协议

RRC（Radio Resource Control）协议是 UE 和 UTRAN 之间的重要协议，在 TD-SCDMA 系统中，UE 的所有状态都是由 RRC 协议进行调度的。

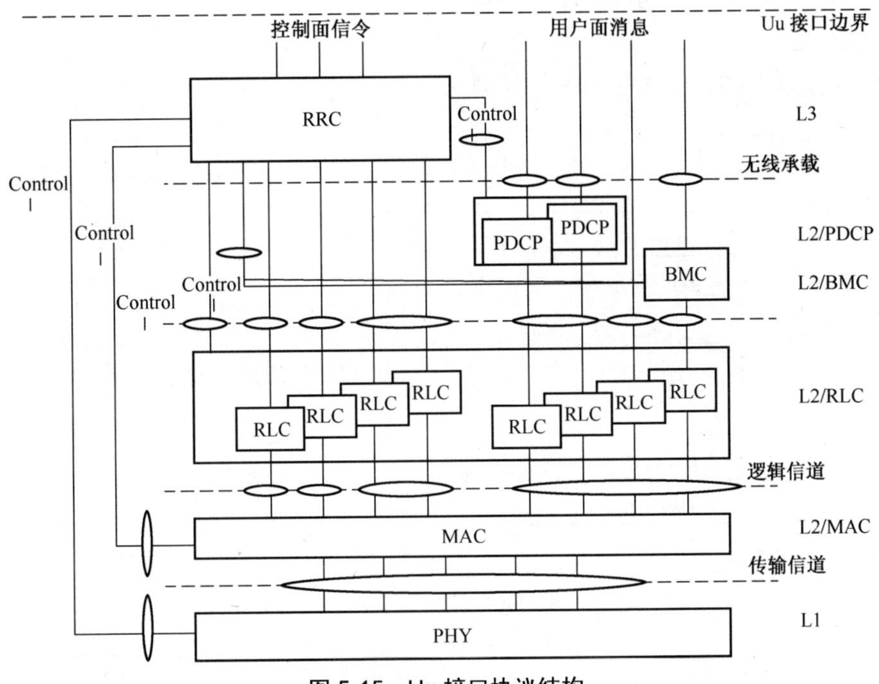

图 5-15 Uu 接口协议结构

UE 有两种基本的运行模式，各自处在如下所述的不同 RRC 状态中。

(1) 空闲模式：UE 处于待机（Idle）状态，没有业务的存在，UE 和 UTRAN 之间没有连接，UTRAN 内没有任何有关此 UE 的信息。

(2) 连接模式：当 UE 完成 RRC 连接建立时，UE 才从空闲模式转移到连接模式。UE 的状态基本是按照 UE 使用的信道来定义的。在连接模式下，UE 有 Cell-DCH、Cell-FACH、Cell-PCH、URA-PCH 4 种状态。

- CELL_DCH 状态是 UE 占有专用的物理信道。UTRAN 准确地知道 UE 位于哪个小区。
- CELL_FACH 状态是 UE 在数据量小的情况下不使用任何专用信道而使用公共信道。上行使用 RACH，下行使用 FACH。这个状态下，UE 可以发起小区重选过程，且 UTRAN 可以确知 UE 位于哪个小区。
- CELL_PCH 状态下，UE 仅仅侦听 PCH 和 BCH 信道。这个状态下的 UE 可以进行小区重选，重选时转入 CELL_FACH 状态，发起小区更新，之后再回到 CELL_PCH 状态。网络可以确知 UE 位于哪个小区。
- URA_PCH 状态和 CELL_PCH 状态相似，但网络只知道 UE 位于哪个注册（URA）区。CELL_PCH 和 URA_PCH 状态的引入是为了 UE 能够始终处于在线状态而又不至于浪费无线资源。

二、RRC 的基本信令流程

除 UE 搜索网络的过程，系统还定义了四组 RRC 消息，分别包含 RRC 连接管理、无线承载控制、RRC 连接移动性管理和测量报告。

1. RRC 连接管理

RRC 连接建立和直传过程如图 5-16 所示，释放过程如图 5-17 所示。

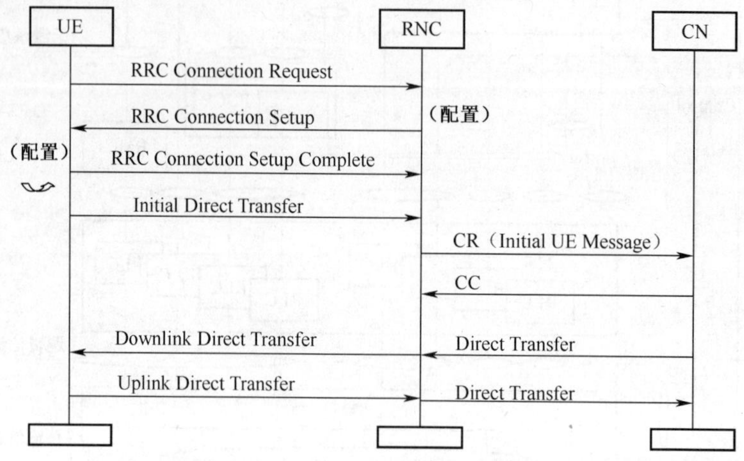

图 5-16 RRC 连接建立和直传过程

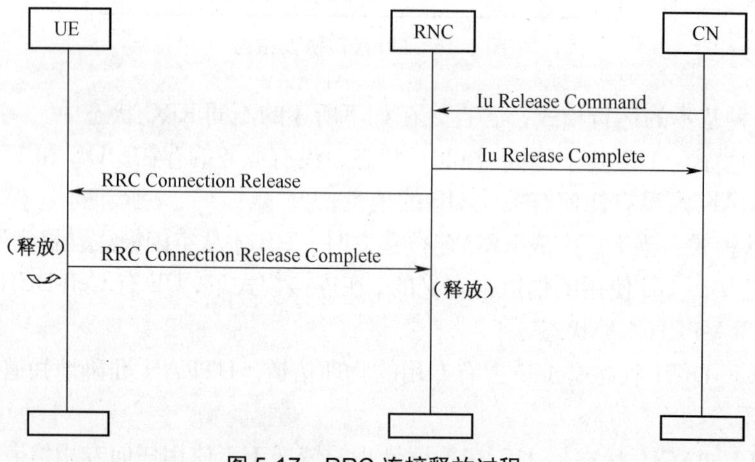

图 5-17 RRC 连接释放过程

由图可知，RRC 连接建立和直传过程分为三个部分，首先是 RRC 的连接建立过程（对应前三条），然后是 Iu 口的信令连接过程（对应第四～六条）；最后是 UE 与 CN 的通话过程，此时 RNC 起透传作用（对应后两条）。

2. 无线承载控制过程

无线接入承载（Radio Access Bearer，RAB）建立在用户设备 UE 和核心网 CN 之间，由接入层向非接入层提供，用于在 UE 和 CN 之间传递用户数据。

无线承载的建立实际上有三个过程：第一步建立 Iu 口承载，第二步建立 Iub 口承载（又称 RL setup），最后建立 Uu 接口承载（又称 RB setup）。这样，整个 RAB 就建立起来了。

无线承载的建立过程如图 5-18 所示。

无线承载的重配置和释放过程分别如图 5-19 和图 5-20 所示。

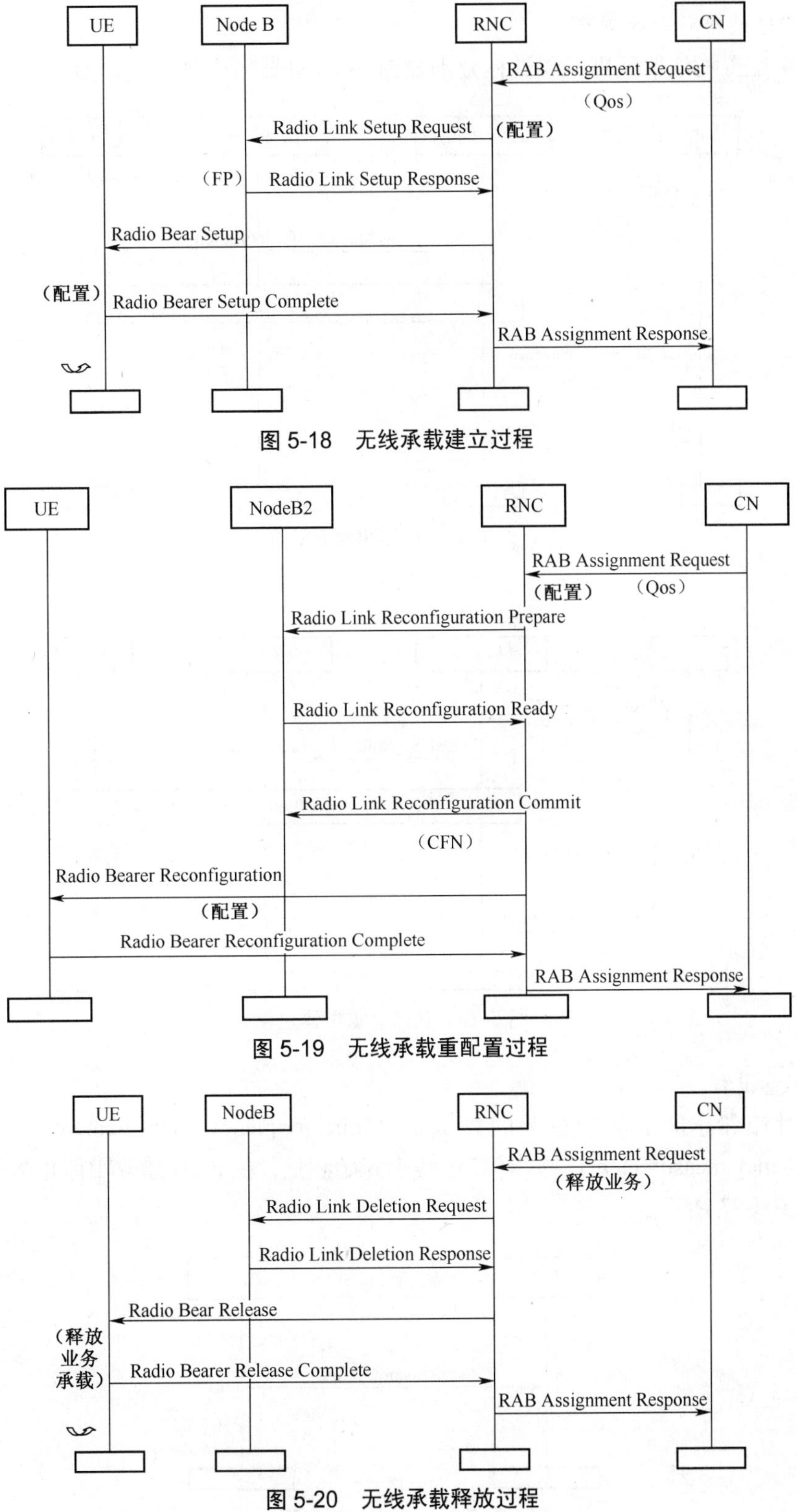

图 5-18　无线承载建立过程

图 5-19　无线承载重配置过程

图 5-20　无线承载释放过程

3. RRC 连接移动性管理

小区重配置和注册区重配置过程分别如图 5-21 和图 5-22 所示。

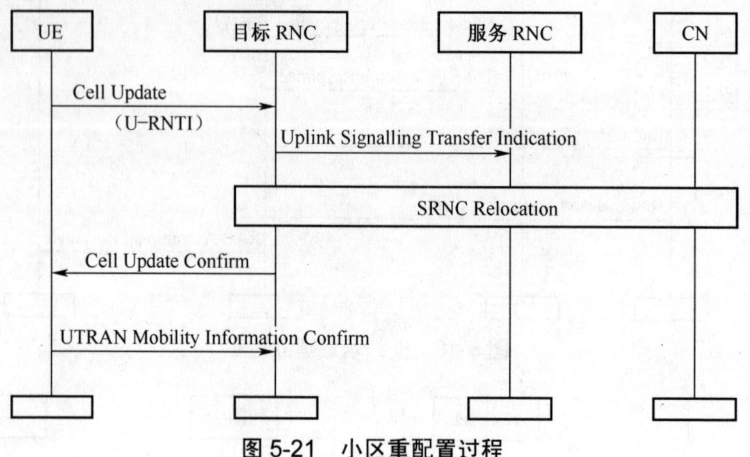

图 5-21　小区重配置过程

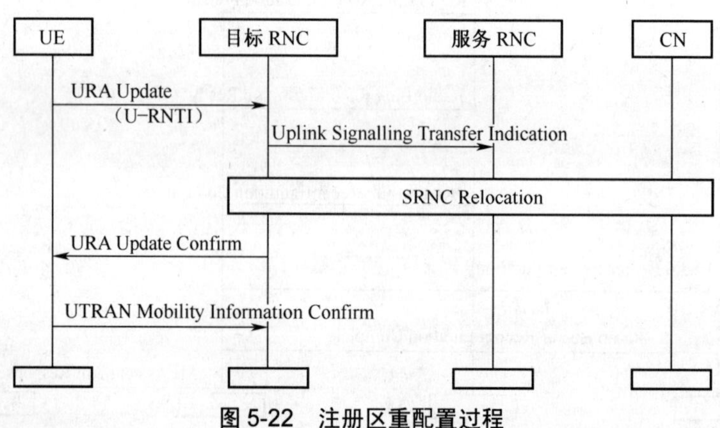

图 5-22　注册区重配置过程

4. 测量过程

UE 对相邻小区的测量分为同频测量（Intra-frequency measurement）和异频测量(Inter-frequency measurement)，在 RRC 连接中开始测量，在 RAB 建立中停止测量。测量控制过程如图 5-23 所示。

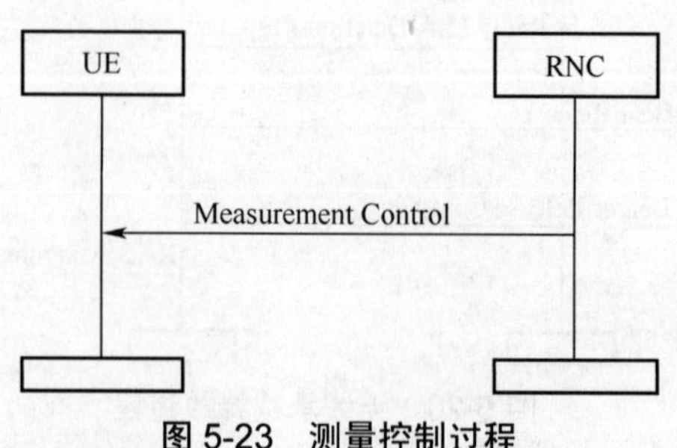

图 5-23　测量控制过程

5.17 Iu 接口相关协议

1. Iu 接口协议结构

Iu 接口协议结构如图 5-24 所示。

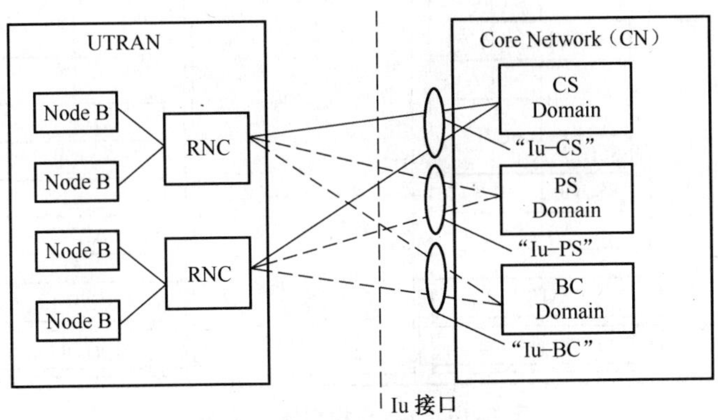

图 5-24 Iu 接口逻辑结构

Iu-CS 接口协议结构如图 5-25 所示，Iu-PS 接口协议结构如图 5-26 所示。

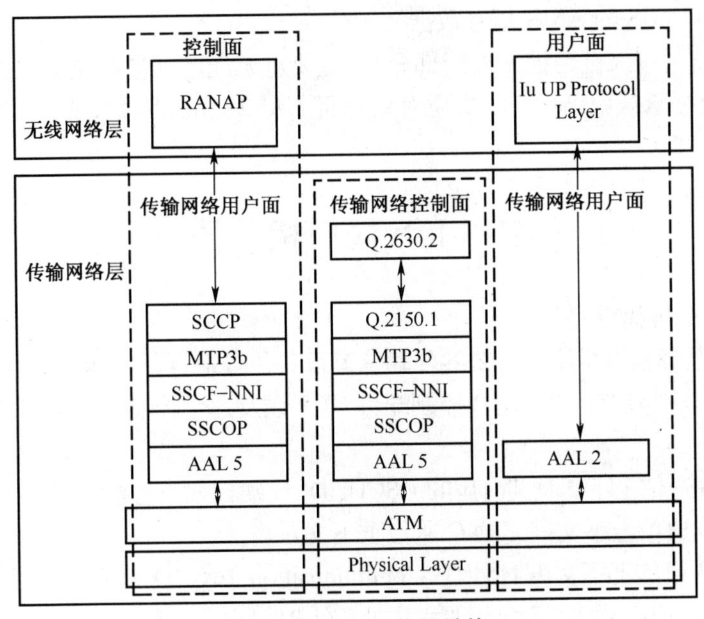

图 5-25 Iu-CS 协议结构

2. 重点协议

➢ RANAP（无线接入网络应用部分协议）：是 Iu 接口控制面最重要的协议，主要实现在 RNC 和 CN 之间通过对高层协议的封装和承载为上层业务提供信令传输功能；具体包括 Iu 接口的信令管理、RAB 管理、寻呼功能及 UE-CN 信令直传功能等。

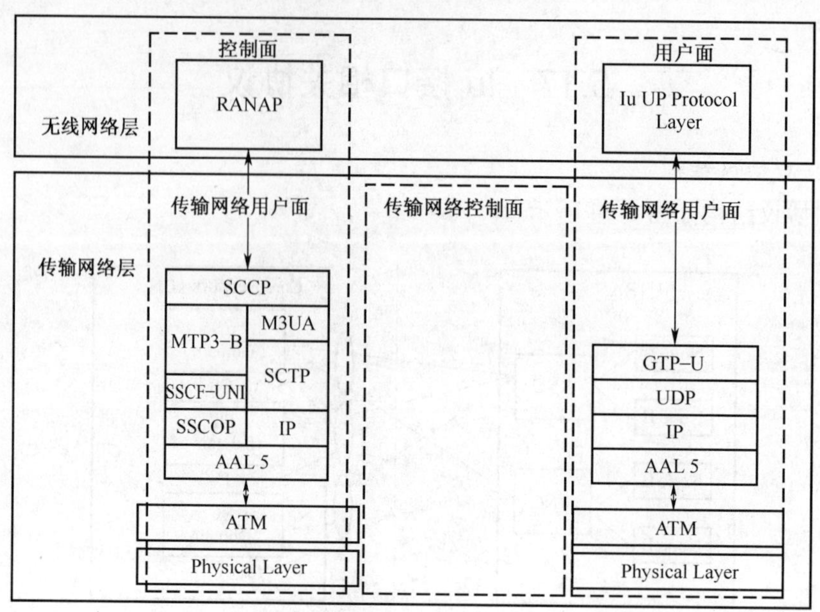

图 5-26　Iu-PS 接口协议结构

- Iu-UP（Iu 接口用户面协议）：主要用于在 Iu 接口传递 RAB 相关的数据，包括透明和支持两种模式。前者用于实时性不高的业务（如分组业务），后者用于实时业务（如 Iu CS 的 AMR 语音数据）。
- ALCAP（接入链路控制应用部分）：主要对无线网络层的命令，如建立，保持和释放数据承载做出反应，实现对用户面 AAL2 连接的动态建立、维护、释放和控制等功能。

5.18　Iub 接口相关协议

1. Node B 逻辑模型

Node B 的逻辑模型由小区、公共传输信道及其传输端口、Node B 通信上下文及其对应的 DSCH、DCH 等端口、Node B 控制端口 NCP 以及通信控制端口 CCP 等几部分组成，如图 5-27 所示。

- Node B 通信上下文及其对应的 DSCH、DCH 端口属于与特定用户业务相关的部分。
- Node B 通信上下文同 CRNC 通信上下文对应。
- Node B 通信上下文由 Node B Communication Text ID 来标识，包含了同 UE 通信的必要信息；由 RL Setup 过程建立，在 RL delete 时删除。
- 一个 Node B 上仅有一条 NCP 链路，RNC 对于 Node B 所有的公用控制信令都是从 NCP 链路传送的。在对于 Node B 进行任何操作维护控制之前，一定先要建立这条链路。
- 一个 Node B 可以有多条 CCP 链路，RNC 对于 Node B 所有的专用控制信令都是从 CCP 链路传送的。一般情况下，Node B 内的一个 CELL 配置一个通信控制端

□ CCP（这种配置方式只是一个惯例，并不确定）。

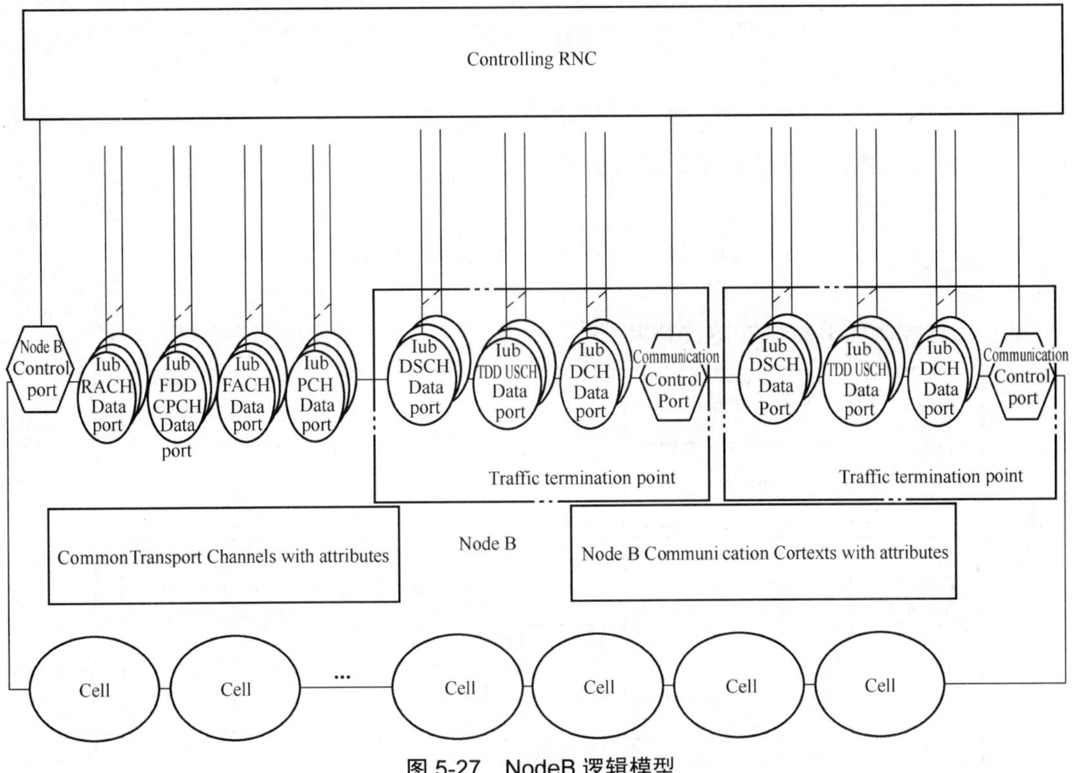

图 5-27　NodeB 逻辑模型

2. Iub 接口相关协议

Iub 接口控制面的高层协议是 NBAP（基站应用部分协议），用户面则由若干帧协议（FP）构成。其协议结构如图 5-28 所示。

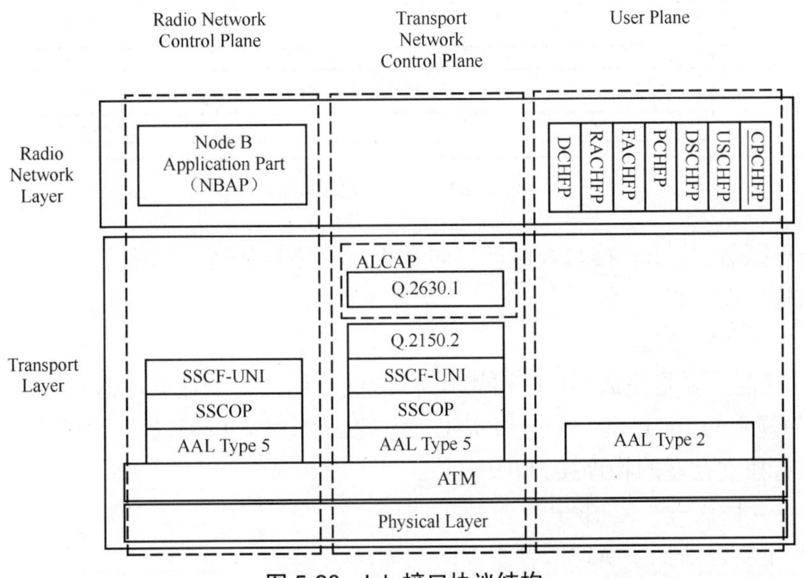

图 5-28　Iub 接口协议结构

NBAP 协议的功能主要包括 NodeB 逻辑操作维护功能和专用 NBAP 功能。

➢ Node B 逻辑操作维护功能主要包括小区、公共信道的建立、重配置和释放以及小区和 Node B 相关的一些测量控制；另外还有一些故障管理功能，例如资源的闭塞、解闭塞、复位等。

➢ 专用 NBAP 功能主要包括无线链路的增加、删除和重配置、无线链路相关测量的初始化和报告、无线链路故障管理等功能。

5.19 Iur 接口相关协议

Iur 接口控制面最高层的协议是 RANSAP。Iur 接口协议结构如图 5-29 所示。

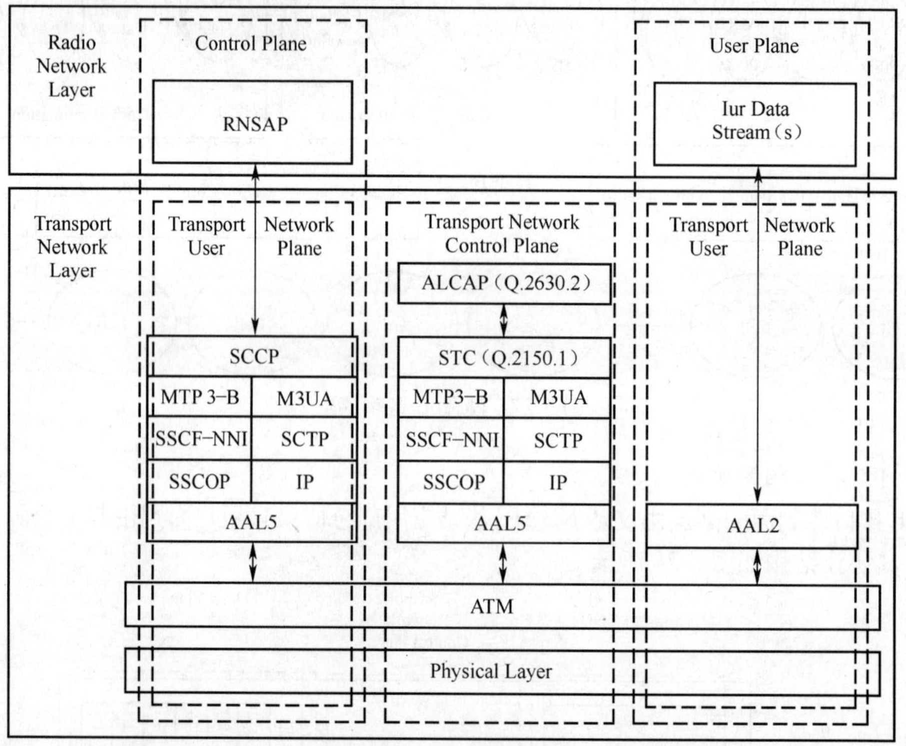

图 5-29 Iur 协议结构图

从图上可以看出，Iur 接口控制面（包括无线网络层和传输网络层）的协议结构与 Iu 口控制面结构一模一样。

1. Iur 口的功能与结构

Iur 口的功能主要是完成 UE 在相邻 RNC 之间软切换时的数据传递。

3GPP 中规定的 Iur 口是一个逻辑实体。也就是说，Iur 口可以与 Iu 口共用一条传输通道，也可以有独立存在的物理接口相连。

2. Iur 接口协议——RNSAP

RNSAP 主要包括如下所述四种主要的功能。

(1)RNC 之间的移动性管理功能：主要包括 SRNC 重定位、RNC 之间的小区和 UTRAN 注册区的更新、RNC 之间的寻呼、协议错误报告等功能。

(2)专用信道数据传输功能：包括在 DCH 状态下为软硬切换建立更改和释放专用信道、建立和释放 Iur 口专用传输信道、SRNC 和 DRNC 之间的 DCH 传输信道块的传输及 DRNS 的无线链路管理等。

(3) 公共信道数据传输功能：包括建立和释放 Iur 口公共信道数据流传输所需的传输连接、MAC-d（SRNC）和 MAC-c（DRNC）功能的分离（由 DRNC 负责下行数据传输的调度）、MAC-d（SRNC）和 MAC-c（DRNC）之间的流量控制。

(4) 全局资源管理功能：包括 RNC 间小区测量信息的传递、RNC 间的 NodeB 定时信息的传递等。

计划与建议

计划和建议	
1	根据对移动通信实训室进行的实地观察，画出 RNC 系统硬件组成图
2	根据对 RNC 设备的认识和了解，列写出系统的单板名称分类及其对应关系表
3	通过自学和了解，对 RNC 设备主要单板进行功能需求描述
4	对 RNC 的硬件配置和安装进行总结

展示评价

(1) 教师及其他组负责人根据小组展示汇报整体情况进行小组评价。

(2) 学生展示汇报中，教师可针对小组成员的分工，对个别成员进行提问，给出个人评价表。

(3) 组内成员互评表打分。

(4) 自评表打分。

(5) 评选今日之星。

试一试

(1) 操作维护单元 ROMU 包括__________单板和__________单板。

(2) 接入单元为 ZXTR RNC 系统提供__________、__________和__________接口的 STM-1 和 E1 接入功能。

(3) RNC 系统内部提供两套独立的交换平面__________和__________。

(4) 处理单元实现 ZXTR RNC 的__________和__________上层协议处理，包括 RCB、RUB 和 RGUB（RGUB 板现在已不用，功能集中到 RUB 板中）。

(5) ZXTR RNC 系统以资源框为基本配置模块，系统的控制面处理资源和用户面的处理资源挂接在内部的以太网上，在以太网上实现 ZXTR RNC________的交换。

(6) 系统外部接口共有四类，即______________、______________、______________、______________。

(7) RNC系统共有三种类型的背板，即＿＿＿＿＿＿＿＿、＿＿＿＿＿＿＿＿、＿＿＿＿＿＿＿＿。

(8) MPx86是RNC网元的主处理单板，主要应用在系统的控制框中，用于实现＿＿＿＿＿＿＿＿、＿＿＿＿＿＿＿＿等功能板。

(9) ZXTR RNC系统中，APBE单板属于接入单元，实现系统的＿＿＿＿＿＿和＿＿＿＿混合SAR功能，实现系统的ATM终结；同时为系统提供STM-1接入功能。

(10) RRC（Radio Resource Control）协议是＿＿＿＿＿＿和＿＿＿＿＿＿之间的重要协议。在TD-SCDMA系统中，UE的所有状态都是由RRC协议进行调度的。

(11) UE有两种基本的运行模式，即＿＿＿＿＿＿＿＿、＿＿＿＿＿＿。

(12) 无线承载的建立实际上有三个过程，即＿＿＿＿＿＿＿＿、＿＿＿＿＿＿＿＿、＿＿＿＿＿＿＿＿。

(13) RNC对于Node B所有公用控制信令都是从＿＿＿＿＿＿＿＿链路传送的，一个Node B上有＿＿＿＿＿＿＿＿条该链路。

(14) Iur口的功能主要是＿＿＿＿＿＿＿＿＿＿＿＿＿＿＿＿。

练一练

各组派一个代表，正确描述RNC设备机框内的单板、背板的类型及功能。

任务六　系统硬件配置

资讯准备

资 讯 指 南	
资 讯 内 容	获 取 方 式
用户面CS/PS域数据是怎样流向?	阅读资料； 上网； 查阅图书； 询问相关工作人员
Iur/Iu/Uu口信令数据是怎样流向的?	
RNC系统技术指标包括哪些?	
RNC组网的方式有哪些?	
RNC系统配置的思想是怎样的?	

6.1　信号流程介绍

1. 用户面CS域数据流向介绍

以上行方向为例，用户面CS域数据流向如图6-1所示。下行方向的相反。

流向说明如下。

(1)用户面CS域数据从Iub口进来后，经过接入单元的DTB和IMAB进行AAL2 SAR适配。

（2）通过交换单元传输到 RUB 板，进行 FP/MAC/RLC/IuUP 协议处理。

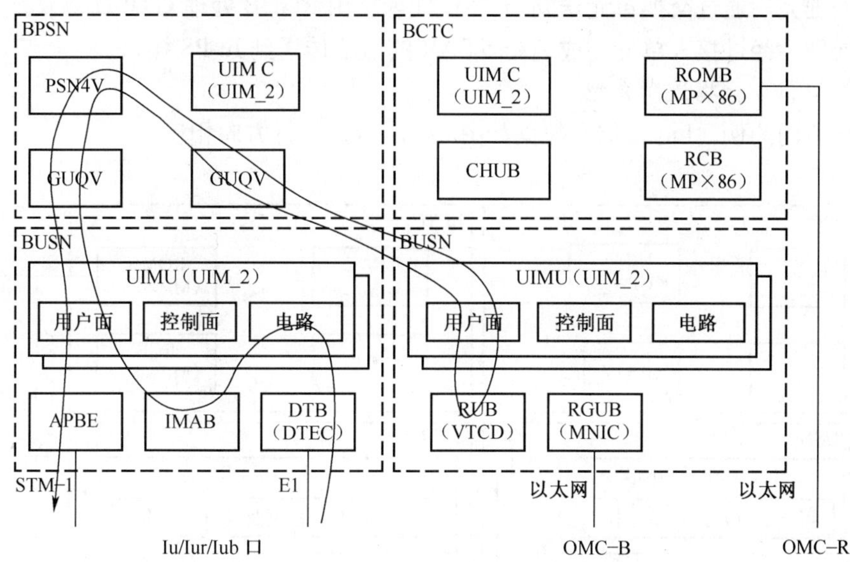

图 6-1　用户面 CS 域数据流向示意图

（3）通过交换单元传输到接入单元的 APBE 进行 AAL2 SAR 适配，送到 Iu 口。

2. *用户面 PS 域数据流向介绍*

以上行方向为例，用户面 PS 域数据流向如图 6-2 所示。下行方向相反。

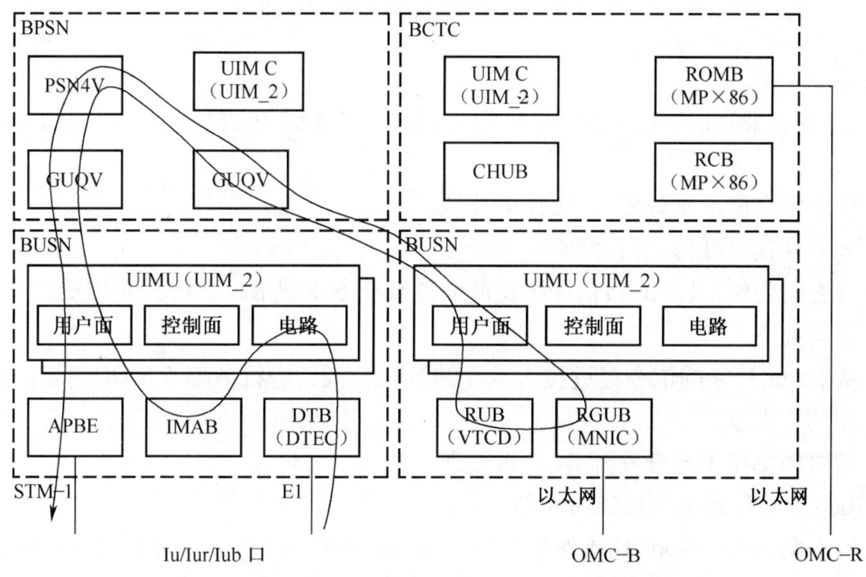

图 6-2　用户面 PS 域数据流向示意图

流向说明如下。

（1）用户面 PS 域数据从 Iub 口进来后，经过接入单元的 DTB 和 IMAB 中进行 IMA 处理和 AAL2 SAR 适配。

(2) 然后通过交换单元传输到 RUB，进行 FP/MAC/RLC/PDCP/IuUP 协议处理。

(3) 处理完后通过交换单元送到 GTP-U 处理板由 RGUB 处理 GTP-U 协议。

(4) 处理后经过接入单元完成 AAL5 SAR 的适配传送到 Iu-PS 接口。

3. Iub 口信令数据流向介绍

以上行方向为例，Iub 口信令数据如图 6-3 所示。下行方向相反。

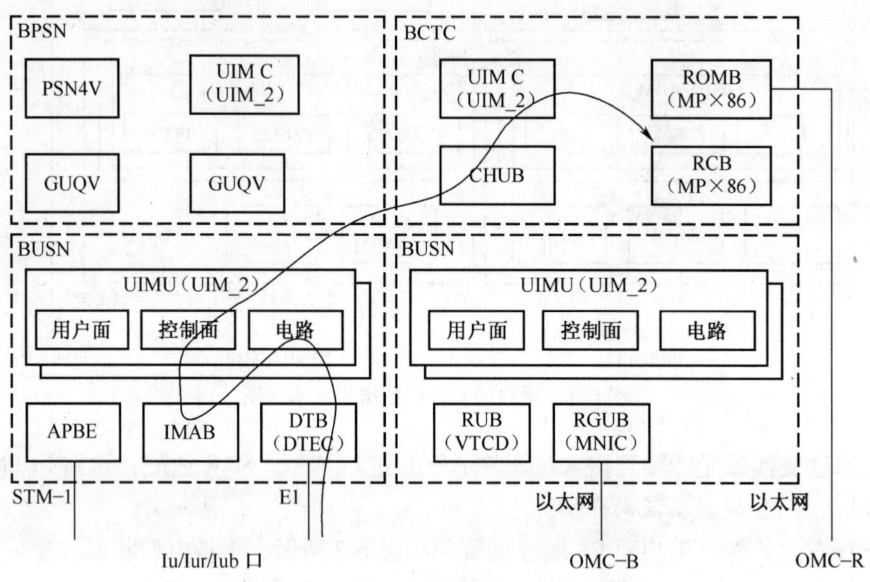

图 6-3　Iub 口信令数据流向示意图

流向说明如下。

(1) 从 Iub 口来的信令，经过接入单元的 DTB 和 IMAB 板进行 IMA 处理和 AAL5 SAR 适配。

(2) 然后经交换单元分发到 RCB 板处理。

4. Iur/Iu 口信令数据流向介绍

以下行方向为例，Iur/Iu 口信令数据流向图如图 6-4 所示。上行方向相反。

流向说明如下。

(1) 从 Iu/Iur 口来的信令经过接入单元的 APBE 板，进行 AAL5 SAR 适配；然后经过 APBE 的 HOST 处理。

(2) 按着经交换单元分发到 RCB 板处理。

5. Node B 操作维护数据流向介绍

以上行方向为例，Node B 操作维护数据流向图如图 6-5 所示。下行方向相反。

流向说明如下。

(1) 从 Iub 来的 Node B 操作维护数据，经过接入单元的 DTB 和 IMAB 进行 IMA 处理以及 AAL5 SAR 适配。

(2) 再经过交换单元送至 RGUB，完成与 OMC-B 之间的连接。

6. Uu 口信令数据流向介绍

以上行方向为例，Uu 口信令数据流向图如图 6-6 所示。下行方向相反。

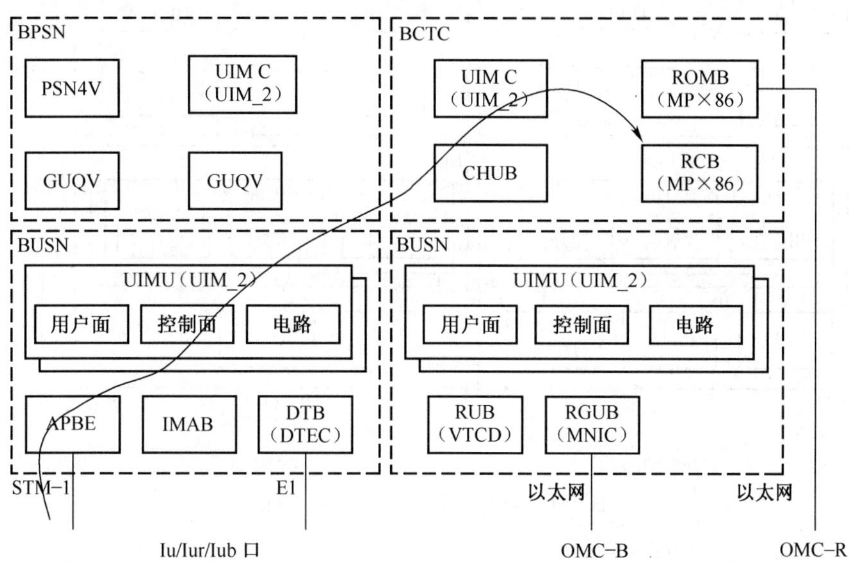

图 6-4 Iur/Iu 口信令数据流向示意图

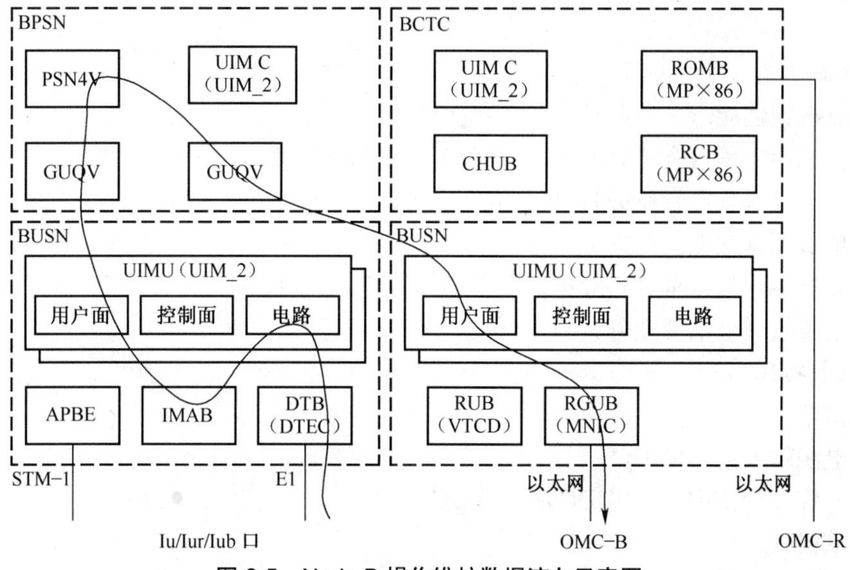

图 6-5 Node B 操作维护数据流向示意图

流向说明如下。

（1）Uu 口信令承载在 Iub 口的用户面，经过接入单元的 DTB 和 IMAB 板进行 IMA 处理和 AAL5 SAR 适配。

（2）然后经交换单元分发到 RUB 板，经过 RUB 的 HOST 处理；

（3）再经交换单元分发到 RCB 板处理。

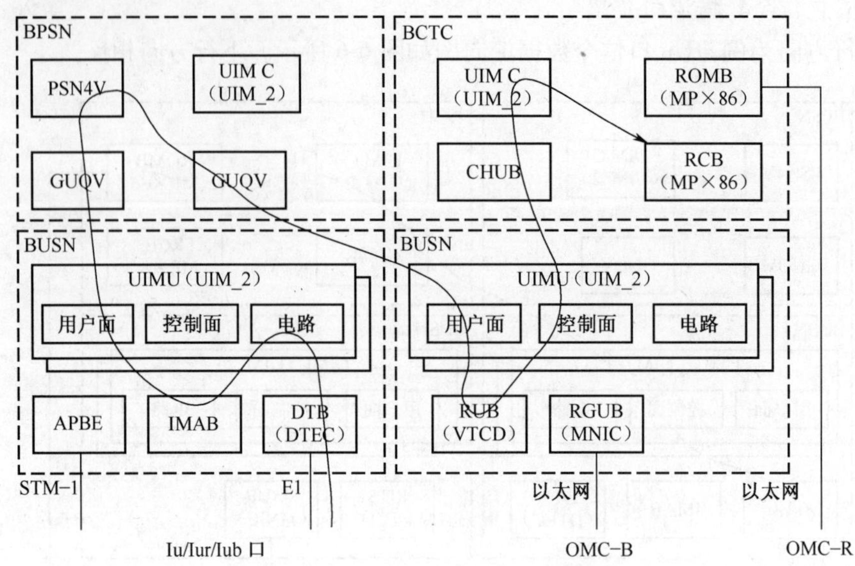

图 6-6 Uu 口信令数据流向示意图

6.2 系统技术指标

1. 设备性能

➢ 单机架性能。
➢ 数据吞吐量（全分组业务，双向相加）：675Mbit/s。
➢ 话务量（全语音业务）：11250Erl。
➢ 单资源框性能。
➢ 数据吞吐量（全分组业务，双向相加）：225Mbit/s。
➢ 话务量（全语音业务）：3750Erl。

2. 设备功耗

➢ 供电。
➢ 电源输入：–48VDC。
➢ 允许波动范围：–40VDC～–57VDC。
➢ 单机架。
➢ 最大功耗：3100W。
➢ 最大电流：65A。

3. 设备接口

➢ Iu 接口支持使用 STM-1 光口。
➢ Iur 接口支持使用 STM-1 光口。
➢ Iub 接口支持使用 STM-1 光口和 E1 接口，单资源框最大提供的 E1 数目为 128 条，STM-1 光口数目为 28 个。

4. 设备时钟

- 同步等级：二级时钟 A 类。
- 时钟最低准确度：$\pm 4\times 10^{-7}$。
- 牵引范围：$\pm 4\times 10^{-7}$。
- 最大频偏：10^{-9}/天。
- 初始最大频偏：5×10^{-10}。
- 时钟工作方式：快捕、跟踪、保持、自由运行。
- 时钟同步链路接口。
- 入端信号抖动与漂移：≥1.5UI（0.02kHz～2.4kHz）。
- 出端信号抖动与漂移：≤1.5UI（0.02kHz～10kHz）；

  ……………………………≤0.2UI（18kHz～100kHz）。

5. 设备单板

（1）RCB 单板

一块 RCB 有两个处理器 RCP，每个 RCP 的呼叫处理能力 BHCA：265K，管理 150 个小区。

（2）RUB 单板

呼叫处理能力 BHCA：200K，一块 RUB 包括 14 个 DSP，每个 DSP 可处理 80 路 12.2K 的话音业务。

（3）ABPE 单板

处理 240Mbit/s 的 AAL2 双向净流量和 300Mbit/s 的 AAL2 双向总流量；处理 5Mbit/s 的 AAL5 信令净流量和 6Mbit/s 的 AAL5 信令总流量；处理 65Mbit/s 的 AAL5 数据双向净流量和 110Mbit/s 的 AAL5 数据双向总流量。

（4）IMAB 单板

处理 65Mbit/s 的 AAL2 双向净流量，80Mbit/s 的 AAL2 双向总流量；处理 1.5Mbit/s 的 AAL5 信令净流量和 2Mbit/s 的 AAL5 信令总流量。

（5）RGUB 单板

处理 135Mbit/s 的数据双向净流量。

6. 设备环境

（1）温度范围

- 长期工作需求：+15℃～+30℃。
- 短期工作需求：0℃～+45℃。

（2）湿度范围

- 长期工作需求：40%～65%。
- 短期工作需求：20%～90%。

（3）大气压

- 大气压需求：70kPa～106kPa。

（4）设备接地

- ZXTR RNC（V3.0）系统地包括–48V 地、工作地和保护地。GNDP 均通过汇流条与机架接在一起，通过机架与直流地桩相连。–48VGND 与 GND 从电源分配盒中连出，并通过汇流条将各子系统的 GND、–48VGND 连在一起。

- 机架同时提供上接地和下接地两种方式。机架搭接电阻为 0.1～0.3Ω，机房接地电阻要求小于 1 欧姆。
- 保护地与周边信号和电源及地间应留有足够的空间，以免由其引入的高压损坏单板。
- 系统不提供模拟地，单板上的模拟地在单板电源处与数字地汇合。对于功耗大、工作频率高的单板考虑采用网状地平面。

6.3 组 网 方 式

1. 星形组网方式

ZXTR RNC（V3.0）星形组网方式如图 6-7 所示。

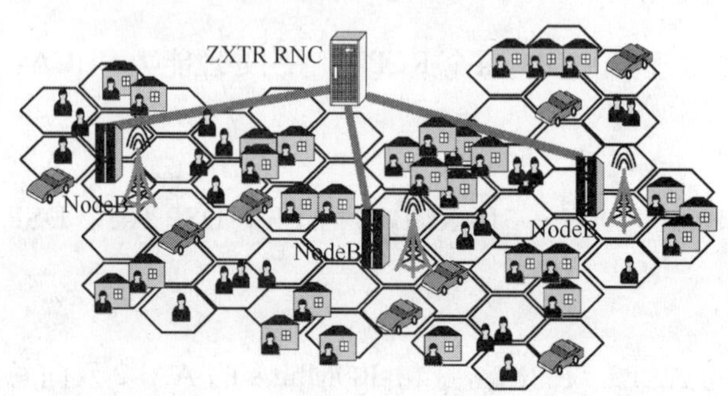

图 6-7　ZXTR RNC（V3.0）星形组网方式

星形组网时 ZXTR RNC（V3.0）和每个 Node B 直接相连，Node B 设备都是末端设备。这种组网方式简单，维护方便；信号经过的环节少，线路可靠性较高。城市人口稠密的地区一般用这种组网方法。

2. 链形组网方式

ZXTR RNC（V3.0）链形组网方式如图 6-8 所示。

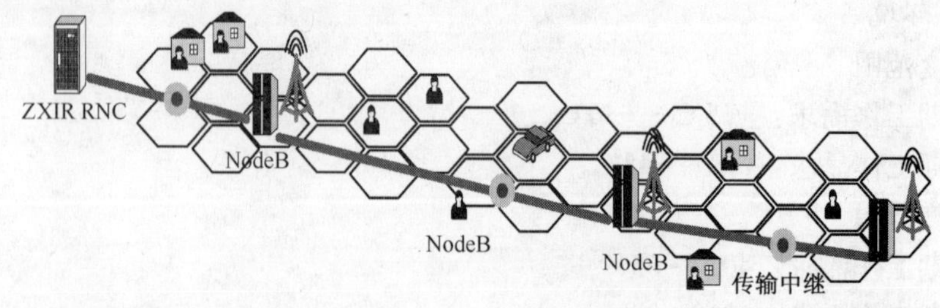

图 6-8　ZXTR RNC（V3.0）链形组网方式

链形组网方式也适用于一个站点多台 Node B 的情况。这种组网方式信号经过的环节较多，线路可靠性较差；适用于呈带状分布的、用户密度较小的地区，可以节省大量传输设备。

实际工程组网时，由于站点的分散性，其与基本组网方式不同的是在 ZXTR RNC(V3.0)和 Node B 之间常常要采用传输设备作为中间连接。常用的传输方式有微波传输方式、光缆传输方式、HDSL 电缆传输方式和同轴电缆传输方式等。

3. 环形组网方式

ZXTR RNC（V3.0）环形组网方式如图 6-9 所示。

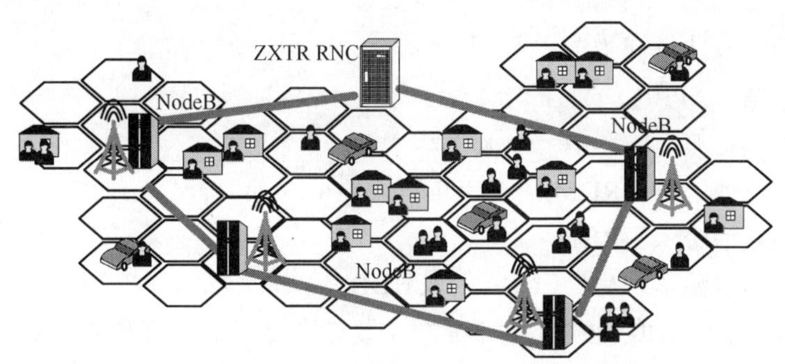

图 6-9　ZXTR RNC（V3.0）环形组网方式

环型组网有两套互为备用的链路。环中的每个节点都有两个上级节点，提高了链路的可靠性。如果一个站点损坏或一条链路失效，则其下级节点可以选择另一条链路做主用。

4. 混合组网方式

ZXTR RNC（V3.0）星形和链形的混合组网方式如图 6-10 所示。

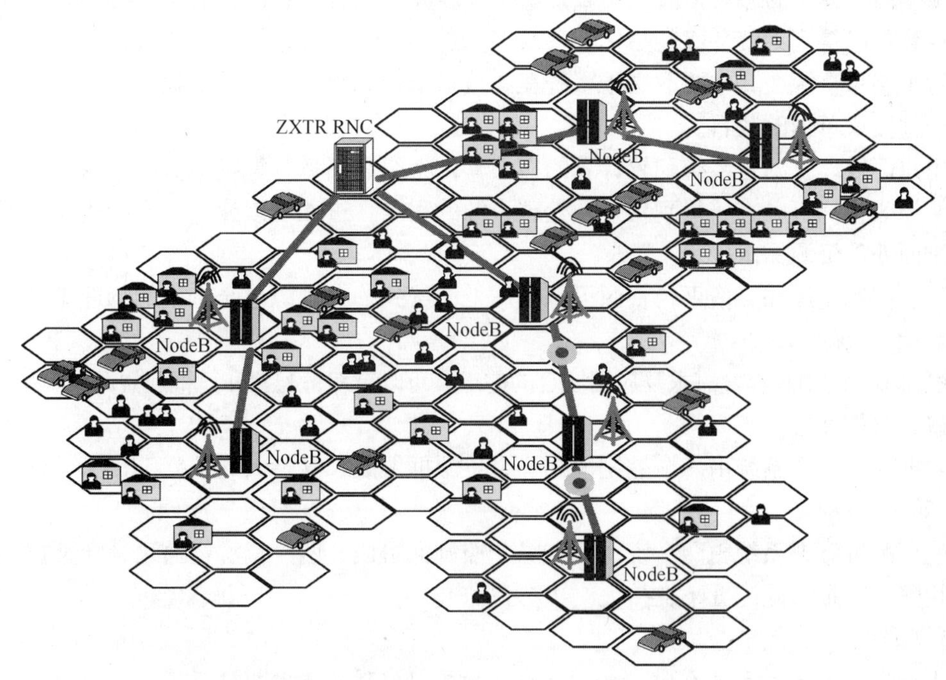

图 6-10　ZXTR RNC（V3.0）混合组网方式

6.4 系统配置

1．配置思想

ZXTR RNC 系统的整个硬件框架包括接口资源、系统控制资源、用户面处理资源、控制面处理资源以及交换平台资源等几个部分，系统的整体配置也主要与这几个部分的资源配置相关。

需要配置的内容清单如下。

- 接口资源：APBE、DTB、IMAB。
- 系统控制资源：ROMB、CLKG。
- 用户面处理资源：RDMP、RGUB。
- 控制面处理资源：RCB。
- 交换平台资源：UIMC、UIMU、CHUB。

目前从 3G 可能启动的业务类型来看，主要是电路域的话音和分组域的非实时业务，并且分组业务的速率一般都不是确保速率，属于软阻塞的情况。因此在这种业务分布的基础上，可以将原 GSM 和 GPRS 的话务模型加以融合。

在这种情况下的话务模型可以定为以下几个指标。

- 系统总的用户数。
- 每话音用户的话务量。
- 忙时每用户的平均数据量。

根据话务模型的假设参数以及必要的输入参数（如用户数、载扇数、物理接口数等），通过计算可以得到系统各性能指标的参数值，进而得到关键单板资源的数目。

对于接口资源，其主要取决于系统在各接口上的总流量以及外部物理数目，综合二者可以得到接口单板的数目。

用户面处理资源是系统配置计算的核心，由系统总话务量等指标值以及用户面单板的话务量等效指标可以直接得到用户面处理资源的需求；进而可以通过一定的匹配关系，得到控制面处理资源需求。

系统控制资源和交换平台资源可以根据上面得到的各资源总合带来的物理需求得到。

2．配置说明

根据不同的用户容量需求及应用场合的需求，可以有双框配置和三框配置两种典型配置。

（1）双框配置

双框配置下，系统由一个控制框加一个资源框组成，支持大约 7.5 万用户。

（2）三框配置

三框配置下，系统由两个资源框和一个控制框组成，两个资源框通过光纤直接互连，而不用配交换框。此配置下支持大约 15 万用户。

📖说明

由于当资源框大于 2 个时，必须配备交换框以实现各资源框的互连。因此此配置在扩容时涉及数据配置的变更以及相关连线的更改。

3. 单板配置

双框、三框配置下的单板清单说明如表 6-1 所示。

表 6-1　　各配置下单板清单

单板名称	代号	单位	数目		备注
			双框配置	三框配置	
用户面处理板	RDMP	块	4	10	无
控制面处理板	RCB	块	2	4	本版本不支持主备
GTP-U 处理板	RGUB	块	2	2	至少 1 块，考虑负荷分担下配 2 块
ATM 处理板	APBE	块	3	6	无
IMA/ATM 协议处理板	IMAB	块	2	4	如果需要支持 E1 则配置，最大 8 块
数字中继板	DTB	块	4	8	如果需要支持 E1 则配置，最大 8 块
通用媒体接口板	UIMU	块	2	4	无
通用控制接口板	UIMC	块	2	2	无
时钟产生板	CLKG	块	2	2	至少 1 块，主备配置下配 2 块
操作维护处理板	ROMB	块	1	1	本版本不支持主备
控制面互联板	CHUB	块	2	2	至少 1 块，主备配置下配 2 块
通用业务网背板	BUSN	块	1	2	无
控制中心背板	BCTC	块	1	1	背板拨码开关必须满足：机架号=1，机框号=2
DTB 后插板	RDTB	块	4	8	根据 DTB 数目，1-8 块
通用后插板 1	RGIM1	块	2	2	至少配 1 块，在 APBE 数目够的情况下配置 2 块
MNIC 后插板	RMNIC	块	2	2	至少 1 块，主备配置下配 2 块
MPB 后插板	RMPB	块	1	1	无
CLKG 后插板 1	RCKG1	块	1	1	必配
UIM 后插板 1	RUIM1	块	2	4	必配
UIM 后插板 2	RUIM2	块	1	1	必配
UIM 后插板 3	RUIM3	块	1	1	必配
CHUB 板后插板 1	RCHB1	块	1	1	必配

4. 机框配置

(1) 双框配置

双框配置下的机框配置图如图 6-11 所示。

(2) 三框配置

三框配置下的机框配置图如图 6-12 所示。

前插板

1	2	3	4	5	6	7	8	9	10	11	12	13	14	15	16	17
DTB	DTB	DTB	DTB	IMAB	APBE	APBE	IMAB	UIMU	UIMU	RGUB	RGUB	APBE	RDMP	RDMP	RDMP	RDMP
RCB		RCB						UIMC	UIMC	ROMB		CLKG	CLKG	CHUB	CHUB	

后插板

1	2	3	4	5	6	7	8	9	10	11	12	13	14	15	16	17
RDTB	RDTB	RDTB	RDTB			RGIM1		RUIM1	RUIM1	RMNIC	RMNIC	RGIM1				
								RUIM2	RUIM3	RMPB		RCKG1		RCHB1		

图 6-11　双框配置机框配置图

5. 实例介绍

这里以某地一业务区为例介绍 RNS 的详细配置。

(1) 实际需求

某地一业务区新建 1 套 RNC，4 个 O3（3 载全向）NodeB 和 1 个 S3/3/3（3 载 3 扇）NodeB，其中 1 个 O3 基站是光口，其他配置为 E1。其中，数据用户比例为 8%，呼损 5%，每个用户话务量为 0.02Erl。

(2) 组网分析

本应用实例采用星形组网、三载波同频组网的方式。

RNC3 与 NodeB_1 通过光纤直接互联，与 NodeB_2、NodeB_3、NodeB_4、NodeB_5 分别通过 2 条 E1（IMA 组）互联。NodeB_1、NodeB_2、NodeB_3、NodeB_4 配置 3 个全向小区，NodeB_5 配置 3 个 3 扇区定向小区。

RNS 组网示意图如图 6-13 所示。

在小区编码中，如果小区编码为 2031，则 2 表示 NodeB 编号，03 表示频点编号（01、02、03 分别对应 2020.8、2022.4、2024），1 为小区编号（全向站为 1，定向站与扇区角度对应）。小区编号如表 6-2 所示。

前插板

1	2	3	4	5	6	7	8	9	10	11	12	13	14	15	16	17
DTB	DTB	DTB	DTB	IMAB	APBE	APBE	IMAB	UIMU	UIMU	APBE	RGUB	RUB	RUB	RUB	RUB	RUB
RCB		RCB		RCB		RCB		UIMC	UIMC	ROMB		CLKG	CLKG	CHUB	CHUB	
DTB	DTB	DTB	DTB	IMAB	APBE	APBE	IMAB	UIMU	UIMU	APBE	RGUB	RUB	RUB	RUB	RUB	RUB

后插板

1	2	3	4	5	6	7	8	9	10	11	12	13	14	15	16	17
RDTB	RDTB	RDTB	RDTB					RUIM1	RUIM1	RUIM1	RMNIC					
								RUIM2	RUIM3	RMPB		RCKG1		RCHB1		
RDTB	RDTB	RDTB	RDTB					RUIM1	RUIM1	RGIM1	RMNIC					

图 6-12　三框配置机框配置图

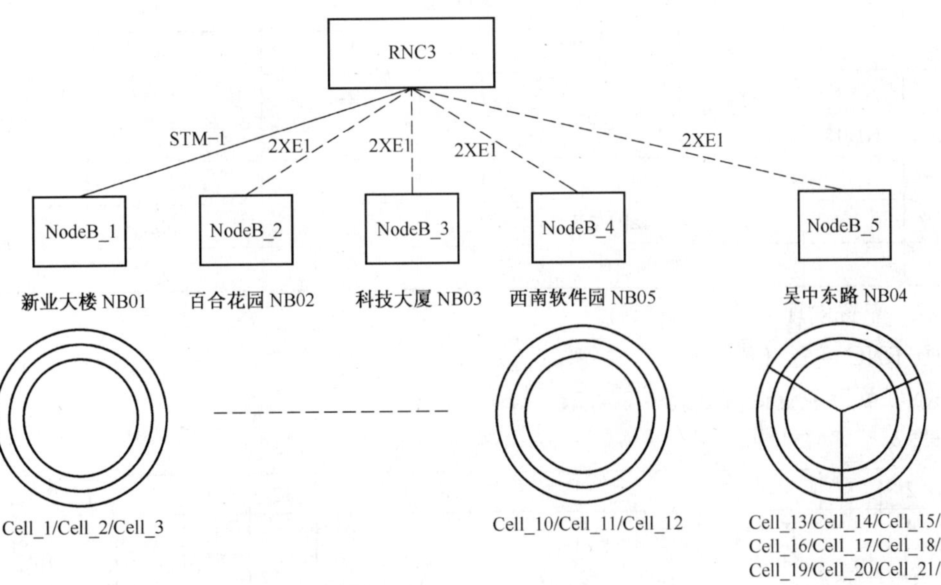

图 6-13　RNS 组网示意图

表 6-2　　　　　　　　　　　　小区编号表

RNC 编号	基站编号	物理连接	扇　区	频点中心频率（MHz）	天线朝向	小区编码（下行同步码/扰码）
RNC3	NB01	STM-1				
			cell1/2/3	2020.8	全向天线	1011（16//61）
				2022.4		1021（16//61）
				2024		1031（16//61）
RNC3	NB02	2×E1				
			cell1/2/3	2020.8	全向天线	2011（10//37）
				2022.4		2021（10//37）
				2024		2031（10//37）
RNC3	NB03	2×E1				
			cell1/2/3	2020.8	全向天线	3011（27//105）
				2022.4		3021（27//105）
				2024		3031（27//105）
RNC3	NB04	2×E1				
			频点 2020.8	2020.8	0	4011（25//97）
				2020.8	120	4012（14//54）
				2020.8	240	4013（29//113）
			频点 2022.4	2022.4	0	4021（25//97）
				2022.4	120	4022（14//54）
				2022.4	240	4023（29//113）
			频点 2024	2024	0	4031（25//97）
				2024	120	4032（14//54）
				2024	240	4033（29//113）
RNC3	NB05	2×E1				
			cell1/2/3	2020.8		5011（32//125）
				2022.4		5021（32//125）
				2024		5031（32//125）

（3）配置实现

① RNC 配置（单框）

RNC 单框配置情况如表 6-3 所示。

表 6-3　　　　　　　　　　　　RNC 单框配置

1	2	3	4	5	6	7	8	9	10	11	12	13	14	15	16	17
DTEC	RGUP		RDMP		APBE		APBE	UIMU	UIMU	ROMP		IMAB		CLKG	CLKG	

- 框 2 的 6 号槽位 APBE 端口 1 和 2 配置为 IuCS 和 IuPS 接口（光口）。
- 框 2 的 8 号槽位 APBE 端口 3 配置为 Iub 接口，与 NodeB_1 相连（光口）。
- 框 1 的 1 号槽位 DTB 出 2×4=8 条 E1，分别与 NodeB_2/NodeB_3/NodeB_ 4/NodeB_5 连接。
- 框 1 的 RDMP 配置 VTCD 单板。
- 灰色表示备板，可以不配置。

② NodeB 配置

- NB01/NB02/NB03/NB04 支持 3 载全向，单框鉴配（8 天线）：TTRX （2 块）、TBPA（1 块）、BII （1 块）、BCCS （1 块）、TMB （2 个）。
- NB05 支持 3 载 3 扇，双框标配（8 天线）：TTRX（6 块）、TBPA（3 块）、BII（1 块）、BCCS（1 块）、TCCB（2 块）、TMB（6 个）。
- NB01 通过光口与 RNC 连接，NB02/NB03/NB04/NB05 通过 E1 与 RNC 连接。

③ 应用特点

本应用实例的频率首选 2010MHz～2025MHz，并具备以下特点和优点。

- 可以满足 TD-SCDMA 设备产品的功能验证、网络性能互操作特性、业务和应用测试。
- 可以获得 TD-SDMA 系统在使用智能天线条件下，在不同的传播环境条件及同频组网条件下，其网络覆盖性能相关的实际数据，为 TD-SCDMA 通信系统的网络建设提供一定的指导作用。
- 在无线网络中，能够测量不同地形下的覆盖、容量、传播特性、切换等网络性能和功能。
- 通过无线网络性能测试，可以验证组网和参数调整，优化无线资源管理算法。

可以验证智能天线等关键技术在各种环境下的作用。

计划与建议

计划与建议（参考）	
1	根据对 RNC 设备的认识和了解，小组之间讨论，列写 RNC 系统的技术指标包括哪几部分
2	小组之间通过查阅资料、相互讨论，描述现网中的 RNC 组网方式有哪些
3	小组之间通过分析实例，了解 RNC 系统的配置思想和配置方法
4	RNC 硬件配置练习及总结

展示评价

（1）教师及其他组负责人根据小组展示汇报整体情况进行小组评价。

（2）学生展示汇报中，教师可针对小组成员的分工，对个别成员进行提问，给出个人评价表。

（3）组内成员互评表打分。

（4）自评表打分。

（5）评选今日之星。

（1）用户面 CS 域数据从 Iub 口进来后，经过接入单元的_______和_______进行 AAL2 SAR 适配。

（2）用户面 PS 域数据从 Iub 口进来后，经过接入单元的_______和______进行 IMA 处理和 AAL2 SAR 适配。

（3）从 Iub 口来的信令，经过接入单元的_______和______板进行 IMA 处理和 AAL5 SAR 适配。

（4）从 Iu/Iur 口来的信令，经过接入单元的_______板，进行 AAL5 SAR 适配；然后经过_____的 HOST 处理。

（5）从 Iub 来的 Node B 操作维护数据经过接入单元的_____和______进行 IMA 处理以及 AAL5 SAR 适配。

（6）Uu 口信令承载在 Iub 口的用户面，经过接入单元的______和_______板进行 IMA 处理和 AAL5 SAR 适配。

（7）Iub 接口支持使用 STM-1 光口和 E1 接口，单资源框最大提供的 E1 数目为_____条，STM-1 光口数目为_____个。

（8）时钟工作方式包括_________、__________、__________、_________。

（9）一块 RCB 有两个处理器 RCP，每个 RCP 呼叫处理能力 BHCA：______K，管理______个小区。

（10）RUB 单板呼叫处理能力 BHCA：________K，一块 RUB 包括________个 DSP，每个 DSP 可处理_______路 12.2K 的话音业务。

（11）ZXTR RNC（V3.0）系统地包括_______地、______地和______地。

（12）RNC 常见的组网方式有________、_________、_________等。

（13）ZXTR RNC 系统的整个硬件框架包括__________、__________、__________以及交换平台资源等几个部分。

（14）双框配置下，系统由_________和_________组成，支持大约 7.5 万用户。

（15）三框配置下，系统由__________和________组成，资源框通过光纤直接互连，而不用配交换框。此配置下支持大约 15 万用户。

（16）由于当资源框大于 2 个时，必须配备__________以实现各资源框的互连。因此三框配置在扩容时涉及数据配置的变更以及相关连线的更改。

练一练

各小组以某地一业务区为例介绍 RNS 的详细配置。

任务七 TD 系统软调

资讯准备

资 讯 指 南	
资 讯 内 容	获 取 方 式
OMC 统一网管软件的体系结构怎样？	阅读资料； 上网； 查阅图书； 询问相关工作人员
ZXTR OMC 统一网管软件结构怎样？	
对 OMC 安装的配置有什么要求？	
怎样安装 Oracle 9i 数据库？	
怎样安装服务器软件？	
怎样安装客户端软件？	

7.1 任 务 描 述

(1) 为移动通信实训室安装 OMC，操作如下。

➢ 了解 OMC 体系结构。
➢ 了解 OMC 软件结构。
➢ 掌握配置要求。
➢ 掌握操作系统、Oracle 9i 数据库、服务器软件、客户端软件的安装。
➢ 掌握 RNC 系统数据的配置。

(2) 注意事项：

➢ 终端、RNC 设备按规定摆放。
➢ 核实配置要求。
➢ 确保前、后台版本一致。
➢ 详细记录配置过程。

7.2 OMC 体系结构

安装和应用 ZXTR OMC 统一网管软件的前提是熟悉系统应用的软、硬件架构，下面将从硬件结构和软件结构方面分别加以介绍。

1. 硬件结构

根据实际网管应用的网络规模和系统负荷，可以选择不同硬件结构的 OMC。

(1) 标准客户/服务器结构

ZXTR OMC 统一网管服务器和客户端运行在不同的计算机上，采用标准客户/服务器（客户端/服务器）结构，如图 7-1 所示。然后客户端通过局域网或广域网登录主服务器。

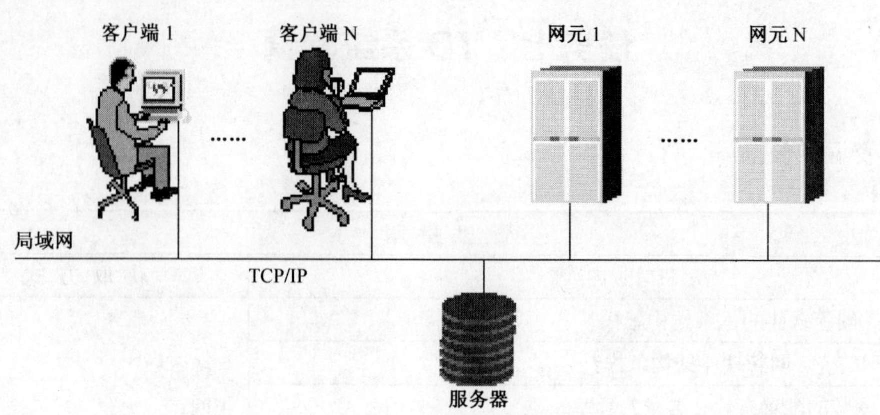

图 7-1　标准客户/服务器结构组网示意图

（2）分布式服务器结构

在系统负荷较重的情况下，可以利用服务器软件所具有的分布式部署性能，将服务器的功能模块分布部署在不同的服务器上，以协调分担系统负荷，提高系统整体的处理性能。这样的硬件结构，称为分布式服务器结构。

如图 7-2 所示的分布式部署方式即是将系统负荷较大的数据库模块单独部署在一台服务器上；而将网管系统的其他功能模块，包括数据库等，全部部署在同一个应用服务器上。

图 7-2　分布式服务器结构组网示意图

（3）多服务器级连结构

随着被管理网元数目的不断增加，同时为了适应 TMN（Telecommunication Management Network）电信管理网中定义的从网元管理层、网络管理层、业务管理层到事务管理层的分层管理发展趋势，对于大型网管应用，可以采用多服务器级连结构。

多服务器级连结构组网结构示意图如图 7-3 所示。

多服务器级连结构同样可以分担网络负荷，同时提高系统的综合处理能力。在这种结构中，上级 ZXTR OMC 网管可以通过系统提供的级连接口连接下级的 ZXTR OMC 网管系统，主要完成数据综合汇总、统计和全网监测的作用；而由下级 ZXTR OMC 网管系统负责具体网元的监测和维护工作。

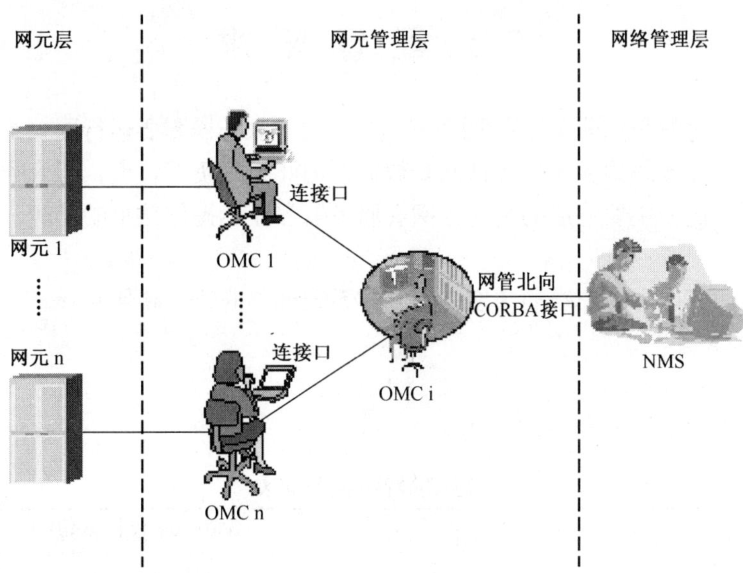

图 7-3 多服务器级连结构组网示意图

2. 软件结构

ZXTR OMC 统一网管的软件结构如图 7-4 所示，主要包括服务器程序和客户端程序两部分。

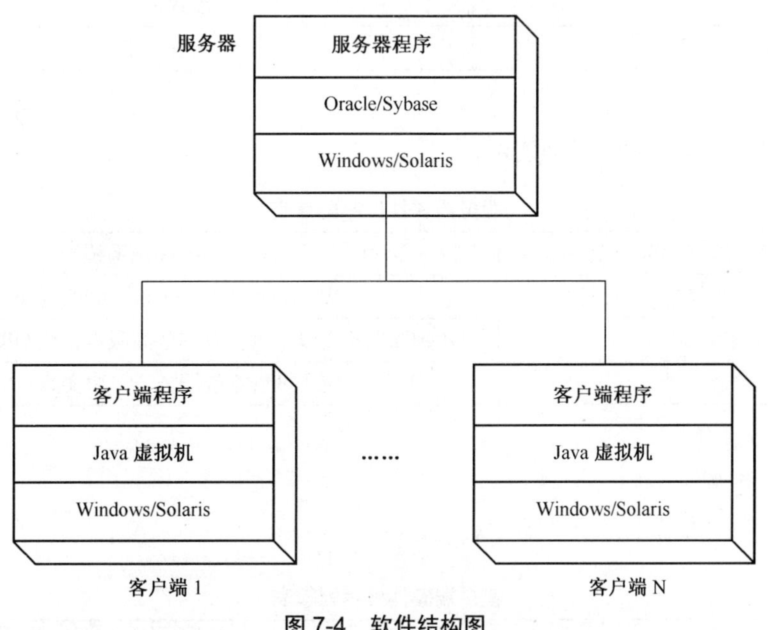

图 7-4 软件结构图

由图可见，网管服务器程序支持 Windows 或 Solaris 操作系统，支持的数据库类型包括 Oracle、Sybase 数据库类型；网管客户端程序支持 Windows 或 Solaris 操作系统，实际运行

时客户端需要 Java 虚拟机的支持。

7.3 配置要求

网管软件采用的是标准客户端/服务器结构。由于服务器需要运行网管系统所有的核心功能模块，同时需要维护和保存大量网管数据，因此系统负荷较大，要求的系统配置也较高。而客户端，由于主要完成的是连接网管服务器和显示操作结果的功能，因此需要的配置要求较低。

下面将从服务器和客户端的角度分别介绍系统推荐的软、硬件配置。

1. 服务器配置

(1) 硬件配置

服务器的硬件配置如表 7-1 所示。

表 7-1 服务器硬件推荐配置表

硬件名称	Windows 操作系统
推荐机型	4*Pentium IV
CPU 主频	1.4 GHz
内存大小	4 GB
硬盘容量	200 GB
光驱	DVD
网卡	配置网卡
声卡	配置声卡

(2) 软件配置

服务器的软件配置如表 7-2 所示。

表 7-2 服务器软件推荐配置表

软件名称	Windows 操作系统
操作系统、软件及操作系统补丁	Windows 2000 Server、SP4、IE6
数据库	ORACLE 9i 及以上（推荐安装高版本，如 ORACLE 9i）
网管系统	统一网管系统服务器（中文版）

2. 客户端配置

(1) 硬件配置

客户端的硬件配置如表 7-3 所示。

表 7-3 客户端硬件推荐配置表

硬件名称	Windows 操作系统
推荐机型	Pentium IV
CPU 主频	1.4 GHz 及以上

续表

硬件名称	Windows 操作系统
内存大小	1 GB
硬盘容量	40 GB
光驱	DVD
网卡	配置网卡
声卡	配置声卡

（2）软件配置

客户端的软件配置如表 7-4 所示。

表 7-4　　客户端软件推荐配置表

软件名称	Windows 操作系统
操作系统、软件	Windows 2000 Professional、IE6
网管系统	统一网管系统客户端（中文版）

7.4 安装流程

ZXTR OMC 统一网管系统软件的安装流程如图 7-5 所示。

由图可见，ZXTR OMC 统一网管系统软件的安装分为服务器和客户端两大部分。其中服务器的软件安装包括服务器操作系统、数据库和网管服务器软件安装；客户端的软件安装包括客户端操作系统和客户端软件安装。这里只介绍 Windows 操作系统下的软件安装，Solaris 操作系统下的软件安装请参见《ZXTR OMC（V2.02）TD-SCDMA 操作维护中心软件安装手册 Unix 系统》。

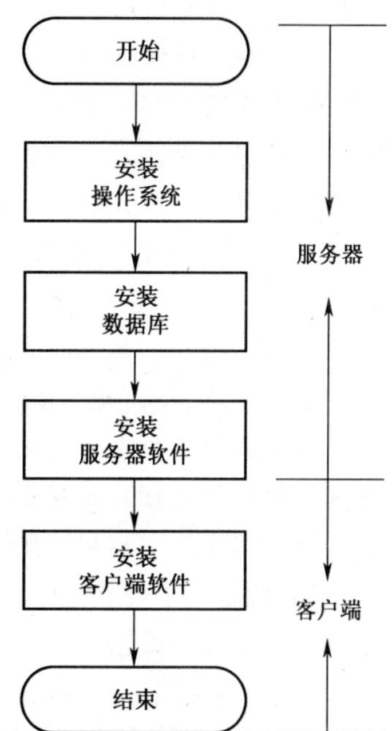

图 7-5　网管软件安装流程

一、安装操作系统

网管系统的工作环境是微软公司出品的 Windows 2000 Server、Windows 2000 Professional 操作系统，微软公司会定期在公司网站上发布最新的推荐补丁包。

1．安装准备

（1）检查硬件

➢ 检查硬件配置是否齐备：对照表 7-1、表 7-3 检查硬件配置。

➢ 给服务器、工作站通电：通电前，请核实服务器、工作站正常工作所需的交流电源电压，并对比当地提供的交流电源电压。务必给服务器、工作站提供正确的供电电压，否则可能烧毁服务器、工作站的电源模块。

➢ 检查服务器、工作站硬件是否工作正常：需要检查的硬件包括键盘、鼠标、光驱、

显示器。

(2) 检查软件

对照表 7-2、表 7-4，检查服务器、工作站的软件配置。

确认 Windows 2000 Server、Windows 2000 Professional 操作系统安装光盘(中文标准版)和对应的 CD-Key 准备齐备。正式安装前，请仔细阅读光盘自带的安装说明。

(3) 确定安装信息

正式安装前，还需要明确以下安装过程中需要使用的信息。这些信息需要根据服务器、工作站所在的网络环境和实际应用进行前期规划。

➢ 确定服务器、工作站网络属性，保证网络连通。

➢ 确定服务器主机名。

主机名在所在的域中必须唯一，否则安装后会导致网络故障。建议采用如下主机命名规范。

➢ 对于单一服务器结构：TDOMC Server。

➢ 对于多服务器结构：TDOMC Server-N。其中，N 是服务器序号。

2. 安装步骤

(1) 安装操作系统

由于 Windows 2000 Server 和 Windows 2000 Professional 操作系统的安装过程采用图形化向导的安装方式，而且安装过程较为简单，因此在此略过。如果需要必要的指导，请登录微软公司网站获取必要的支持或者直接联系 NC 工程师。

(2) 安装操作系统补丁

操作系统安装结束后，还需要进行操作系统补丁程序的安装。下面以 Windows 2000 Service Pack 4 为例，介绍补丁程序的安装方法。

🕮说明：

对于 Windows 2000 Server 操作系统，需要安装 SP4 补丁才能支持服务器软件。

⚠注意：

Windows 2000 Server 是微软公司的产品。微软公司会定期在公司网站上发布最新的推荐补丁包。请登录 http://www.Microsoft.com 网站了解最新的补丁版本，并定期进行系统更新，以免遭受不必要的损失。同时，为了提高 Windows 网管服务器的安全性能，建议安装防病毒软件并定期更新病毒库。

补丁程序的安装步骤如下所述。

① 启动补丁安装程序，补丁程序自动进行解包，并在完成后进入补丁安装向导界面，单击＜下一步＞按钮。

② 认真阅读许可协议，确认后选择[我同意]，单击＜下一步＞按钮。

③ 选择安装选项，为方便以后删除补丁程序，建议选择［文件存档］选项，单击＜下一步＞按钮。

④ 检查当前配置，备份当前文件并更新，完成后单击＜下一步＞按钮。

⑤ 单击＜完成＞按钮，补丁程序安装结束，重启动计算机使补丁版本生效。

3. 安装检查

在桌面上右击“我的电脑”图标，并选择［属性］菜单项，弹出［系统特性］对话框，

[常规] 选项卡的 [系统] 栏内显示了补丁信息，如显示为 Service Pack 4，表示已正确安装了该补丁程序。

二、安装 Oracle 9i 数据库

在 Windows 2000 操作系统下，安装 Oracle 9i 数据库，可分为如下三步。

(1) 准备工作。

(2) 安装过程。

(3) 安装检查。

1. 安装准备

(1) 了解 Oracle 9.2.0.1.0 Enterprise Edition for Windows 2000 典型系统需求。

- 推荐使用 Windows 2000 Server 或 Windows 2000 Advanced Server 操作系统。
- 预先安装操作系统补丁：根据操作系统的发布情况，安装当前操作系统应打的补丁。
- 推荐使用 NTFS 文件系统。
- 预先安装网络协议：TCP/IP 协议或更多网络协议；
- 预留磁盘空间：系统分区至少预留 500MB 空间；Oracle 主目录分区至少预留 3GB 的空间；数据库表空间文件所在分区至少预留 10GB 空间。

(2) 操作系统正常运行。

(3) 以系统管理员组中的某成员身份登录操作系统。

(4) 确认操作系统中不存在已安装的任何版本 Oracle 数据库组件。如果存在，请先卸载再安装。

(5) 将 Oracle9i for Windows 2000 安装盘放入光驱。

2. 安装步骤

① 在资源管理器中找到 Oracle 光盘上的安装程序目录，双击执行安装程序目录下的 setup.exe 文件，开始进行安装。

② 进入 [欢迎使用] 界面，如图 7-6 所示。

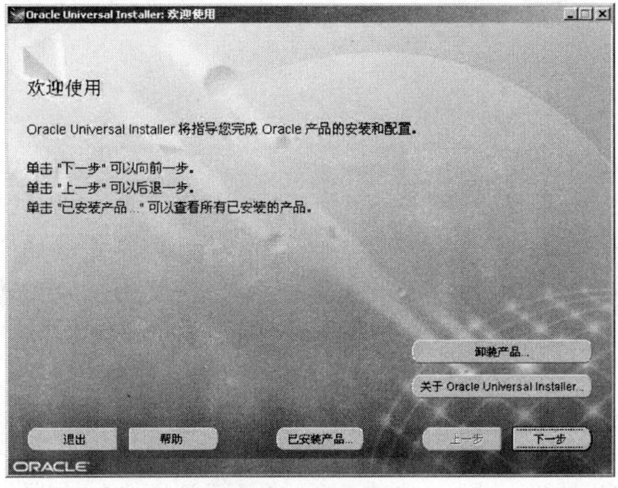

图 7-6 欢迎界面

③ 单击<下一步>按钮，显示［文件定位］界面，如图 7-7 所示。根据需要输入源路径、Oracle 主目录名和 Oracle 应用程序安装全路径。

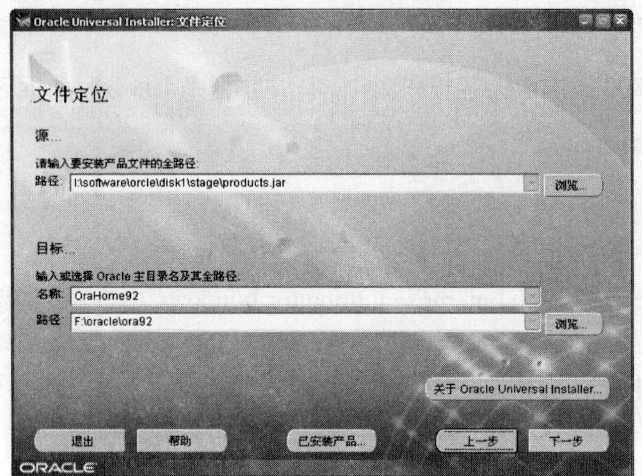

图 7-7 ［文件定位］界面

📖说明：

- 源路径是安装文件所在路径，一般不需要修改。
- Oracle 应用程序安装全路径应满足要求的磁盘空间。
- Oracle 主目录名最大长度不能超过 16 个字符，且只能由字母、数字和下划线组成。
- 如果系统中存在 9i 以前的版本，则必须把 Oracle 默认目录更改至其他目录。

④ 单击<下一步>按钮，进入安装程序开始装载产品信息界面，如图 7-8 所示。

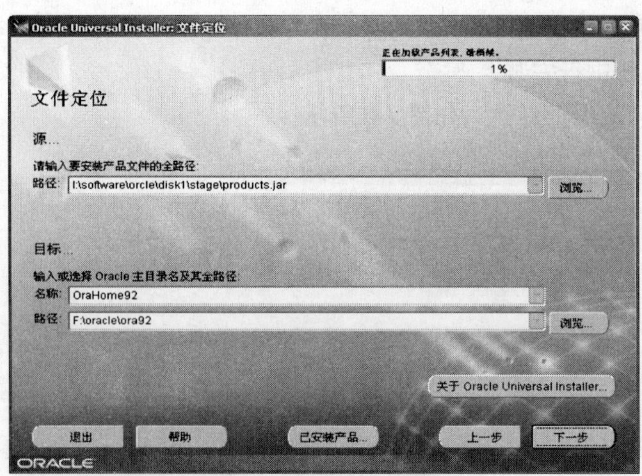

图 7-8 装载产品信息界面

⑤ 产品信息装载完成后，单击<下一步>按钮，进入［可用产品］界面。默认产品是 Oracle9i Database 9.2.0.1.0，这里采用默认设置，如图 7-9 所示。

⑥ 单击<下一步>按钮，进入［安装类型］界面，选择“自定义”，如图 7-10 所示。

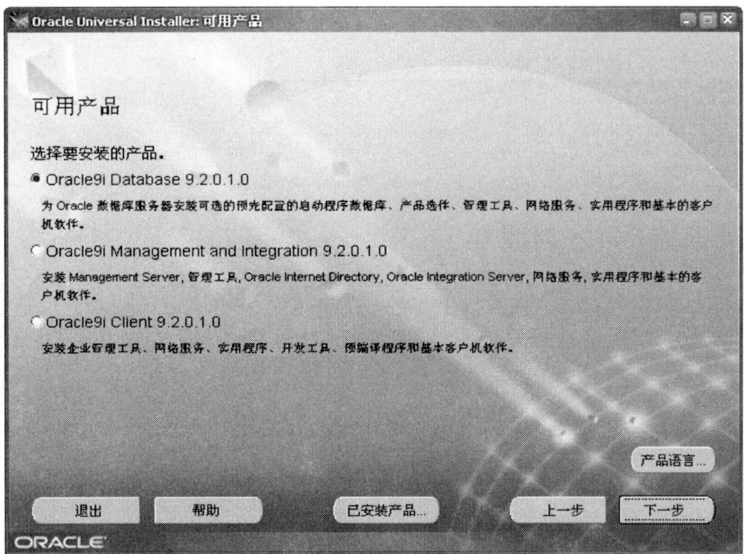

图 7-9　可用产品选择界面

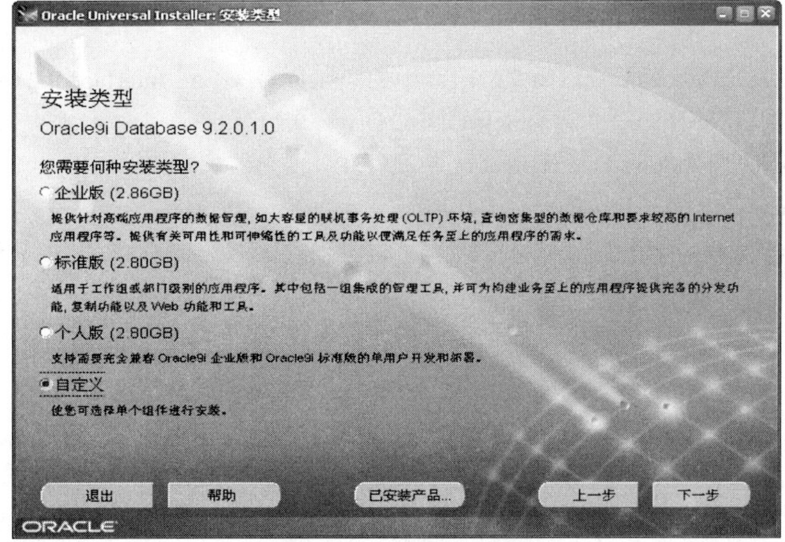

图 7-10　[安装类型]界面

⑦ 单击<下一步>按钮，进入［可用产品组件］界面，如图 7-11 所示。

说明：

可供选择的产品组件有如下几项。

（1）Oracle9i 9.2.0.1.0 全选。

（2）Enterprise Edition Option 9.2.0.1.0 中的 Oracle Partitioning 9.2.0.1.0 和 Oracle Spatial 9.2.0.1.0。

（3）Oracle Net Services 9.2.0.1.0 中的 Oracle Net Listener 9.2.0.1.0。

（4）Oracle Enterprise Manager Products 9.2.0.1.0 中的 Oracle Intelligent Agent 9.2.0.1.0、Enterprise Manager Client 9.2.0.1.0 和 Oracle Management Pack for Oracle Applications

9.2.0.1.0。

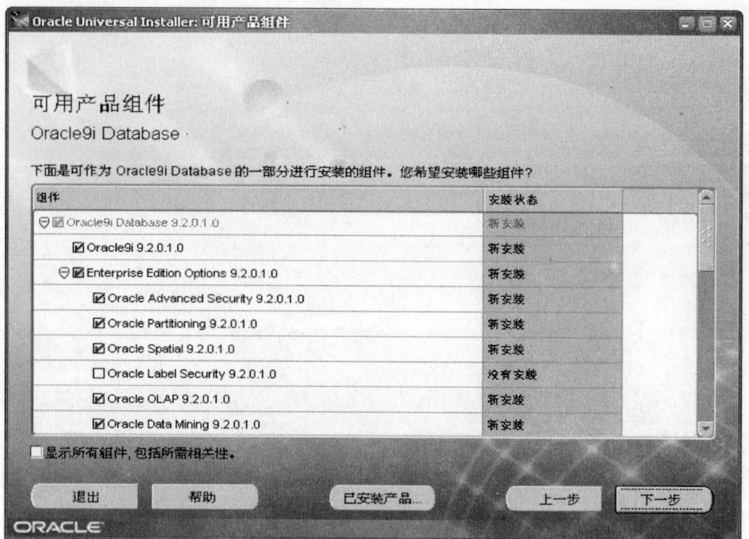

图 7-11 [可用产品组件]界面

（5）Oracle9i Development Kit 9.2.0.1.0 中的 Oracle C++ Call Interface 9.2.0.1.0、Oracle Call Interface（OCI）9.2.0.1.0 和 Oracle ODBC Driver 9.2.0.1.0。

（6）Oracle9i Windows Documentation 9.2.0.1.0。

（7）Oracle JDBC/OCI Interface 9.2.0.1.0。

⑧ 选择完成后，单击<下一步>按钮，进入［组件安装位置］界面，保持 Oracle 组件的默认安装位置，如图 7-12 所示。

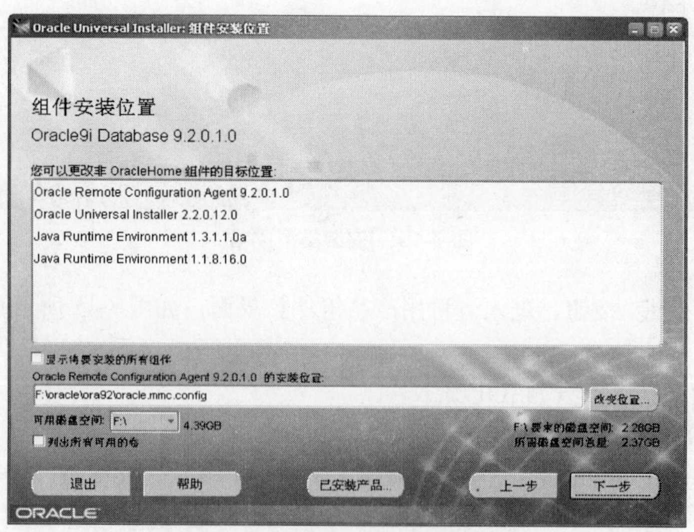

图 7-12 ［组件安装位置］界面

⑨ 单击<下一步>按钮，进入［创建数据库］界面，选择默认为“是”，如图 7-13 所示。

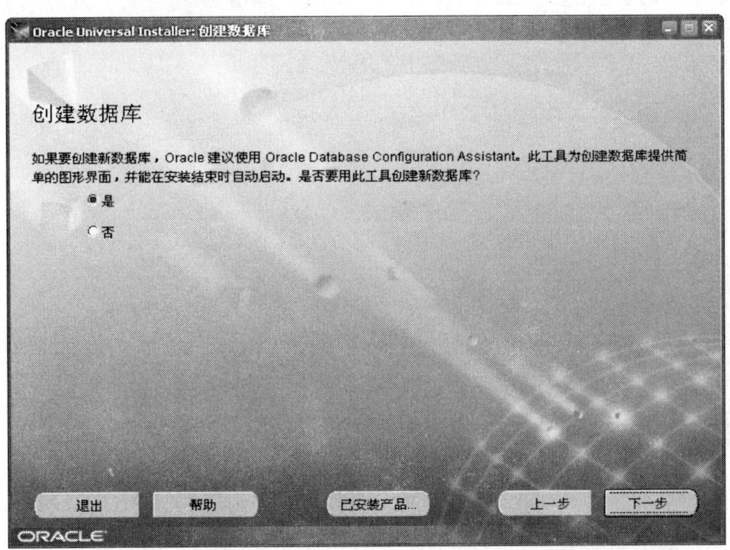

图 7-13 ［创建数据库］界面

⑩ 选择完成后，单击<下一步>按钮，进入要安装的 oracle9i 组件的［摘要］界面，如图 7-14 所示。

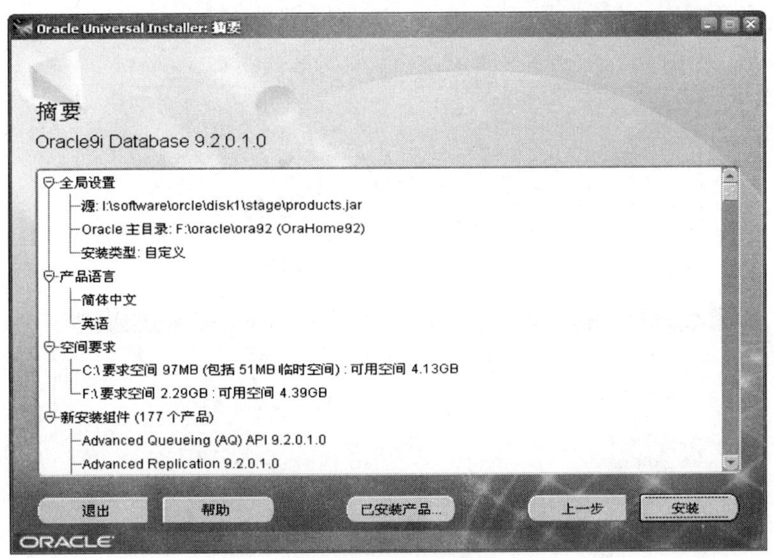

图 7-14 [摘要]界面

⑪ 确认无误后，单击＜安装＞按钮，进入［安装］界面，等待安装程序装载所选组件，如图 7-15 所示。

⑫ 当安装过程达到 100%时，安装程序会自动弹出［Oracle Net Configuration Assistant：欢迎使用］界面，选择[执行典型配置]，单击＜下一步＞按钮，如图 7-16 所示。

⑬ 安装程序进入［配置工具］界面，如图 7-17 所示。

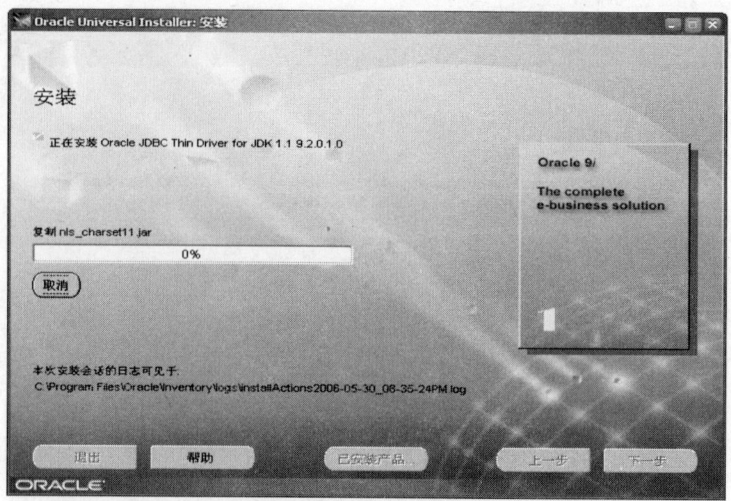

图 7-15 [安装]界面

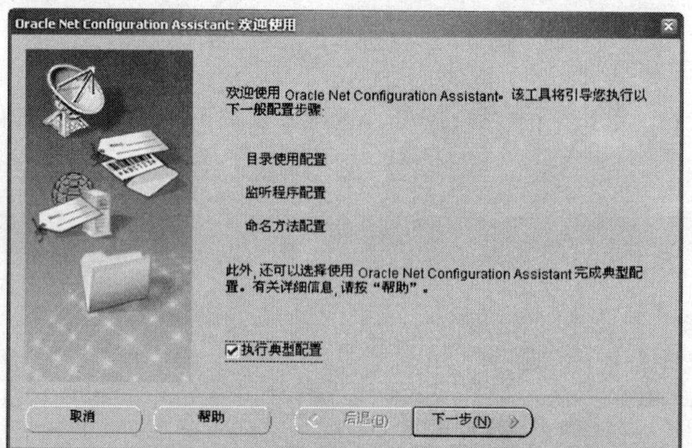

图 7-16 Oracle Net 配置助手界面

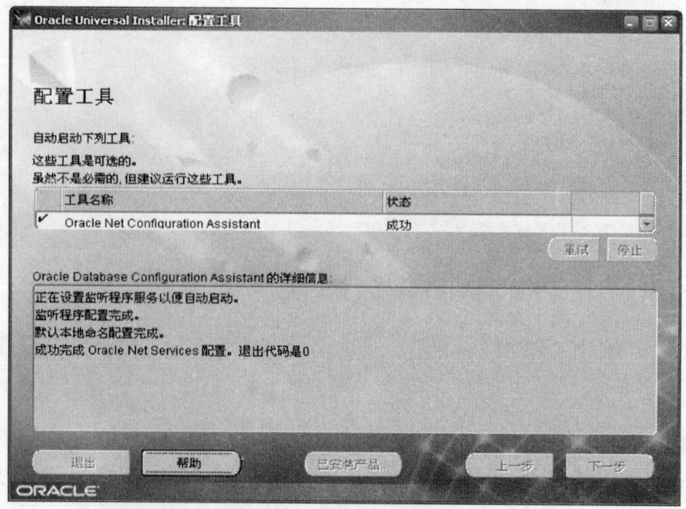

图 7-17 [配置工具]界面

⑭ 随后安装程序会自动弹出［Database Configuration Assistant：欢迎使用］窗口，如图 7-18 所示。

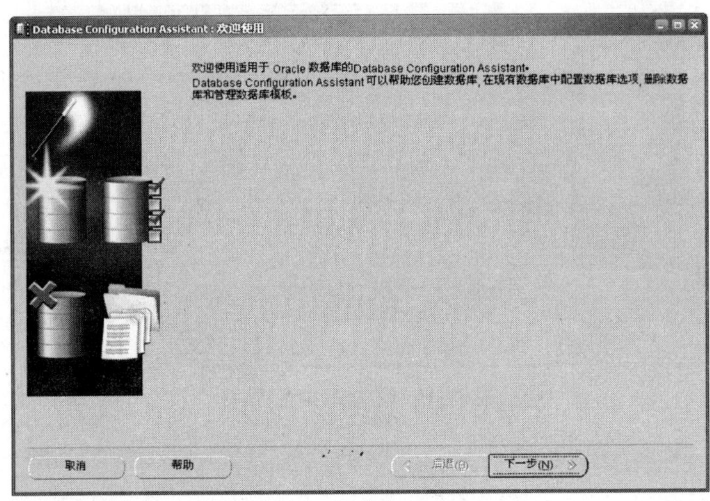

图 7-18 欢迎使用界面

⑮ 单击<下一步>按钮，进入［操作］界面，保留默认选择“创建数据库”，如图 7-19 所示。

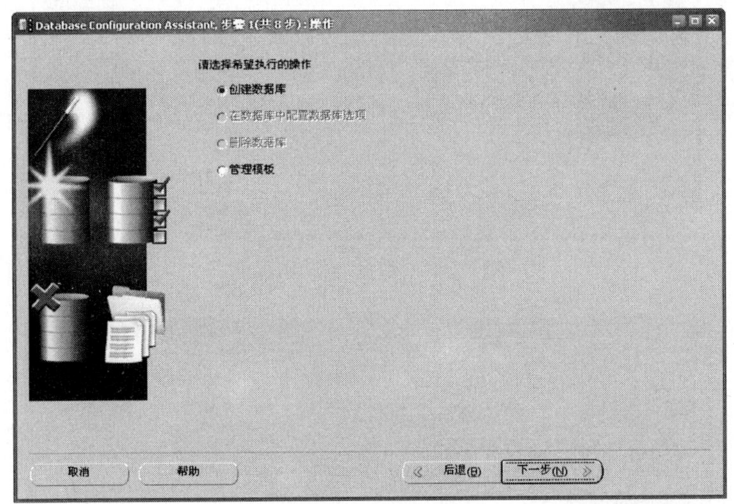

图 7-19 [操作]界面

⑯ 单击<下一步>按钮，进入［数据库模板］界面，选择名为 General Purpose 的模板，如图 7-20 所示。

⑰ 单击<下一步>按钮，进入［数据库标识］界面，设置［全局数据库名］和 SID 的值均为 TDOMC，如图 7-21 所示。

⑱ 单击<下一步>按钮，进入［数据库连接选项］界面，选择默认选项[专用服务器模式]，如图 7-22 所示。

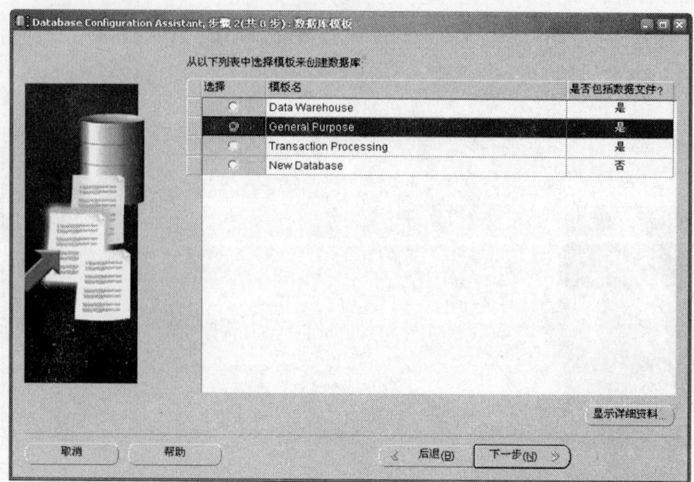

图 7-20 [数据库模板]界面

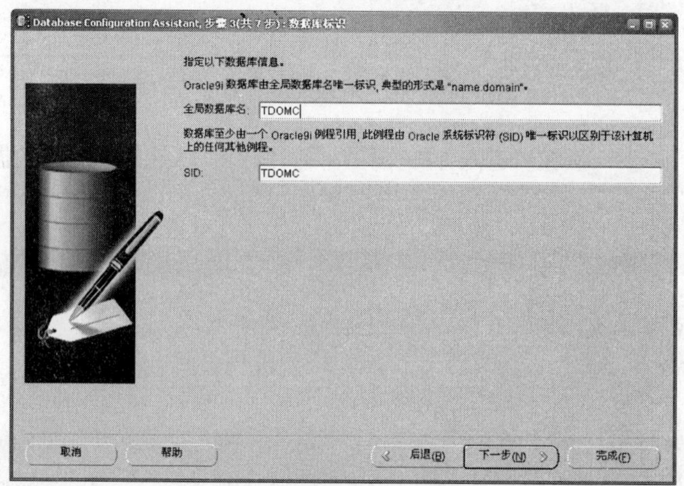

图 7-21 [数据库标识]界面

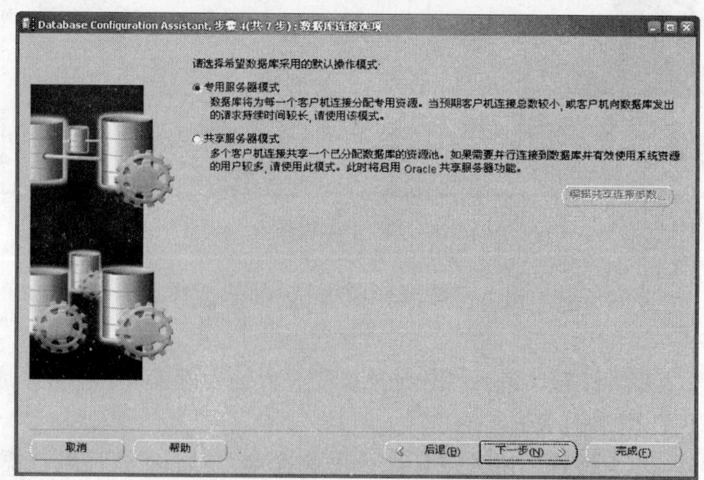

图 7-22 [数据库连接选项]界面

⑲ 单击<下一步>按钮，进入［初始化参数］窗口，如图 7-23 所示。

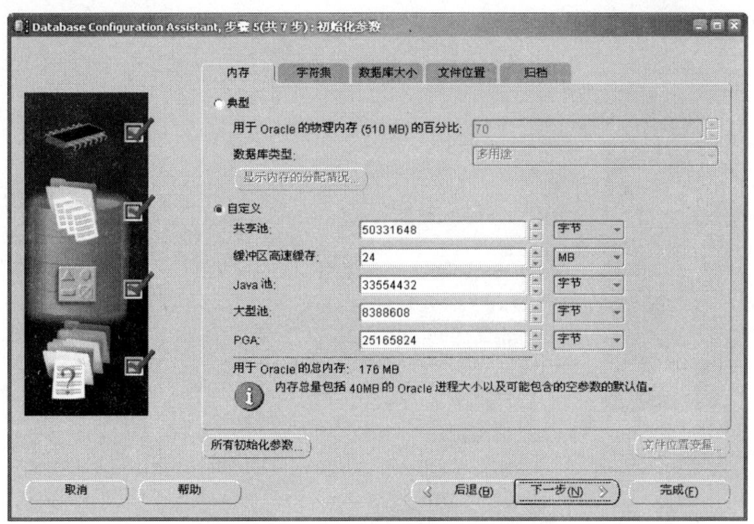

图 7-23　[初始化参数-内存]界面

⑳ 单击左下角的<所有初始化参数>按钮，修改“NLS_DATE_FORMAT”项的［值］项为［‘YYYY-MM-DD HH24:MI:SS’］，［包含（是/否）］项打√，如图 7-24 所示。

所有初始化参数

名称	值	包含(是/否)	类别
optimizer_features_enable	9.0.1		优化程序
remote_dependencies_m...	TIMESTAMP		PL/SQL
parallel_threads_per_cpu	2		并行执行
logmnr_max_persistent_s...	1		其他
nls_date_language			NLS
workarea_size_policy	MANUAL		排序，散列联接，位图索引
O7_DICTIONARY_ACCES...	FALSE		安全性和审计
license_max_sessions	0		许可限制
star_transformation_enabl...	FALSE	✔	优化程序
nls_date_format	'YYYY-MM-DD HH24...	✔	NLS
lock_sga	FALSE		SGA 内存
fixed_date			其他
remote_os_roles	FALSE		安全性和审计
nls_comp			NLS
object_cache_max_size_p...	10		对象和 LOB
shared_memory_address	0		SGA 内存
db_recycle_cache_size	0		高速缓存和 I/O
row_locking	always		ANSI 相容性
log_archive_duplex_dest			归档
sql_trace	FALSE		诊断和统计
db_block_buffers	0		高速缓存和 I/O
undo_management	AUTO	✔	系统管理的还原和回退段
oracle_trace_collection_p...	?/otrace/admin/cdf		诊断和统计
fast_start_parallel_rollback	LOW		事务处理
global_names	FALSE		分布式，复制和快照
create_bitmap_area_size	8388608		排序，散列联接，位图索引

关闭　显示说明　帮助

图 7-24　初始化参数

㉑ 在［初始化参数］界面中单击［字符集］标签，选中［从字符集列表中选择］，在下面的下拉列表中选择 ZHS16GBK 字符集，［国家字符集］保持 AL16UTF16 不变，如图

7-25 所示。

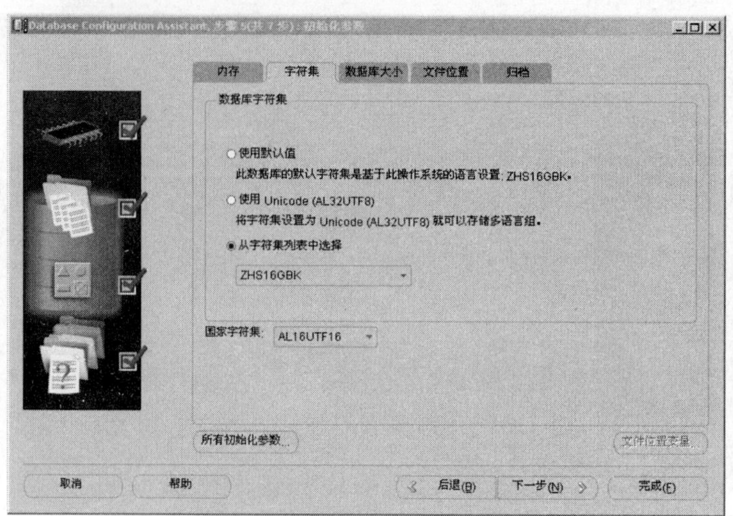

图 7-25　[初始化参数-字符集]界面

㉒ 在［初始化参数］界面中单击［数据库大小］标签，在［排序区域大小］中输入 2，将后面的单位改为 MB，如图 7-26 所示。

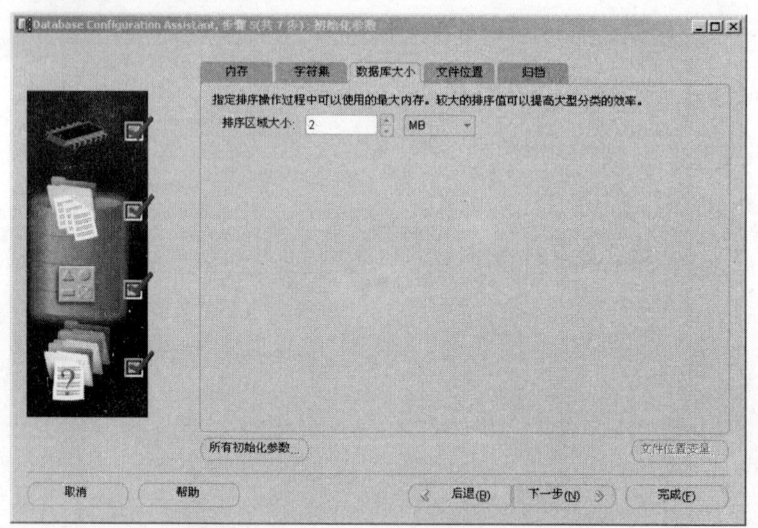

图 7-26　[初始化参数-数据库大小]界面

㉓ 在［初始化参数］界面中单击［文件位置］标签，内容保持安装程序设定的默认值，如图 7-27 所示。

㉔ 在［初始化参数］界面中选择［归档］标签，保持默认设置，如图 7-28 所示。

㉕ 设置完成后，单击＜下一步＞按钮，进入［数据库存储］界面，如图 7-29 所示。

㉖ 选择左边树形控件中的 Controlfile 节点，保持右侧的［一般信息］标签下的内容为默认值。单击［选项］标签，将配置值改为如下设置，如图 7-30 所示。

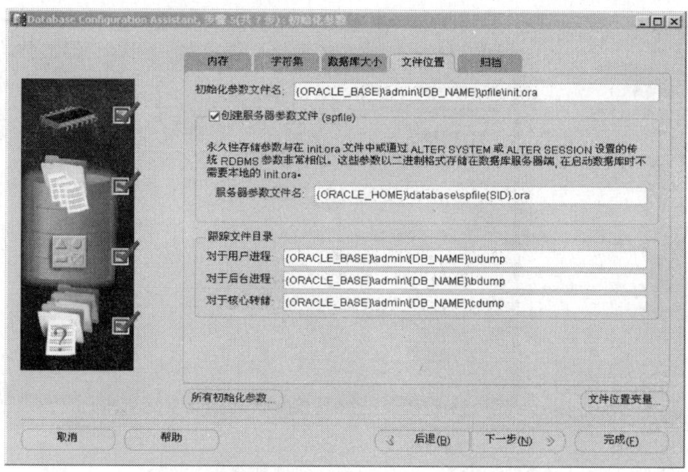

图 7-27　[初始化参数-文件位置]界面

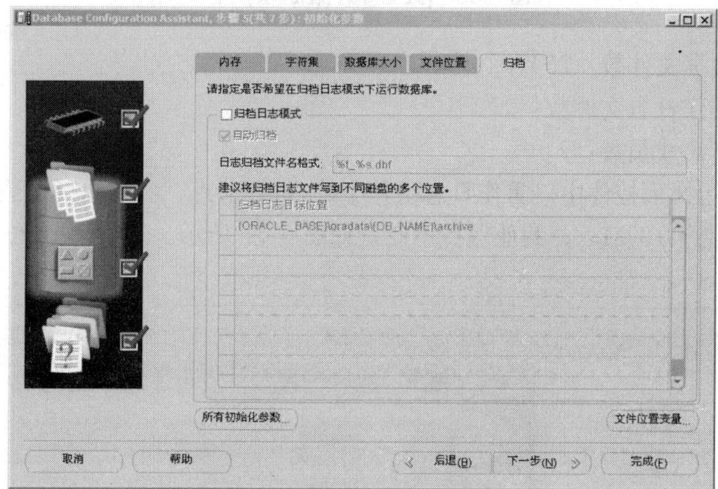

图 7-28　初始化参数-归档界面

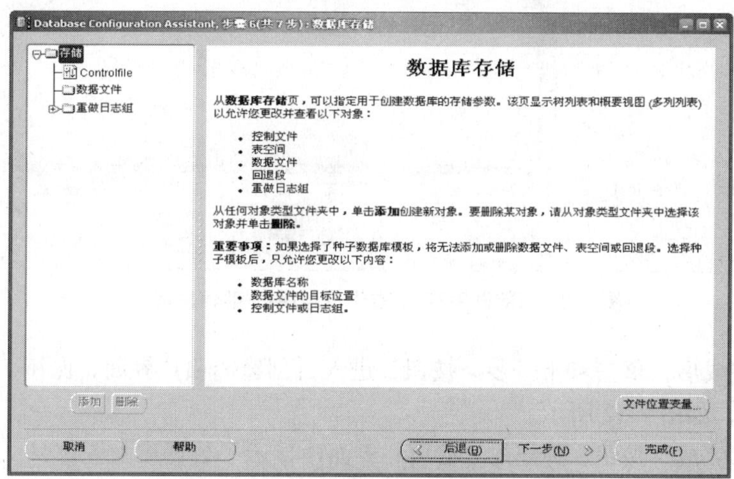

图 7-29　数据库存储界面

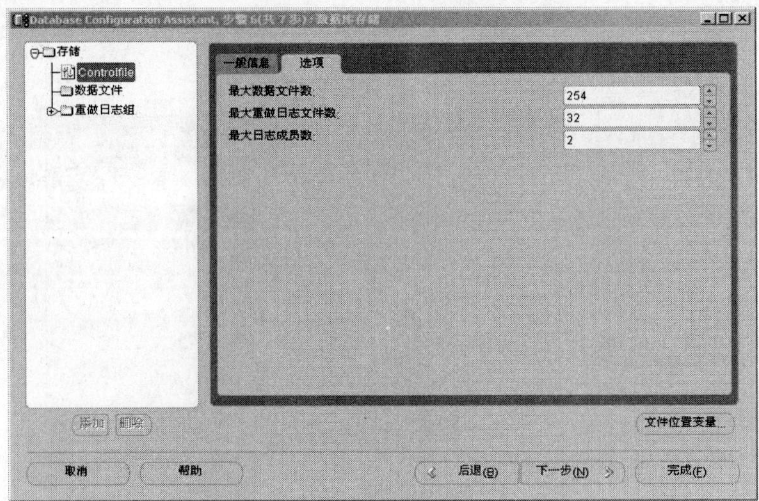

图 7-30 [数据库存储-选项]界面

- 最大数据文件数：254。
- 最大重作日志文件数：32。
- 最大日志成员数：2。

㉗ 选择左边树形控件中［重作日志组］下的［1］节点，将右边［一般信息］标签下［文件大小］改为＜100M＞，其他保持不变，如图 7-31 所示。然后对于 2、3 节点重复以上操作。

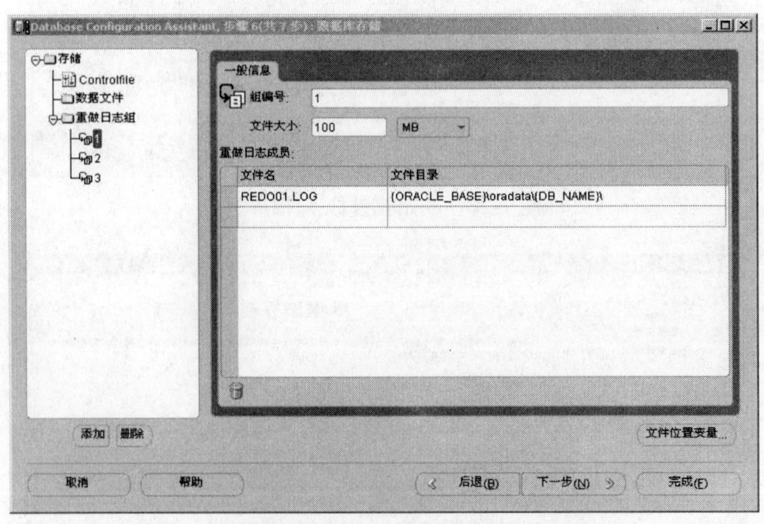

图 7-31 [数据库存储-重作日志组-一般信息]界面

㉘ 设置完成后，单击＜下一步＞按钮，进入［创建选项］界面，保持“创建数据库”默认选项不变，如图 7-32 所示。

㉙ 单击＜完成＞按钮，弹出的［摘要］界面中显示了数据库配置信息，检查参数是否配置正确。如果有误，单击<取消>，在［配置步骤］窗口中单击<上一步>，直到返回包含

所要修改参数的窗口。修改参数后，再单击<下一步>直到此窗口。如果参数都正确，单击＜确定＞按钮，如图 7-33 所示。

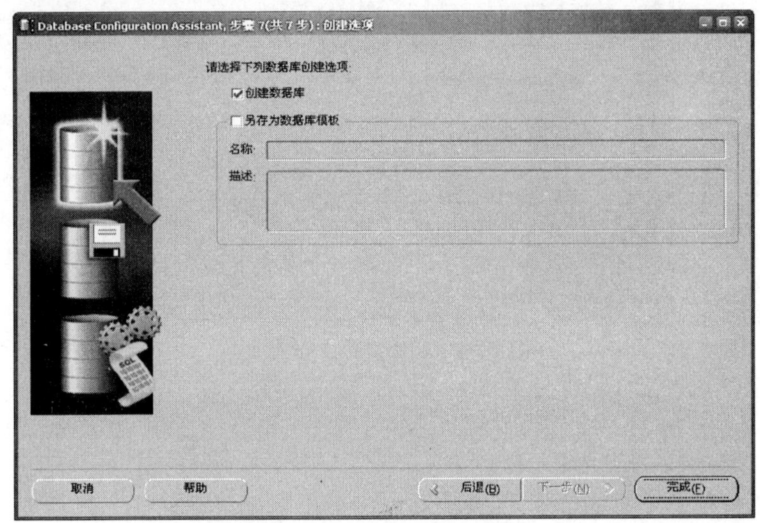

图 7-32　[创建选项]界面

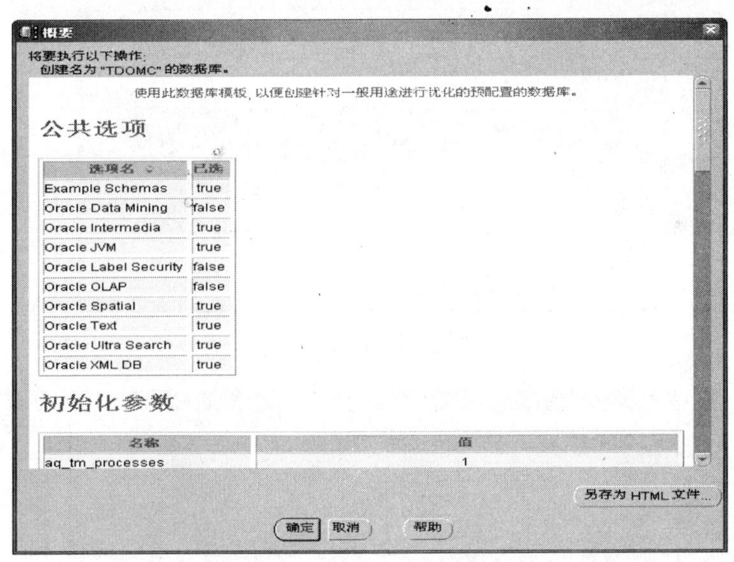

图 7-33　[摘要]界面

㉚ 配置向导开始复制数据库文件，初始化数据库，创建并启动 Oracle 例程，进行数据库创建，如图 7-34 所示。

㉛ 当进度条达到 100%时，弹出口令界面，设置 sys 和 system 的口令，然后单击＜退出＞按钮，如图 7-35 所示。

注意：

由于 sys 和 system 的口令非常重要。设置口令时，请务必牢记这两个口令！

㉜ 单击＜退出＞按钮后，返回［配置工具］界面，如图 7-36 所示。

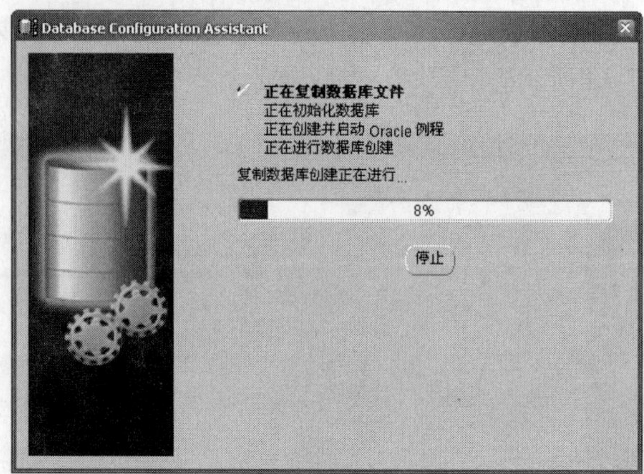

图 7-34　初始化数据库界面

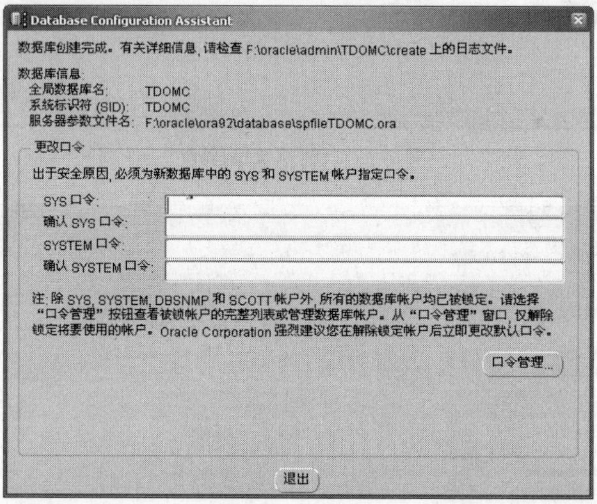

图 7-35　口令界面

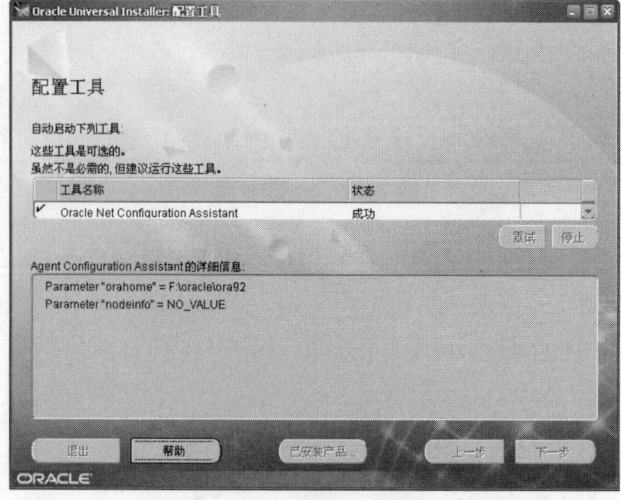

图 7-36　[配置工具]界面

㉝ 等待配置界面执行完成后进入［安装结束］界面，然后单击＜退出＞按钮，完成安装，如图 7-37 所示。

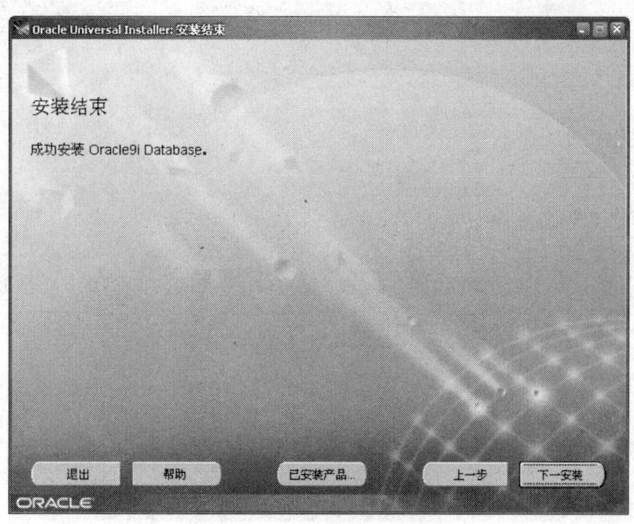

图 7-37 安装结束界面

3. 安装检查

Oracle 9.2.0.1.0 for Windows 2000 安装结束后，需要作以下检查，以初步确认其能否正常工作。

（1）检查是否能连接、启动、停止 Oracle 服务

打开［命令提示符］窗口，在［命令提示符］窗口内执行以下命令：

```
C:\Documents and Settings\administrator>sqlplus /nolog
SQL*Plus: Release 9.2.0.1.0 - Production on 星期一 4 月 3 14:14:10 2006
Copyright (c) 1982, 2002, Oracle Corporation.  All rights reserved.
SQL> connect sys/password as sysdba
已连接。
SQL> shutdown
数据库已经关闭。
已经卸载数据库。
ORACLE 例程已经关闭。
SQL> startup
ORACLE 例程已经启动。
Total System Global Area    294722480 bytes
Fixed Size                     453532 bytes
Variable Size               134217728 bytes
Database Buffers            159383552 bytes
Redo Buffers                   667648 bytes
数据库装载完毕。
数据库已经打开。
SQL> exit
从 Oracle9i Enterprise Edition Release 9.2.0.1.0 - Production
With the Partitioning, OLAP and Oracle Data Mining options
JServer Release 9.2.0.1.0 - Production 中断开
```

命令执行结果如图 7-38 所示。

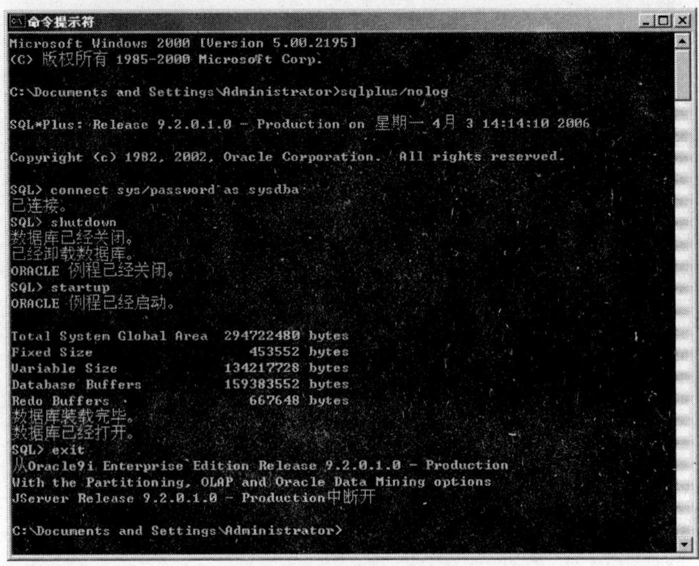

```
命令提示符
Microsoft Windows 2000 [Version 5.00.2195]
(C) 版权所有 1985-2000 Microsoft Corp.

C:\Documents and Settings\Administrator>sqlplus/nolog

SQL*Plus: Release 9.2.0.1.0 - Production on 星期一 4月 3 14:14:10 2006

Copyright (c) 1982, 2002, Oracle Corporation.  All rights reserved.

SQL> connect sys/password as sysdba
已连接。
SQL> shutdown
数据库已经关闭。
已经卸载数据库。
ORACLE 例程已经关闭。
SQL> startup
ORACLE 例程已经启动。

Total System Global Area  294722480 bytes
Fixed Size                   453552 bytes
Variable Size             134217728 bytes
Database Buffers          159383552 bytes
Redo Buffers                 667648 bytes
数据库装载完毕。
数据库已经打开。
SQL> exit
从Oracle9i Enterprise Edition Release 9.2.0.1.0 - Production
With the Partitioning, OLAP and Oracle Data Mining options
JServer Release 9.2.0.1.0 - Production中断开

C:\Documents and Settings\Administrator>
```

图 7-38　安装检查（一）

（2）检查是否能启动和停止 Oracle 监听

执行以下命令：

C:\>lsnrctl start

C:\>lsnrctl stop

执行命令结果分别如图 7-39 和图 7-40 所示。

```
命令提示符
Microsoft Windows 2000 [Version 5.00.2195]
(C) 版权所有 1985-2000 Microsoft Corp.

C:\Documents and Settings\Administrator>lsnrctl start

LSNRCTL for 32-bit Windows: Version 9.2.0.1.0 - Production on 03-4月 -2006 14:32
:20

Copyright (c) 1991, 2002, Oracle Corporation.  All rights reserved.

启动tnslsnr: 请稍候...

TNSLSNR for 32-bit Windows: Version 9.2.0.1.0 - Production
系统参数文件为D:\oracle\ora92\network\admin\listener.ora
写入D:\oracle\ora92\network\log\listener.log的日志信息
监听: (DESCRIPTION=(ADDRESS=(PROTOCOL=ipc)(PIPENAME=\\.\pipe\EXTPROC0ipc)))
监听: (DESCRIPTION=(ADDRESS=(PROTOCOL=tcp)(HOST=zte)(PORT=1521)))

正在连接到 (DESCRIPTION=(ADDRESS=(PROTOCOL=IPC)(KEY=EXTPROC0)))
LISTENER 的 STATUS
------------------------
别名                      LISTENER
版本                      TNSLSNR for 32-bit Windows: Version 9.2.0.1.0 - Produc
tion
启动日期                  03-4月 -2006 14:32:22
正常运行时间              0 天 0 小时 0 分 2 秒
跟踪级别                  off
安全性                    OFF
SNMP                      OFF
监听器参数文件          D:\oracle\ora92\network\admin\listener.ora
监听器日志文件          D:\oracle\ora92\network\log\listener.log
监听端点概要...
  (DESCRIPTION=(ADDRESS=(PROTOCOL=ipc)(PIPENAME=\\.\pipe\EXTPROC0ipc)))
  (DESCRIPTION=(ADDRESS=(PROTOCOL=tcp)(HOST=zte)(PORT=1521)))
服务摘要..
服务 "PLSExtProc" 包含 1 个例程。
  例程 "PLSExtProc", 状态 UNKNOWN, 包含此服务的 1 个处理程序...
服务 "TOMC2" 包含 1 个例程。
  例程 "TOMC2", 状态 UNKNOWN, 包含此服务的 1 个处理程序...
命令执行成功

C:\Documents and Settings\Administrator>
```

图 7-39　安装检查（二）

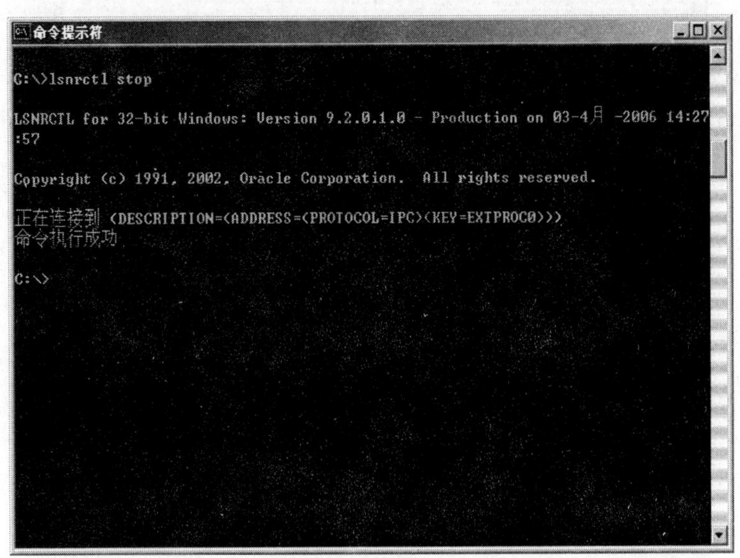

图 7-40　安装检查（三）

(3) 检查字符集

在［命令提示符］窗口中执行如下命令：

SQL> select userenv（'language'）from dual;

USERENV（'LANGUAGE'）

SIMPLIFIED CHINESE_CHINA.ZHS16GBK

字符集也可能是 AMERICAN_AMERICA.ZHS16GBK，这个是由操作系统的语言来决定的。如果是中文的 Windows 操作系统，则为 SIMPLIFIED CHINESE_CHINA.ZHS16GBK；如果是英文的 Windows 操作系统，则为 AMERICAN_AMERICA.ZHS16GBK。

如果字符集错误，则针对服务器和客户端作不同的处理。如果数据库服务器的字符集错误，则只能重新创建数据库。操作步骤如下。

① 先删除错误的数据库。

② 启动程序组里的 dbca 程序，如图 7-41 所示。

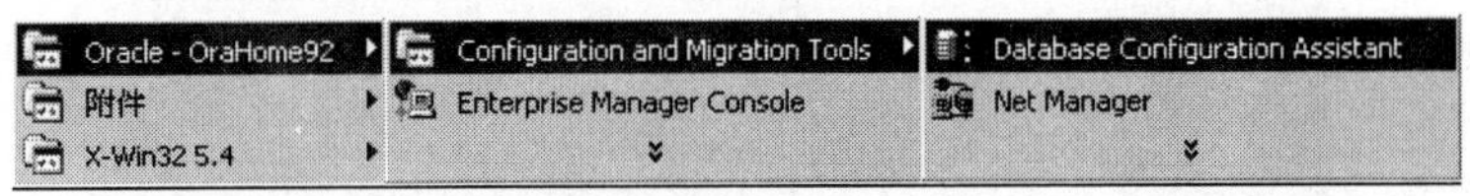

图 7-41　dbca 启动程序

③ 进入数据库配置助理欢迎界面，如图 7-42 所示。

④ 进入数据库配置选择操作界面，选择<删除数据库>选项，如图 7-43 所示。

⑤ 选择待删除的数据库名，如图 7-44 所示。

⑥ 确认删除数据库，如图 7-45、图 7-46 和图 7-47 所示。

⑦ 完成数据库删除，单击<否>按钮退出数据库 dbca 界面，或者单击<是>按钮返回 dbca 选择操作界面，如图 7-48 所示。

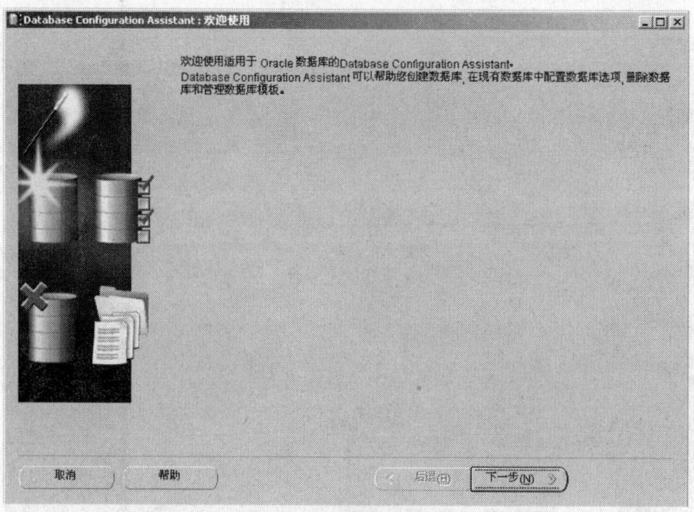

图 7-42　dbca 欢迎界面

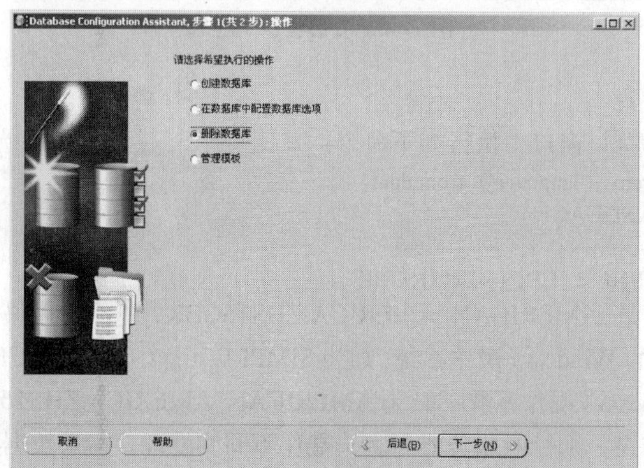

图 7-43　选择删除数据库

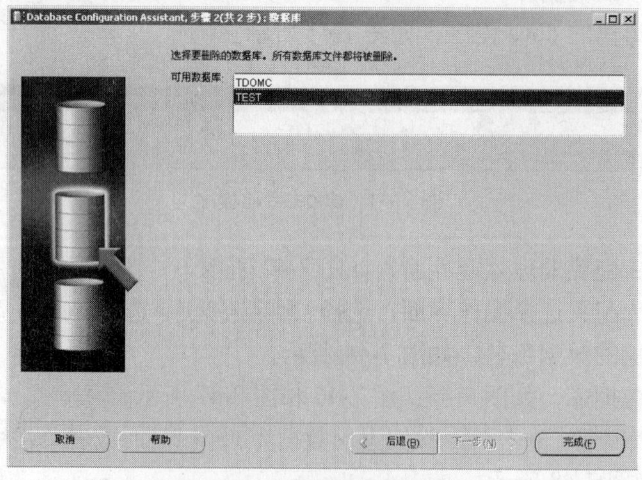

图 7-44　选择删除的数据库名

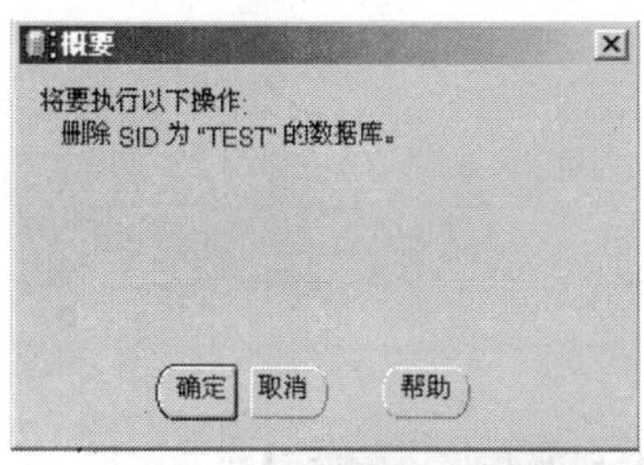

图 7-45 进行删除确认

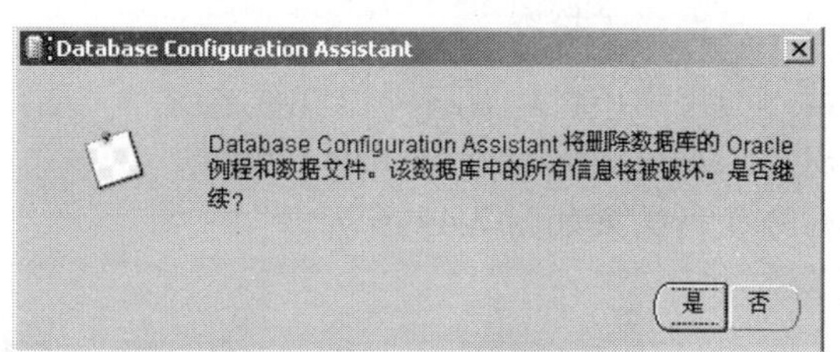

图 7-46 删除数据库确认

图 7-47 执行删除操作

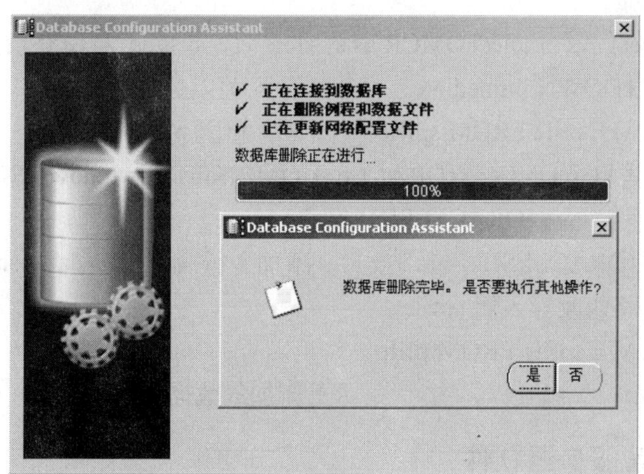

图 7-48 删除完成界面

重建数据库的步骤可以依据数据库的安装步骤进行。

（4）查询客户端的字符集

单击［开始→运行→regedit］，进入注册表，查看\HKEY_LOCAL_ MACHINE\SOFTWARE\ORACLE\HOME 目录下的 NLS_LANG 项的数据，将其修改成 SIMPLIFIED CHINESE_CHINA.ZHS16GBK（或者 AMERICAN_AMERICA.ZHS16GBK），推荐使用 SIMPLIFIED CHINESE_CHINA.ZHS16GBK，与服务器的一致。

(5) 日期格式检查

在［命令提示符］窗口中执行命令：

SQL> show parameter nls date format

命令执行结果如图 7-49 所示。

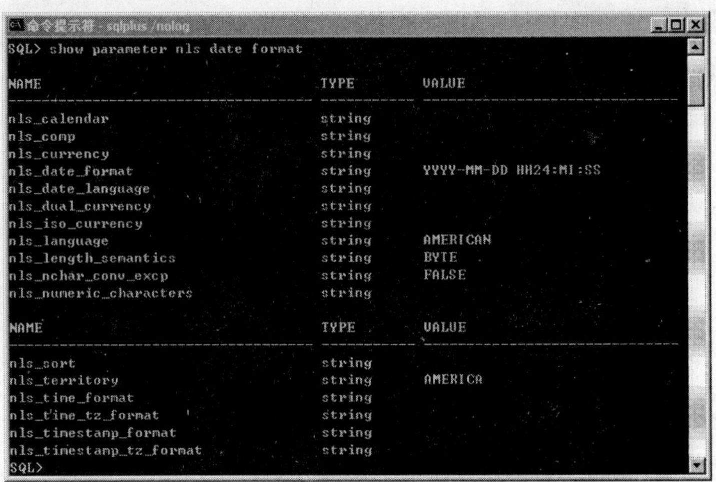

图 7-49　安装检查（四）

如果日期格式集错误，oracle 9i 可以使用命令行的方式依据如下步骤进行修复。

① sqlplus /nolog。

② SQL> connect sys/oracle@OMCR as sysdba// 以 sysdba 身份登录。

③ SQL> SHUTDOWN immediate　　　　　　// 关闭数据库

④ SQL> CREATE pfile FROM spfile　　　　// 导出 pfile

此命令将在缺省目录UNIX: ${ORACLE_HOME}/dbs/或windows：${ORACLE_HOME}\database 下创建文件“init${ORACLESID}.ora”。

⑤ 修改“init${ORACLESID}.ora”文件，添加一行命令*.nls date format = 'YYYY-MM-DD HH24:MI:SS'，将修改导入到 spfile。

⑥ SQL> CREATE spfile FROM pfile

⑦ SQL>startup　　　　　　　　　　//重新加载数据库

三、安装网管服务器软件

Windows 2000 操作系统安装网管服务器的步骤分为如下所述 3 步。

① 准备工作。

② 安装过程。

③ 安装检查。

1. 安装准备

安装服务器部分软件之前，请先做好以下检查和准备工作。

(1) 确认操作系统已正确安装并正常运行。

(2) 确认数据库系统软件已正确安装并正常运行。

(3) 获取网管应用软件安装光盘 1 张。

⚠注意:

安装网管程序时，请退出其他应用程序，以免引起错误。

2. 安装步骤

① 打开网管安装程序目录，双击安装程序目录下的 install.bat 文件，开始进行安装。

② 进入欢迎界面，根据安装环境选择语言类别，这里选择 chinese，如图 7-50 所示。

图 7-50 欢迎界面

③ 单击<NEXT>按钮，进入［用户许可协议］界面，选择<接受>选项，如图 7-51 所示。

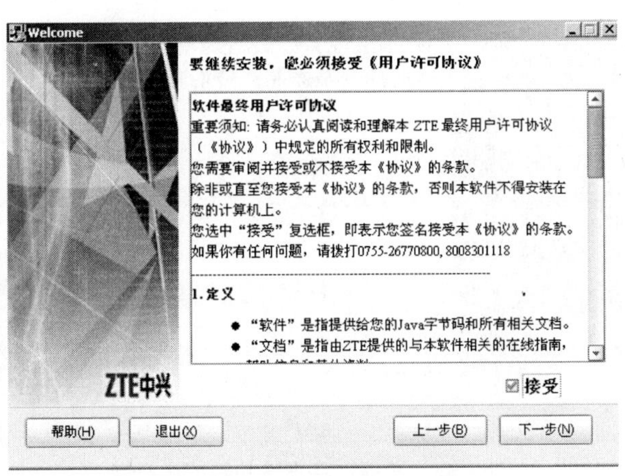

图 7-51 接受用户许可协议

④ 单击<下一步>按钮，进入［请选择将要安装的产品］界面，如图 7-52 所示。

⑤ 单击<下一步>按钮，进入［请选择产品模块］界面，如图 7-53 所示。

⑥ 选择<服务器端>选项，单击<下一步>按钮，进入［请选择产品支持的数据库类型］界面，如图 7-54 所示。

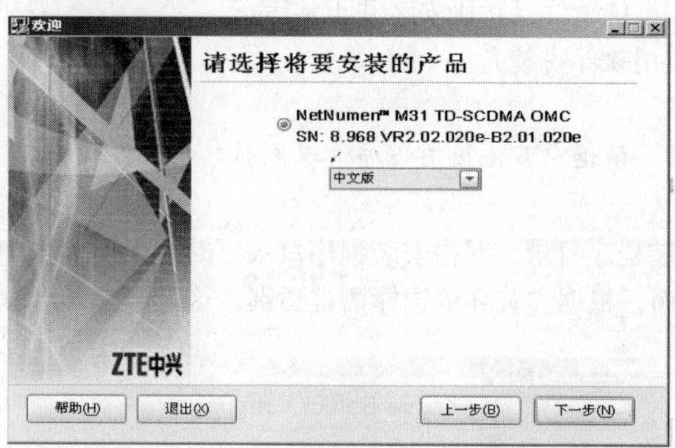

图 7-52　选择要安装的产品

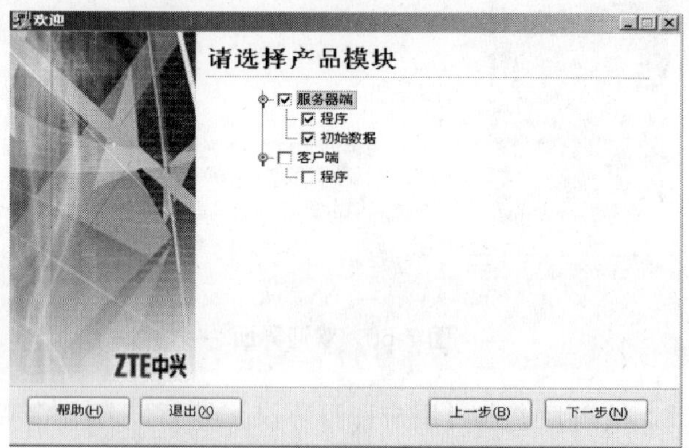

图 7-53　选择产品模块

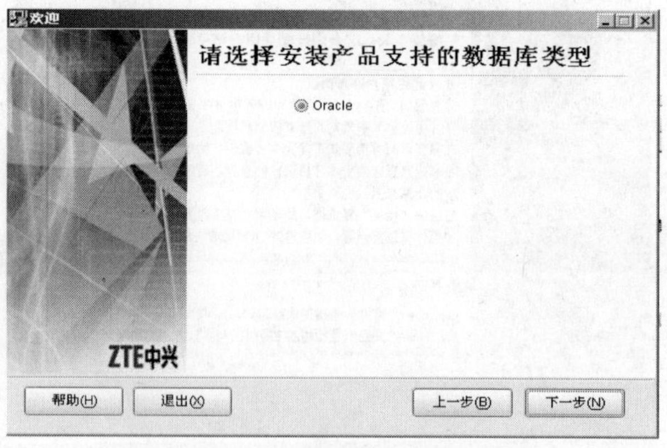

图 7-54　选择产品支持的数据库类型

⑦ 单击＜下一步＞按钮，进入［安装路径］界面，默认的路径是“c:\版本号”，如图 7-55 所示。

⑧ 用户也可自行创建安装路径，如图 7-56 所示。

⑨ 创建完成后，单击＜下一步＞按钮，系统提示创建该目录，单击＜确定＞按钮，如图 7-57 所示。

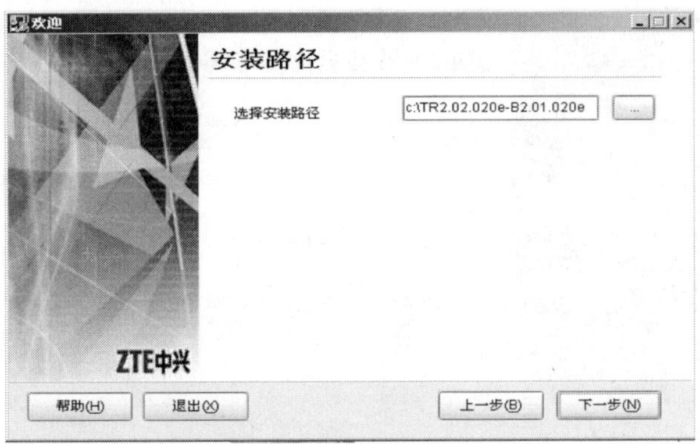

图 7-55　默认安装路径

图 7-56　创建安装路径

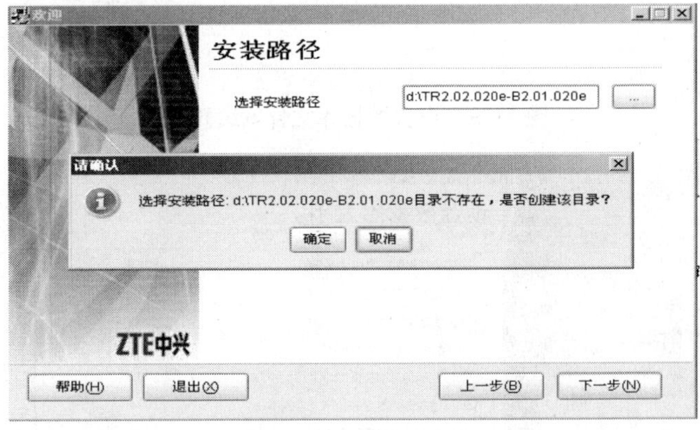

图 7-57　创建目录

⑩ 单击＜下一步＞按钮，进入［OMC 网管数据库服务器］界面，如图 7-58 所示。

➢ 数据库 IP 地址：输入数据库所在 PC 的 IP 地址，本例为 129.0.0.104。

➢ 数据库实例号（SID）：输入 oracle 数据库实例号，本例为 tdomc。

➢ System 口令：输入 oracle 的 system 用户的口令，本例为 sys。

⑪ 单击＜下一步＞按钮，进入［设置数据库文件安装路径］界面，如图 7-59 所示。

⑫ 单击＜下一步＞按钮，进入［设置数据库大小］界面，如图 7-60 所示。

图 7-58　OMC 网管数据库服务器

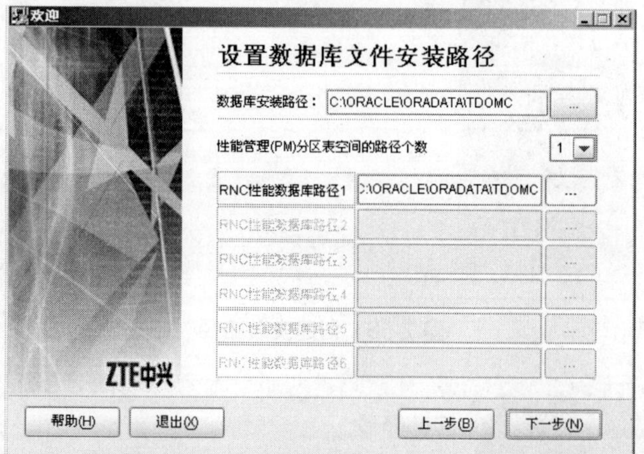

图 7-59　设置数据库文件安装路径

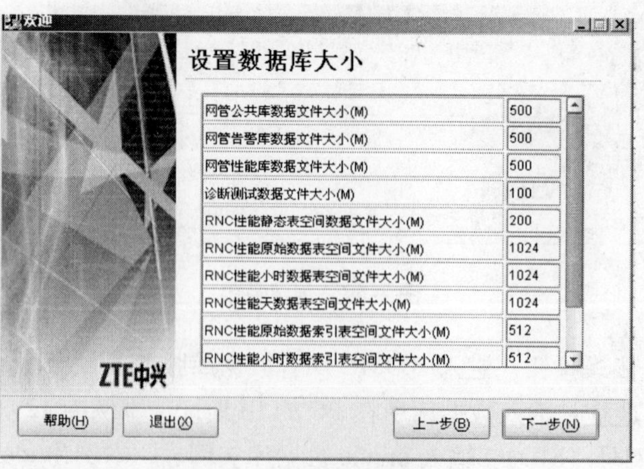

图 7-60　设置数据库大小

⑬ 单击<下一步>按钮，进入［安装信息］界面。如图 7-61 所示。

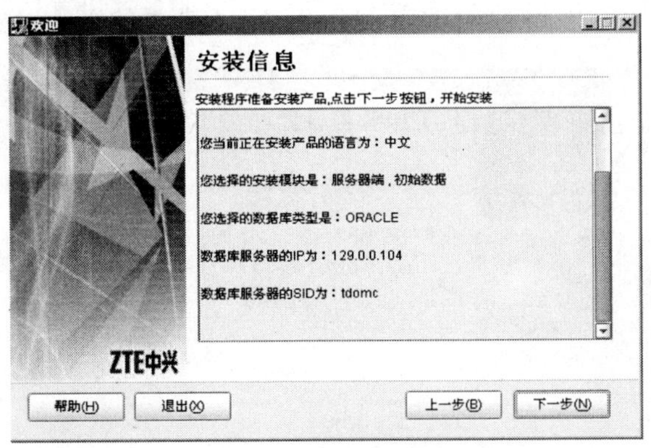

图 7-61　[安装信息]界面

⑭ 确认后，单击<下一步>按钮，进入[OMC 网管服务器数据安装]界面，如图 7-62 所示。

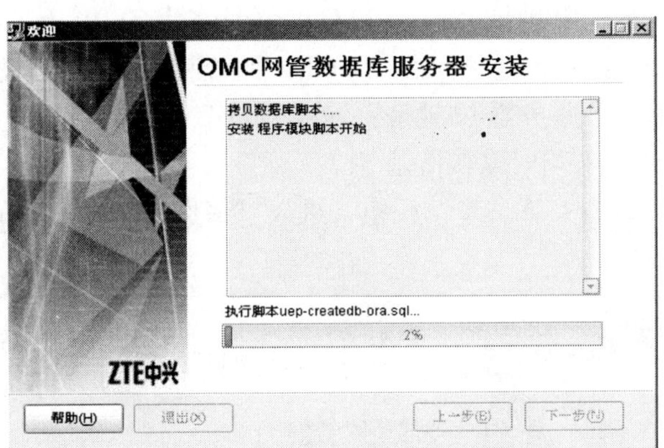

图 7-62　OMC 网管服务器安装

⑮ 安装完成后，单击<下一步>按钮，进入[拷贝文件]界面，如图 7-63 所示。

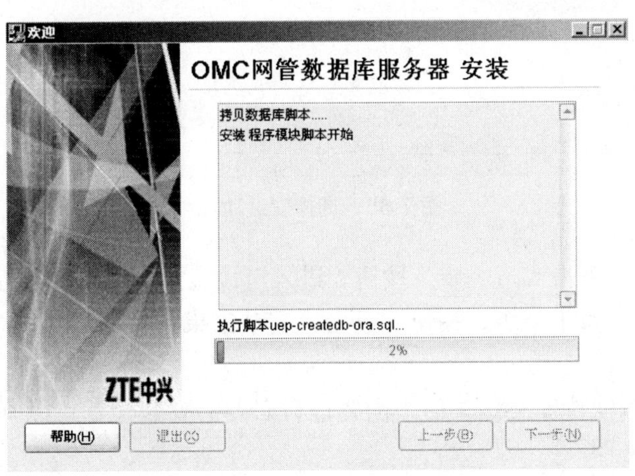

图 7-63　OMC 网管服务器安装

⑯ 安装完成后，单击＜下一步＞按钮，进入［FTP 服务器设置］界面，如图 7-64 所示。

图 7-64 [FTP 服务器设置]界面

➢ RNC FTP 服务器 IP 地址：输入 RNC 网管服务器的 IP。
➢ NodeB FTP 服务器 IP 地址：输入 NodeB 网管服务器（直连方式）的 IP。
➢ NodeB IPOA FTP 服务器 IP 地址：输入 NodeB 网管服务器（IPOA）的 IP。

⑰ 调置 JVM 内存，实习时默认值是 512。

⑱ 安装完成后，单击＜下一步＞按钮，进入［请选择您要安装的功能］界面，如图 7-65 所示。

图 7-65 选择安装功能

⑲ 选择功能后，单击＜下一步＞按钮，进入［设置运行环境］界面，如图 7-66 所示。

⑳ 完成后，单击＜下一步＞按钮，进入［安装结束］界面，如图 7-67 所示。

3. 安装检查

网管服务器部分软件安装结束后，需要进行必要的安装检查，以确保软件正确安装。

(1) 检查安装文件

安装结束后，检查一下安装目录下是否存在如下子目录。

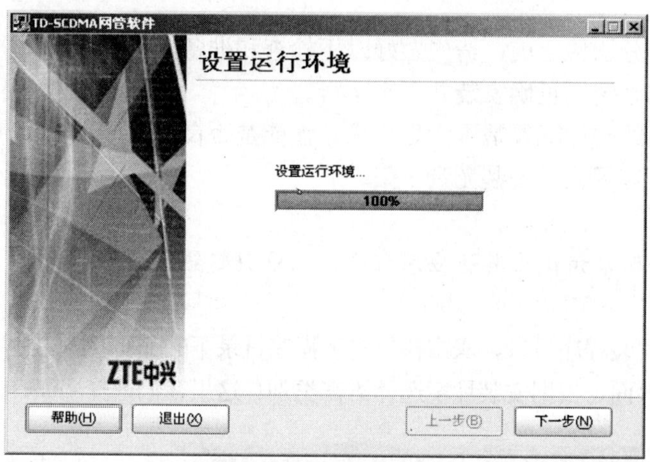

图 7-66 设置运行环境

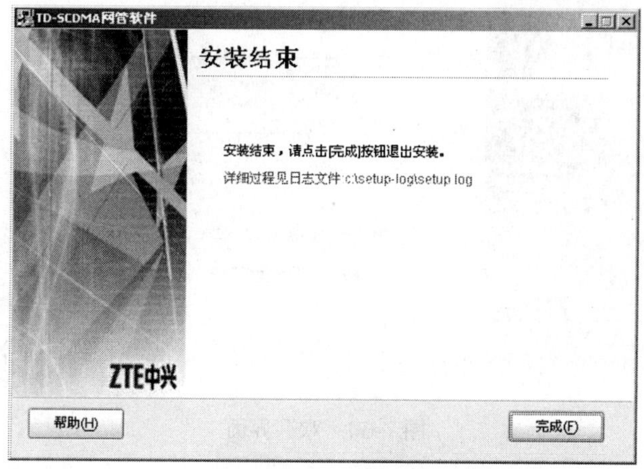

图 7-67 安装结束

- docs 目录：说明文档，目录结构详细说明和 FAQ 文档。
- jdk-windows 目录：Windows 2000 操作系统 java 运行环境。
- ums-clnt 目录：客户端应用程序。注：安装了客户端后才有。
- ums-svr 目录：服务器应用程序。

（2）启动网管服务器

网管系统成功安装后，系统会自动在［开始→程序］菜单中自动添加系统服务器的启动菜单。选择启动菜单，即可启动网管服务器应用。

四、安装网管客户端软件

在 Windows 2000 操作系统中安装网管客户端可以分为如下 3 步。

（1）准备工作。

（2）安装过程。

（3）安装检查。

1. 安装准备

安装客户端部分软件之前，请先做好以下检查和准备工作。

(1) 确认操作系统已正确安装并正常运行。

(2) 检查本机的硬件配置是否满足要求，性能是否良好。

(3) 获取网管应用软件安装光盘 1 张。

⚠注意：

安装网管程序时，请退出其他应用程序，以免引起错误。

2. 安装步骤

① 打开网管安装程序目录，双击执行安装程序目录下的 install.bat 文件，开始进行安装。

② 进入欢迎界面，根据安装环境选择语言类别，这里我们选择 chinese，如图 7-68 所示。

图 7-68 欢迎界面

③ 单击<NEXT>按钮，进入［用户许可协议］界面，选择<接受>选项，如图 7-69 所示。

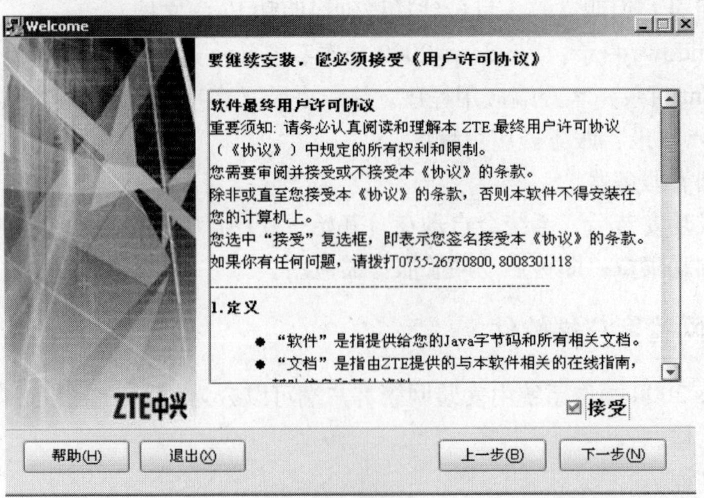

图 7-69 用户许可协议

④ 单击＜下一步＞按钮，进入［请选择将要安装的产品］界面，如图 7-70 所示。

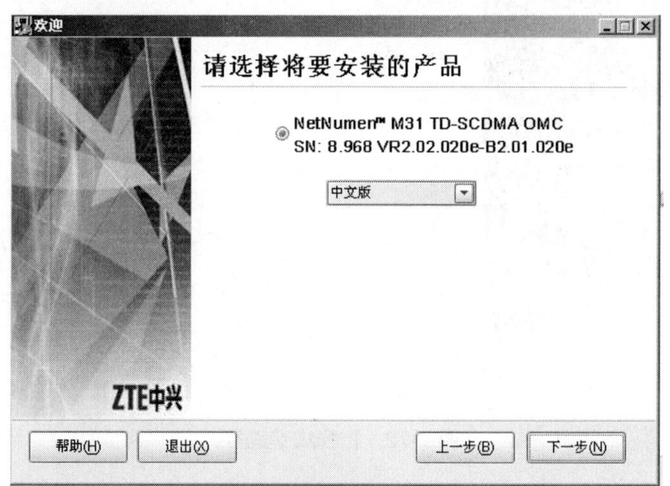

图 7-70　选择将要安装的产品

⑤ 单击下一步，进入［请选择产品模块］界面，选择<客户端>选项，如图 7-71 所示。在此步骤也可以选择“服务器”与“客户端”同时安装的方式，本节只介绍客户端软件的安装。

图 7-71　选择产品模块

⑥ 单击＜下一步＞按钮，进入［安装路径］界面，如图 7-72 所示。注意，如果服务器和客户端安装在同一台机器上，要将客户端和服务器的安装路径进行区别。

⑦ 单击＜下一步＞按钮，提示创建目录，单击<确定>按钮，如图 7-73 所示。

⑧ 进入［安装信息］界面，如图 7-74 所示。

⑨ 单击＜下一步＞按钮，进入［拷贝文件］界面，如图 7-75 所示。

⑩ 设置 JVM 内存，默认为 256M。

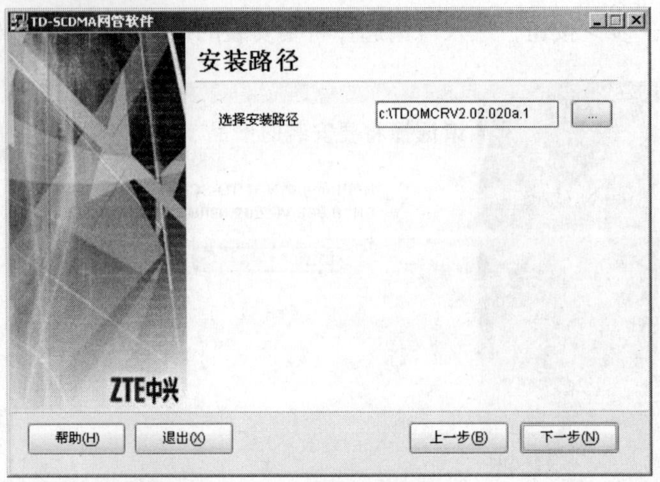

图 7-72　选择安装路径

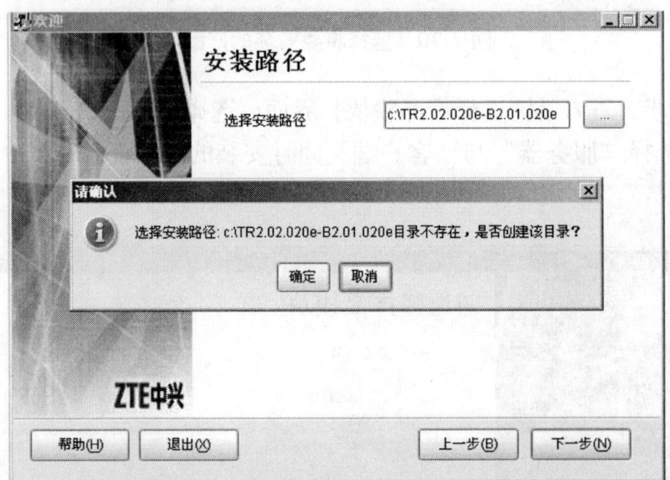

图 7-73　选择安装路径

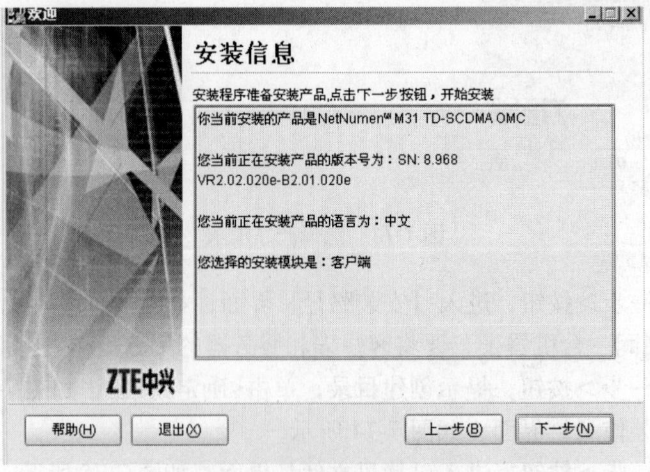

图 7-74　[安装信息]界面

图 7-75 复制文件

⑪ 复制完成后，单击＜下一步＞按钮，进入［请选择您要安装的功能］界面，如图 7-76 所示。

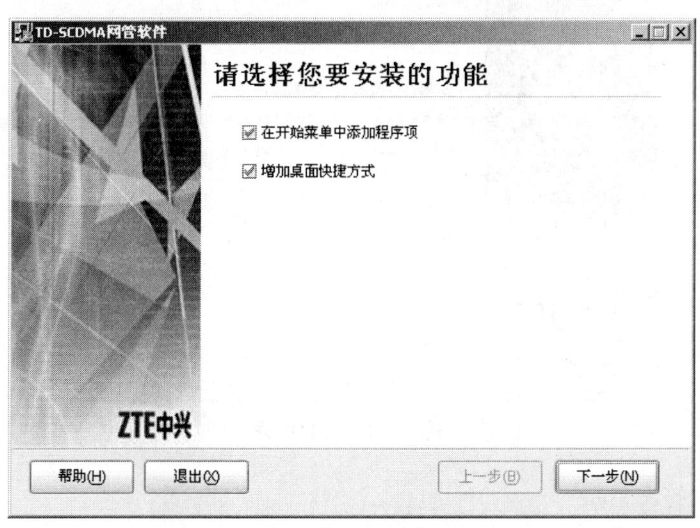

图 7-76 安装功能

⑫ 选择完成后，单击＜下一步＞按钮，进入［设置运行环境］界面，如图 7-77 所示。

⑬ 单击＜下一步＞按钮，进入［安装结束］界面，如图 7-78 所示。

3. 安装检查

网管客户端部分软件安装结束后，需要进行安装检查，以确保软件的正确安装。

（1）检查安装文件

安装结束后，检查一下安装目录下是否存在如下子目录。

➢ docs 目录：说明文档，目录结构的详细说明和 FAQ 文档。
➢ jdk-windows 目录：Windows 2000 操作系统的 java 运行环境。

➢ ums-clnt 目录：客户端应用程序。

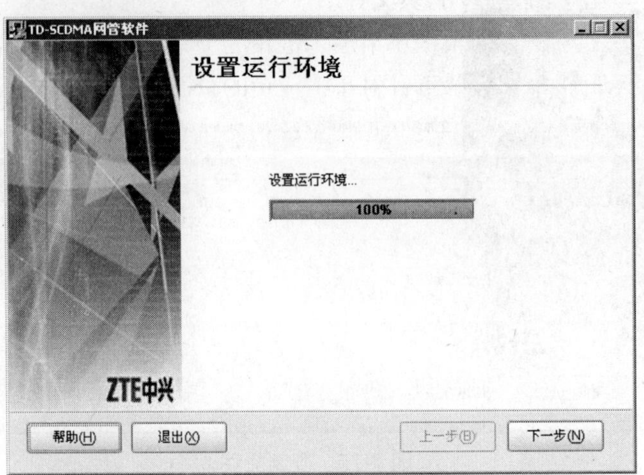

图 7-77 设置运行环境

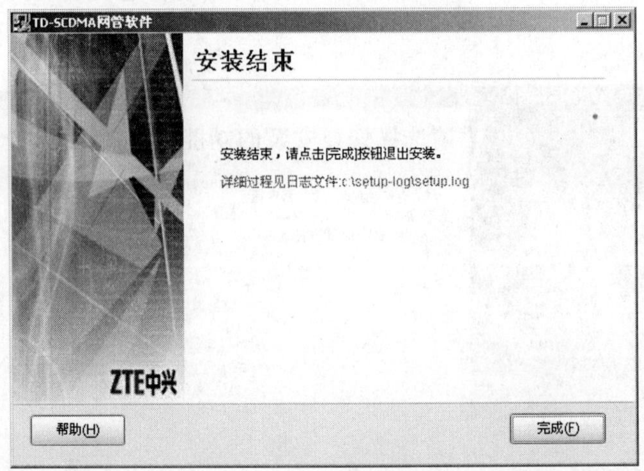

图 7-78 安装结束

（2）启动网管客户端

网管系统成功安装后，系统会在［开始→程序］菜单中自动添加系统客户端的启动菜单。单击启动菜单，即可启动网管客户端程序。

计划与建议

计划与建议（参考）	
1	小组之间通过自学和讨论，了解 OMC 体系结构
2	小组之间通过查阅资料、相互讨论，描述 OMC 软件结构
3	小组练习 OMC 的安装过程
4	在 OMC 上对 RNC 进行数据配置练习

展示评价

（1）教师及其他组负责人根据小组展示汇报的整体情况进行小组评价。

（2）学生展示汇报中，教师可针对小组成员的分工，对个别成员进行提问，给出个人评价表。

（3）组内成员互评表打分。

（4）自评表打分。

（5）本学习情景成绩汇总。

（6）评选今日之星。

试一试

（1）ZXTR OMC 统一网管软件结构主要包括两部分，即____________和____________部分。

（2）Oracle 9i 数据库的安装分为三步，即____________、____________、____________。

（3）简述如何进行子网配置。

（4）简述网管软件安装流程。

练一练

（1）按小组在 OMC 上对 RNC 进行物理设备配置。

（2）按小组在 OMC 上对 RNC 的 ATM 端口进行配置。

学习情景 4　Node B 设备的安装和调试

➲ 情景说明

TD-SCDMA 系统最基本的单元就是 Node B 设备，同时 NodeB 设备也是网络中数量最多的设备，TD-SCDMA 网络通过 Node B 进行整个网络的无线覆盖。本情景的目的是帮助读者掌握 Node B 设备的模块组成结构及其功能、Node B 设备的安装流程和规范、Node B 设备的开通调试以及各种安装工具、仪器的使用。本情景中的内容在实际工程中是现场安装、工程督导、设备调测等岗位人员的必备技能。

➲ 学习目标

- ➘ 相关知识
  - ✧ TD-SCDMA 系统中 Node B 设备的功能介绍。
  - ✧ TD-SCDMA 系统中 Node B 设备的安装流程和规范。
  - ✧ TD-SCDMA 系统中 Node B 设备的配置、开通、调测。
- ➘ 拓展知识（*）
  - ✧ Node B 设备的组成。
  - ✧ Node B 设备的软件升级操作。
  - ✧ Node B 设备的防雷击知识。
- ➘ 相关技能
  - ➢ 基本操作技能
    - ✧ 馈线类别判断。
    - ✧ 馈头制作、光纤连接、防水制作。
    - ✧ 各种工具的使用。
  - ➢ 拓展技能、技巧
    - ✧ Node B 设备的配置、开通、调测、故障判断。
    - ✧ 《开箱验货报告》的填写。

任务八　室内设备安装

资讯准备

资讯指南	
资讯内容	获取方式
基站 Node B 的主要功能有哪些?	阅读资料； 上网； 查阅图书； 询问相关工作人员
B328 内各个板块的功能是什么?	
B328 安装前的开箱验货有哪些步骤和要求?	
B328 安装前有哪些工具需要准备?	
B328 安装前室内环境检查有哪些?	
B328 安装对工程人员有哪些素质要求?	
B328 在电路域和分组域能分别承载哪些业务?	
B328 安装的基本流程和步骤是什么?	

8.1　任务描述

在安装实训室进行实地操作，具体如下。

- Node B 设备安装前的人员准备。
- Node B 设备安装前进行室内环境检查。
- Node B 设备安装前进行设备的开箱验货。
- Node B 设备安装前的工具准备。
- 按 BBU 设备的安装基本流程和步骤安装设备。

安装过程中应注意如下事项。

- 工具、仪器设备按规定摆放。
- 核实安装合同、安装图纸信息。
- 高标准要求室内安装环境检查。
- 注意用电安全。

8.2　Node B 概述

基站 Node B 的主要功能是进行空中接口的物理层处理，包括信道编码和交织、速率匹配、扩频、联合检测、智能天线及上行同步等；另外，其也执行一些基本的无线资源管理，例如功率控制等。

在 Iub 接口方向，Node B 支持 AAL5/AAL2 适配功能、ATM 交换功能、流量控制和拥塞管理、ATM 层 OAM（Operation and Maintenance）功能，可完成 Node B 无线应用协议功

能，包括小区管理、传输信道管理、复位、资源闭塞/解闭、资源状态指示、资源核对、专用无线链路管理（建立、重配置、释放、监测、增加）及专用和公共信道测量等；此外，其也完成传输资源管理和控制功能——实现传输链路的建立、释放和传输资源的管理，同时也实现对 AAL5 信令的承载功能。

在操作维护方面，Node B 支持本地和远程操作维护功能，实现特定的操作维护功能，包括配置管理、性能管理、故障和告警管理、安全管理等功能。从数据管理角度理解，其主要实现 Node B 无线数据、地面数据和设备本身数据的管理、维护。

中兴通讯推出系列化基站，满足运营商的各种要求，将 Node B 分为基带池 BBU (Base Band Unit) 和远端射频单元 RRU (Remote Radio Unit)。BBU 和 RRU 之间的接口为光接口，两者之间通过光纤传输 IQ 数据和 OAM 信令数据。

BBU 和 RRU 的划分方式如图 8-1 所示。基带、传输和控制部分在 BBU 中，射频部分在 RRU 中。

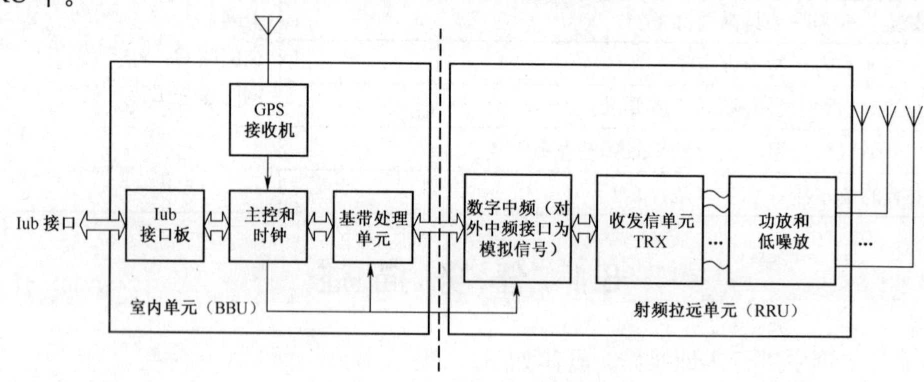

图 8-1 BBU 和 RRU 功能框图

8.3 B328 的硬件系统

一、ZXTR B328机柜

ZXTR B328 主要完成 TD NodeB 的 Iub 接口功能、系统的信令处理、基带处理部分功能、远程和本地的操作维护功能以及与射频远端的基带射频接口功能，外形如图 8-2 所示。ZXTR B328 硬件系统的总体框图如图 8-3 所示。

📖说明：除时钟外，其余连接关系中的信号流都是双向的，没有采用双箭头标识。时钟信号是单向流动，用箭头标明方向。

ZXTR B328 硬件系统主要由主控时钟交换板 BCCS、Iub 接口处理板 IIA、基带处理板 TBPA、RRU 接口板 TORN、环境监控单元 BEMU 组成。

二、BCR 机框

机框是 B328 的硬件系统的组成部分，作用是将插入机框的各种单板通过背板组合成一个独立的功能单元，并为各单元提供良好的运行环境。

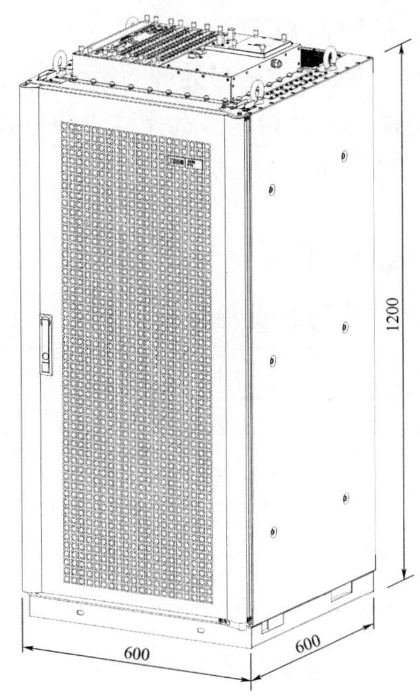

图 8-2　ZXTR B328 机柜

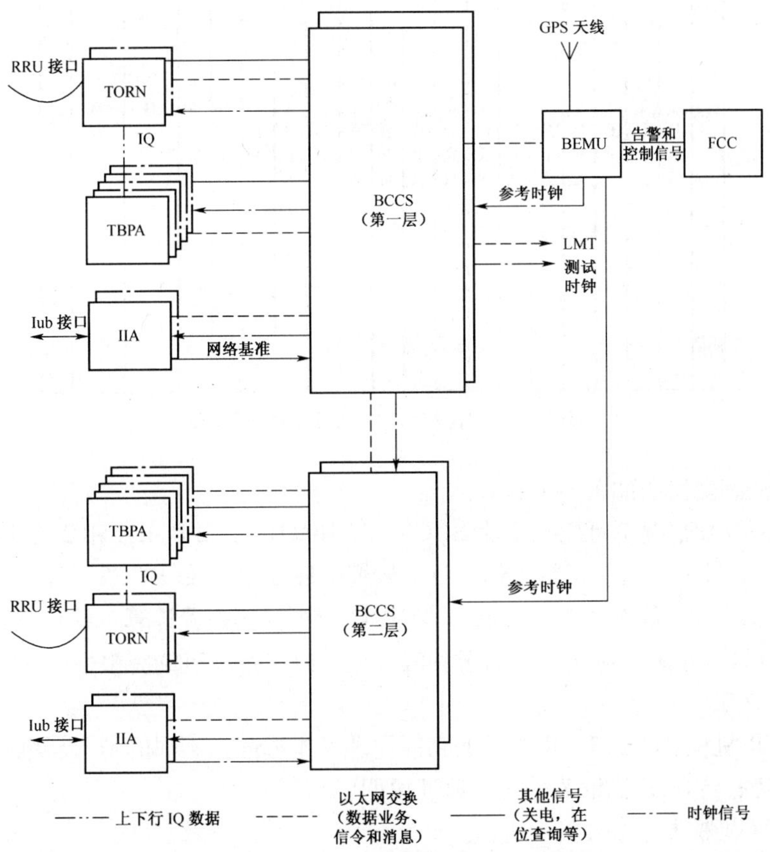

图 8-3　ZXTR B328 硬件系统的总体框图

ZXTR B328 有两层机框，都称为 BCR 机框。

BCR 机框采用 BCR 背板，主要完成基带处理、系统管理控制功能。

根据其在机柜中的物理位置，BCR 机框分为上层 BCR 机框和下层 BCR 机框。在实际使用中先配置上层 BCR 框，然后根据需要配置下层 BCR 框。

1. 机框配置

BCR 机框可装配的单板如表 8-1 所示。

表 8-1　　公共层机框单板配置

名　　称	单 板 代 号	满配置数量
控制时钟交换板	BCCS	2
基带处理板	TBPA	12
Iub 接口板	IIA	2
光接口板	TORN	2

各单板在 BCR 机框的位置示意图如图 8-4 所示。

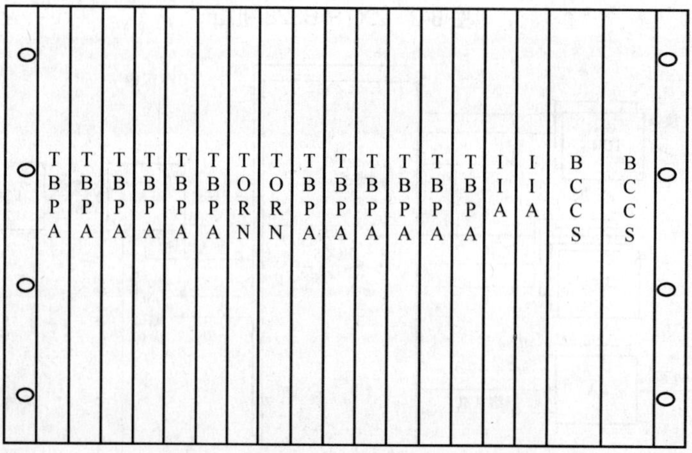

图 8-4　BCR 机框可装配的单板示意图

BCR 机框满配置图如图 8-5 所示。

BCR 机框满配情况下可配置 2 块 BCCS、12 块 TBPA、2 块 IIA 和 2 块 TORN。BCCS 板是主备板，只插一块也能正常工作。每一层框一般配置一块 BCCS，可根据需要配置两块 BCCS，完成 1+1 备份功能。TBPA、TORN、IIA 根据配置计算单板数量。

在配置容量较小时，应配备假面板和假背板，以保持风道的完整性。

2. 功能原理

上层 BCR 机框和下层 BCR 机框的功能原理基本相同，不同的是上层机框需要和机顶相连。此处以上层 BCR 机框为例进行原理说明。

上层 BCR 机框原理如图 8-6 所示。

BCCS 是 ZXTR B328 系统的控制板，它完成整个系统的控制、以太网交换和时钟产生。

BCR 框的其他单板 TBPA、IIA 以及 TORN 的以太网端口都接在 BCCS 上，实现对单板的监控、维护，及单板间数据的交互。BCCS 板产生系统的主时钟，分发到本层机框的 TBPA、IIA 和 TORN 上。

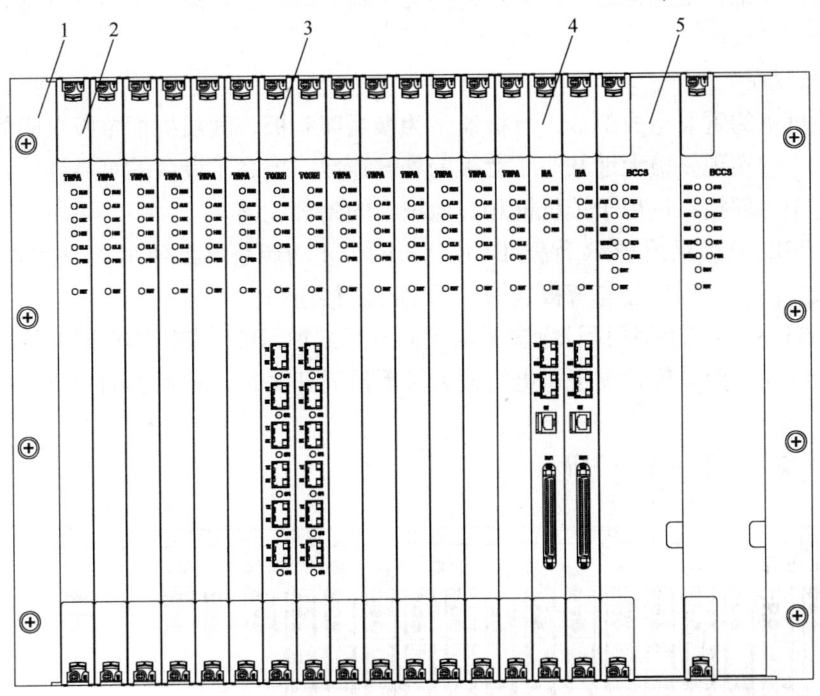

1—BCR 插箱　2—TBPA　3—TORN　4—IIA　5—BCCS

图 8-5　BCR 机框满配置图

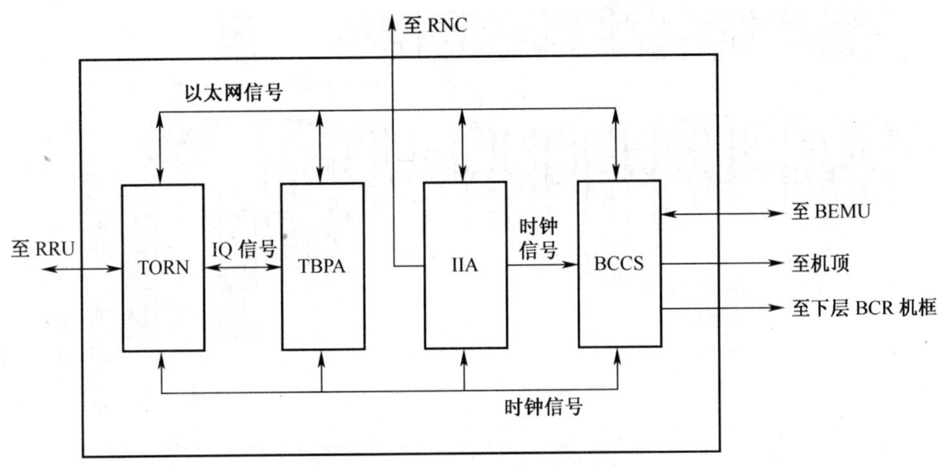

图 8-6　上层 BCR 机框原理

BCR 机框通过 IIA 与 RNC 连接，通过 TORN 与 RRU 连接。上层 BCR 机框通过 BCCS 与机顶、下层 BCR 机框连接。下层 BCR 无需和机顶连接。

从 RNC 来的业务流和控制流数据，经过 Iub 接口板 IIA 的处理后，封装为 MAC 包。

其中，业务数据经过 BCCS 的以太网交换到基带处理板 TBPA，由 TBPA 进行基带处理，然后将处理好的 IQ 数据经过背板的 IQ 链路传输到 TORN，经过 TORN 处理后通过光纤传输给 RRU；反之亦然。而控制信息则由 BCCS 通过以太网交换，直接送到各个单板。同理，各个单板的操作维护信息也通过以太网直接交换到 BCCS 上，然后由 BCCS 通过 IIA 传到后台。

3. 背板说明

背板是机框的重要组成部分，背板通常为多层印制板。同层机框单板之间的大部分连线通过背板内部实现，极大地减少了背板的外部连线，提高了设备的可靠性。此外，背板上设计了若干外部接口，用于该机框和其他机框的外部连接。

ZXTR B328 机框采用 BCR 背板。BCR 背板的主要功能是承载 BCR 机框的各功能单板，同时给单板之间、外部信号与背板之间提供物理连接通路。

ZXTR B328 基站的结构设计考虑了从正面进行维护，BCR 背板的拨码开关以及上下层连接器都设计在正面，维护上下层电缆或者设置拨码开关时，将相邻的几块单板拨出来即可进行操作。

BCR 背板前视图如图 8-7 所示。

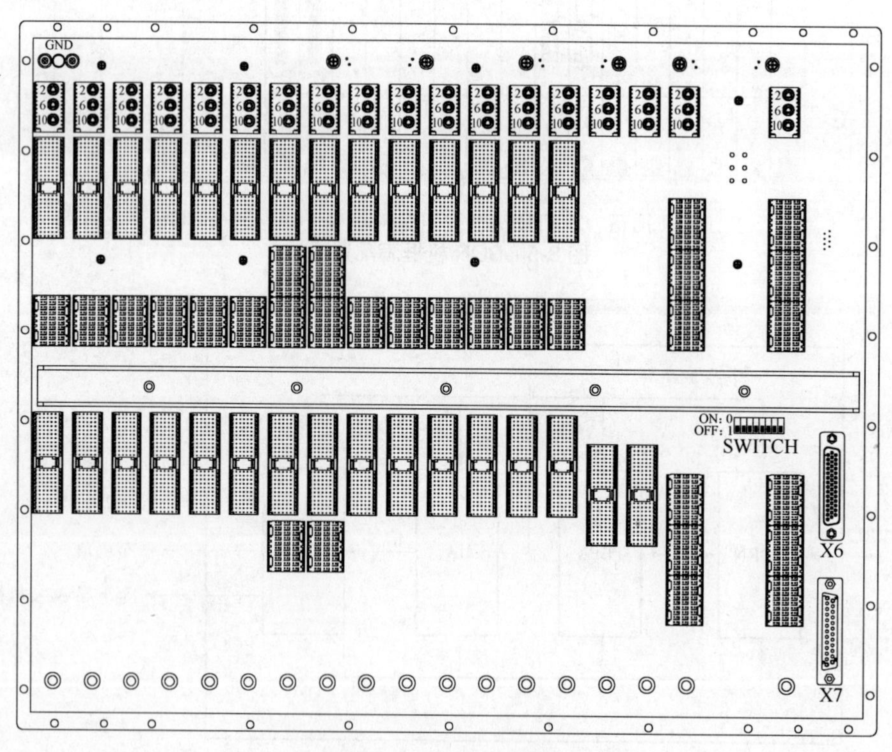

图 8-7　BCR 背板前视图

BCR 背板后视图如图 8-8 所示。

（1）背板接口说明

BCR 背板的接口说明如表 8-2 所示。

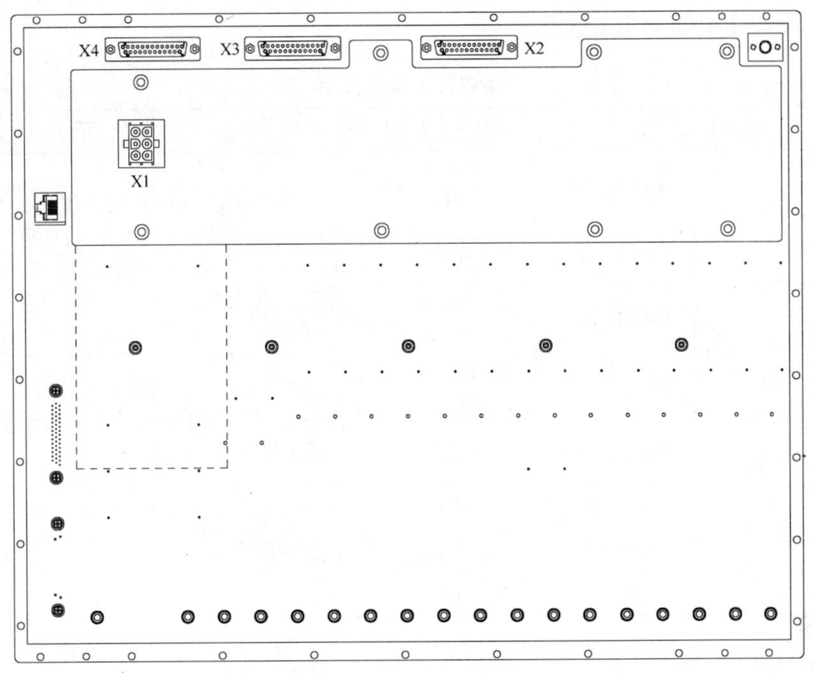

图 8-8　BCR 背板后视图

表 8-2　　BCR 背板的接口说明

接口位置	接口标识	接 口 类 型	连 接 关 系
前背板	X6	DB44 插座（孔），用于上下层 BCR 的级联	上层 BCR 的 X6↔下层 BCR 的 X7
	X7	DB25 插座（孔），用于上下层 BCR 的级联	上层 BCR 的 X6↔下层 BCR 的 X7
后背板	X1	6 芯电源连接器	连接 BCR 和电源插箱
	X4	DB25 插座（孔），用于连接 BEMU	连接 BCR 和 BEMU
	X3	DB25 插座（孔），用于连接 BEMU	连接 BCR 和 BEMU
	X2	DB25 插座（孔），用于连接机顶	连接 BCR 和机顶

（2）拨码开关说明

BCR 背板上有一个 8 位的拨码开关，实现机架号 RackID（取值为 0，1 或 2）、机框号 ShelfID（取值为 0 或 1）的设置。

拨码开关定义如图 8-9 所示。

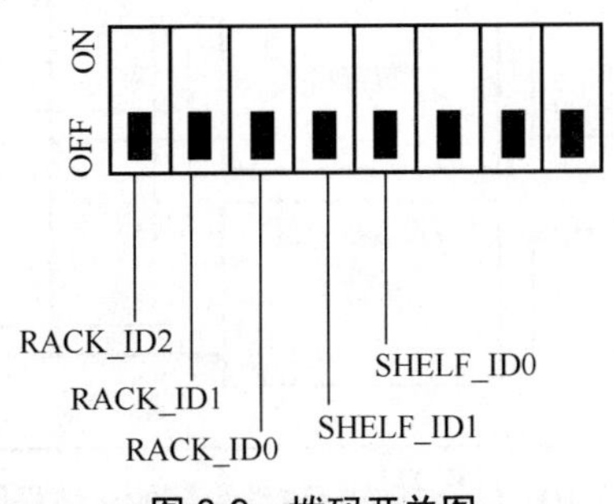

图 8-9　拨码开关图

拨码开关含义说明如表 8-3 所示。

表 8-3　　拨码开关含义说明

开关位置（从左到右）	含　义	状态设置	说　明
1	RACK_ID2	ON=0 OFF=1	这三个开关的组合用于设置机架号，例如 RACK_ID2 设为 0，RACK_ID1 设为 0，RACK_ID0 设为 1，即三位的组合为 001，表示 1 号机架，以此类推
2	RACK_ID1	ON=0 OFF=1	
3	RACK_ID0	ON=0 OFF=1	
4	SHELF_ID1	ON=0 OFF=1	这两位的组合设置机框号，例如 SHELF_ID1 设为 0，SHELF_ID0 设为 1，即两位的组合为 01，表示 1 号机框，以此类推
5	SHELF_ID0	ON=0 OFF=1	
6	未定义	任意	这三位暂时不用
7	未定义	任意	
8	未定义	任意	

三、综合接线箱

本地配置和机房无 ODF（光纤配线）架时，光纤需要经过综合接线箱。

连接 RRU 单元的所有连线都经过综合接线箱转接，该接线箱主要用于线缆的防雷及光缆到光纤的转换。GPS 天线防雷器直接串接在 GPS 馈线上。综合接线箱的总体框图如图 8-10 所示。

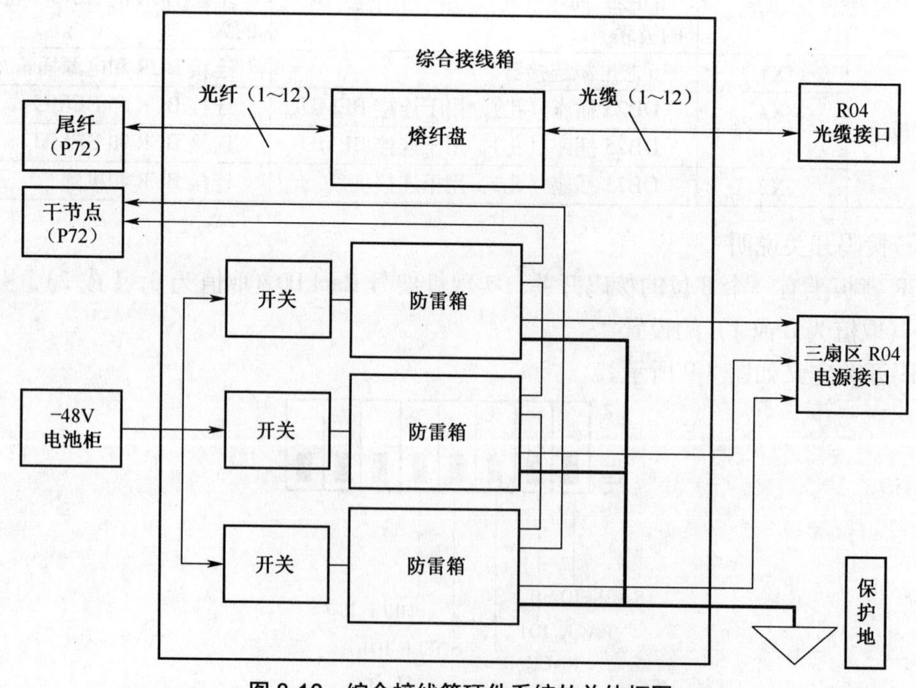

图 8-10　综合接线箱硬件系统的总体框图

每 3 个扇区配置一台综合接线箱，每台综合接线箱配置 3 个防雷箱，每个防雷箱保护 1 个扇区的供电电源。每个防雷箱提供 1 对长闭告警干节点，将三个干节点串联起来，对外提供 1 对告警干节点。任何 1 个防雷箱的告警都会引起该干节点的动作。

8.4 B328 系统单板

一、单板概述

单板是指能够完成某种特定功能的集成电路板，可插在机顶、插箱和机框槽位中。ZXTR B328 包括的单板如表 8-4 所示。

表 8-4 单板英文简称与名称对照表

英文简称		单板名称	物理位置
BCCS		控制时钟交换板	BCR 机框
BELD		环境监控灯板	配电插箱
BEMU	BEMC	环境监控板	机顶
	BEMS	环境监控辅助板	机顶
ET		E1 转接板	机顶
FCC		离心型风扇控制板	风扇插箱
IIA		Iub 接口板	BCR 机框
TBPA		基带处理板	BCR 机框
TORN		光接口板	BCR 机框

二、控制时钟交换板 BCCS

BCCS 是基站的控制、时钟、以太网交换单元。

1. 功能

BCCS 是基站的系统控制板，完成如下功能。

（1）Iub 接口协议处理，执行基站系统中的小区资源管理、参数配置、测量上报。

（2）对基站进行监测、维护，通过 100BaseT 以太网接口和其他单板进行控制信息的交互。

（3）支持近端和远端网管接口，近端网管接口为 100BaseT 以太网接口。

（4）管理系统内各单板程序的版本，支持近端和远端版本升级。

（5）通过控制链路可以复位系统内各个单板。

（6）通过硬信号可以控制系统内主要单板的上电复位。

（7）主备竞争、控制、通信功能。

（8）同步外部各种参考时钟并能滤除抖动。

（9）产生并分发系统各个部分需要的时钟。

（10）提供以太网交换功能，保证系统内的控制链路和业务链路有足够带宽。

2. 单板说明

(1) 面板说明

BCCS 面板示意图如图 8-11 所示。

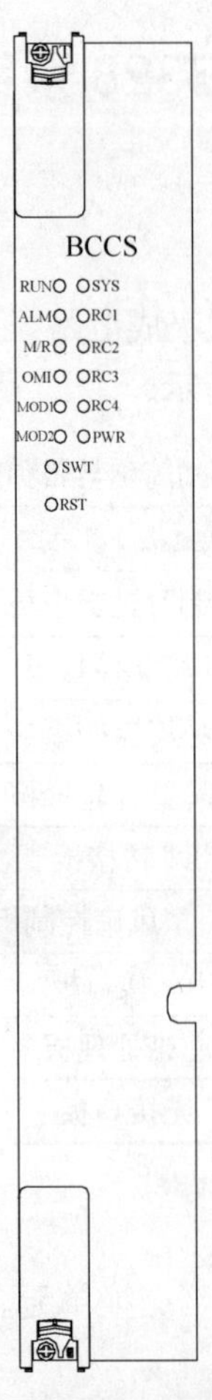

图 8-11　BCCS 面板示意图

BCCS 面板上有两排指示灯、一个主备切换按钮（SWT）和一个复位开关（RST）。

为了方便描述，左边的（从正面看）一排指示灯用 L 表示，右边的（从正面看）一排指示灯用 R 表示。

面板上指示灯的含义如表 8-5 所示。

表 8-5　BCCS 面板指示灯

序号	指示灯丝印	信号描述	指示灯颜色
1L	RUN	运行指示灯	绿色
2L	ALM	告警指示灯	红色
3L	M/R	主备指示灯	绿色
4L	OMI	网口指示灯	绿色

续表

序号	指示灯丝印	信 号 描 述	指示灯颜色
5L	MOD1	10MHz 的锁相环	绿色
6L	MOD2	19.44MHz 的锁相环	绿色
1R	SYS	系统配置完成指示	红色
2R	RC1	参考时钟 1（自 BITS 的 8K 参考时钟）	绿色
3R	RC2	参考时钟 2（自 IIA 的 8K 参考时钟）	绿色
4R	RC3	参考时钟 3（GPS1 的时钟）	绿色
5R	RC4	参考时钟 4（GPS2 的时钟）	绿色
6R	PWR	电源指示灯	绿色

面板指示灯的状态说明如表 8-6 所示。

表 8-6　　指示灯状态说明

指示灯名称	指示灯可能状态	状态的含义
PWR	常亮	单板电源工作正常
	常灭	单板电源工作异常或电源关闭
ALM	参见前表	
OMI	常亮	本设备与 LMT 或 OMCB 通信正常
	常灭	本设备与 LMT 或 OMCB 通信不正常
MOD1	常亮	10MHz 的锁相环处于保持状态
	5Hz 周期性闪烁	10MHz 的锁相环处于快捕状态
	1Hz 周期性闪烁	10MHz 的锁相环处于跟踪状态
	常灭	10MHz 处于自由振荡状态
MOD2	常亮	19.44MHz 的锁相环处于保持状态
	5Hz 周期性闪烁	19.44MHz 的锁相环处于快捕状态
	1Hz 周期性闪烁	19.44MHz 的锁相环处于跟踪状态
	常灭	19.44MHz 处于自由振荡状态
SYS	常亮	系统处于初始化或配置失败状态
	1Hz 周期性闪烁	系统处于初始化或配置状态
	常灭	系统处于正常工作状态
RC1	常亮	参考时钟 1（自 BITS 的 8K 参考时钟）正常提供
	常灭	参考时钟 1（自 BITS 的 8K 参考时钟）未正常提供
RC2	常亮	两个 IIA 的 8K 参考时钟均正常提供
	1Hz 周期性闪烁	第一块 IIA（机架正面，从左向右数）的 8K 参考时钟正常提供，而其余的没有
	0.5Hz 周期性闪烁	第二块 IIA（机架正面，从左向右数）的 8K 参考时钟正常提供，而其余的没有
	常灭	两个 IIA 的 8K 参考时钟均未正常提供

续表

指示灯名称	指示灯可能状态	状态的含义
RC3	5Hz 周期性闪烁	GPS1 时钟处于快捕状态
	1Hz 周期性闪烁	GPS1 时钟处于跟踪状态
	常灭	GPS1 未提供参考时钟
RC4	5Hz 周期性闪烁	GPS2 时钟处于快捕状态
	1Hz 周期性闪烁	GPS2 时钟处于跟踪状态
	常灭	GPS2 未提供参考时钟
M/R	常亮	本板主用
	常灭	本板备用

RUN 与 ALM 指示灯状态组合含义如表 8-7 所示。

表 8-7　RUN 与 ALM 指示灯状态组合含义

状 态 名 称	RUN 状态	ALM 状态	表 示 含 义
正常运行	1Hz 周期性闪烁	常灭	单板软件正常运行
Boot 指示	常亮	常亮	复位按钮按下（灯全亮）
	常灭	常灭	处于 boot 过程中
版本下载	5Hz 周期性闪烁	常灭	版本下载中
	1Hz 周期性闪烁	5Hz 周期性闪烁	版本下载失败
故障告警	1Hz 周期性闪烁	常亮	GPS 同步时钟丢失
	1Hz 周期性闪烁	1Hz 周期性闪烁	—
	常亮	5Hz 周期性闪烁	—
	常亮	1Hz 周期性闪烁	—
	5Hz 周期性闪烁	5Hz 周期性闪烁	业务通道全部不可用（通信正常）
	5Hz 周期性闪烁	1Hz 周期性闪烁	—
	5Hz 周期性闪烁	常亮	FPGA 下载失败
自检失败	常灭	5Hz 周期性闪烁	自检失败，严重错误
	常灭	2Hz 周期性闪烁	—
	常灭	0.5Hz 周期性闪烁	—

另外，BCCS 按钮说明如表 8-8 所示。

表 8-8　BCCS 按钮说明

按钮名称	说　明
SWT	主备倒换按钮
RST	复位按钮

（2）单板布局

BCCS 单板布局示意图如图 8-12 所示。

BCCS 布局标示含义说明如表 8-9 所示。

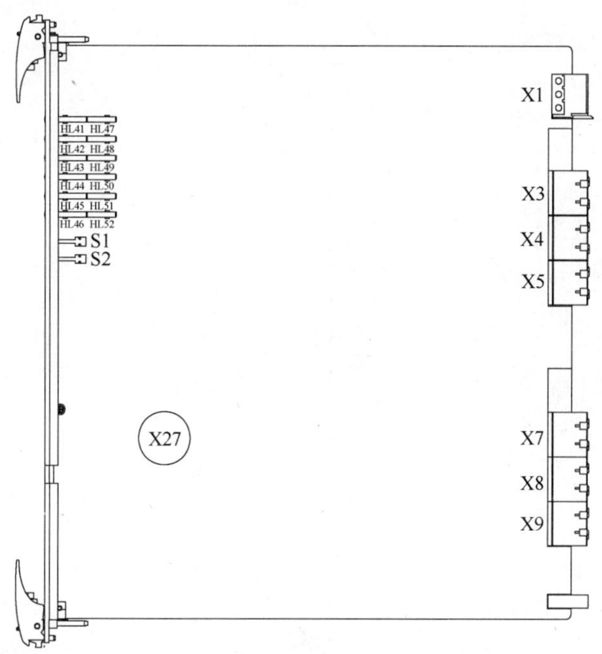

图 8-12 BCCS 布局示意图

表 8-9 BCCS 布局标示含义

标　示	含　义	标　示	含　义
H41～H52	面板指示灯	X1	电源插座
S1	主备倒换按钮	X3～X5	背板接口信号插座
S2	复位按钮	X7～X9	背板接口信号插座
X27	电池插座		

（3）插拔说明

- BCCS 支持热插拔，但是在热插拔时必须配戴防静电手环。
- 单板插拔时尽量一次到位，减少热插拔次数。
- 如果需要拔下主用单板，在有备用单板的情况下，先将主用单板倒换为备用板，然后再拔。

三、基带处理板 TBPA

基带处理板 TBPA 最多可以支持 3 载波 8 天线的基带处理。相关单板说明如下。

（1）面板说明

TBPA 板面板如图 8-13 所示。

TBPA 板有 6 个指示灯和 1 个复位开关（RST）。

面板指示灯含义如表 8-10 所示。

指示灯状态说明如表 8-11 所示。

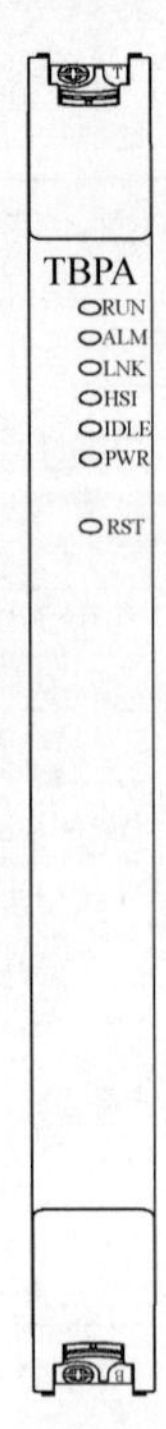

图 8-13　TBPA 面板示意图

表 8-10　TBPA 板上指示灯

灯　名	含　义	指示灯颜色
PWR	电源指示灯	绿色
LNK	网口指示灯	绿色
HSI	高速信号指示灯	红色
IDLE	DSP 状态指示灯	绿色
RUN	运行指示灯	绿色
ALM	告警指示灯	红色

表 8-11　指示灯状态说明

指示灯名称	指示灯可能状态	状态的含义
PWR	常亮	单板电源工作正常
	常灭	单板电源工作异常或电源关闭
LNK	常亮	以太网链路激活
	常灭	以太网链路断
HSI	常亮	其中一条工作用高速信号链路出现严重误码，误码率超过 IQ_ERR0（该值可由 OMC 配）
	1Hz 周期性闪烁	其中一条工作用高速信号链路出现轻微误码，误码率超过 IQ_ERR1（该值可由 OMC 配）
	常灭	所有高速信号链路没有出现误码

续表

指示灯名称	指示灯可能状态	状态的含义
IDLE	常亮	DSP 空闲
	常灭	DSP 忙
ALM	参见表	
RUN		

注：IQ_ERR0 和 IQ_ERR1 的统计可以是 1min 计，即统计 12000 个 5ms 帧块。

RUN 与 ALM 指示灯状态的组合及含义如表 8-12 所示。

表 8-12　　RUN 与 ALM 指示灯状态组合及含义

状态名称	RUN 状态	ALM 状态	含　义
正常运行	1Hz 周期性闪烁	常灭	单板软件正常运行
Boot 指示	常亮	常亮	复位按钮按下（灯全亮）
	常灭	常灭	处于 boot 过程中
版本下载	5Hz 周期性闪烁	常灭	版本下载中
	1Hz 周期性闪烁	5Hz 周期性闪烁	版本下载失败
故障告警	1Hz 周期性闪烁	常亮	时钟丢失
	1Hz 周期性闪烁	1Hz 周期性闪烁	—
	常亮	5Hz 周期性闪烁	—
	常亮	1Hz 周期性闪烁	—
	5Hz 周期性闪烁	5Hz 周期性闪烁	自检发现本板不能提供基带处理业务
	5Hz 周期性闪烁	1Hz 周期性闪烁	—
	5Hz 周期性闪烁	常亮	FPGA 下载失败
自检失败	常灭	5Hz 周期性闪烁	—

另外，TBPA 面板上有一个复位按钮 RST。

（2）单板布局

TBPA 单板布局示意图如图 8-14 所示。

TBPA 布局标示含义说明如表 8-13 所示。

表 8-13　　TBPA 布局标示含义

标　示	含　义	标　示	含　义
HL11	运行灯 RUN	HL16	电源信号指示灯 PWR
HL12	错误指示灯 ALM	X1、X3、X6	背板信号插座
HL13	DSP 信号指示灯 IDLE	X17～X19	电源插座
HL14	链路指示灯 LNK	S1	复位开关 RST
HL15	高速信号指示灯 HSI		

（3）插拔说明

- TBPA 支持热插拔，但是在热插拔时务必配戴防静电手环。
- 单板插拔时应尽量一次到位，减少热插拔次数。

四、Iub 接口板 IIA

IIA 的全称是 Iub Interface over ATM，是 B328 设备与 RNC 设备连接的数字接口板，实现与 RNC 的物理连接。

1. 功能说明

IIA 板主要完成以下功能。

(1)提供与RNC连接的物理接口,完成Iub接口的ATM物理层处理。IIA 提供了 STM-1、E1 和 T1 3 种标准接口。

(2) 处理 ATM 物理层的所有功能。

(3) 完成 ATM 的 ATM 层处理和适配层处理。

(4) 完成 Iub 接口信令数据与用户数据的收发。

(5) 进行时钟提取，从 STM-1 或者 E1/T1 上提取 8kHz 送给时钟板作为时钟参考。

(6) 提供 AAL5/AAL2 适配功能。

(7) 提供 ATM 交换功能。

2. 单板说明

(1) 面板说明

IIA 面板示意图如图 8-15 所示。

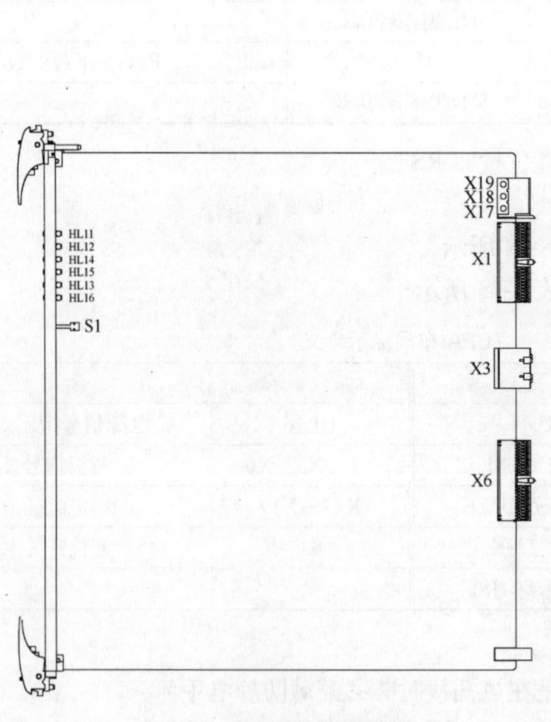

图 8-14 TBPA 布局示意图

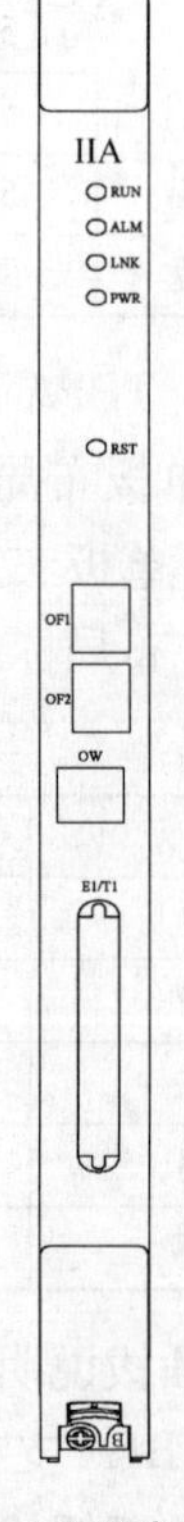

图 8-15 IIA 面板示意图

IIA 面板指示灯说明如表 8-14 所示。

表 8-14 IIA 面板指示灯含义说明

指示灯名称	信号描述	指示灯颜色
RUN	运行指示灯	绿色
ALM	告警指示灯	红色
LNK	链路指示灯	绿色
PWR	电源指示灯	绿色

IIA 面板指示灯的状态说明如表 8-15 所示。

表 8-15 IIA 面板指示灯状态说明

名　称	指示灯状态	含　义
RUN	常亮	单板处于复位状态
	1Hz 闪烁	单板状态正常
	5Hz 闪烁	单板处于 BOOT 启动过程
	常灭	单板自检失败
ALM	常亮	单板逻辑下载失败或者其他严重告警
	5Hz 闪烁	输入时钟信号告警
	1Hz 闪烁	Iub 接口或者以太网链路告警
	常灭	单板运行无故障或正在复位、启动或者下载版本
LNK	常亮	系统已经配置的所有 Iub 链路正常
	5Hz 闪烁	系统配置的单板的 Iub 端口 STM-1 链路故障
	1Hz 闪烁	系统配置的单板的 Iub 端口 E1 链路故障
	0.25Hz 闪烁	以太网口链路故障
	常灭	所有配置的 Iub 链路全部故障
PWR	常亮	电源正常
	常灭	电源故障

另外，IIA 的面板有一个复位按钮 RST，用于单板复位。

（2）单板布局

IIA 的元器件布局如图 8-16 所示。

X3、X8、X10、X11、X16 是跳线，X16 用于设定 E1/T1 模式，同时配合 X3、X8、X10、X11 使用以选择 E1 接口阻抗。

（3）跳线说明

IIA 板的跳线说明如表 8-16 所示。

表 8-16 IIA 板跳线说明

跳线名称	跳线用途	说　明
X3	设定 E1 接口的阻抗	控制第 7、8 路 E1/T1
X8	设定 E1 接口的阻抗	控制第 5、6 路 E1/T1

续表

跳线名称	跳线用途	说明
X10	设定 E1 接口的阻抗	控制第 1、2 路 E1/T1
X11	设定 E1 接口的阻抗	控制第 3、4 路 E1/T1
X16	设定 E1/T1 模式，同时配合 X3、X8、X10、X11 使用以选择 E1 接口阻抗	—

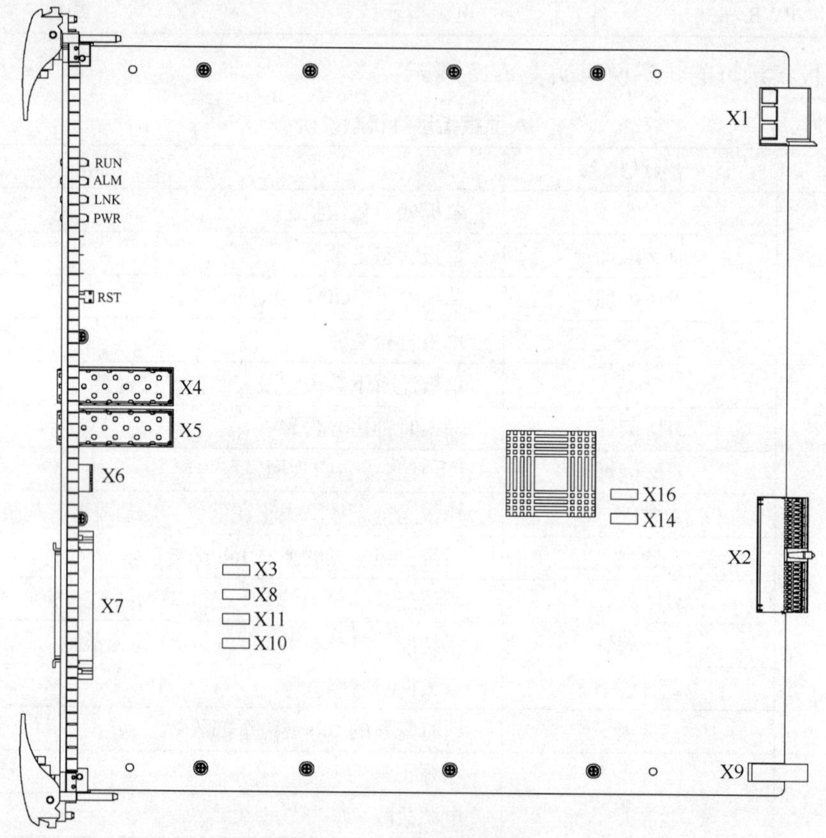

图 8-16 IIA 布局示意图

X3、X8、X10、X11 跳线设置说明如下。

- 75Ω（默认）：将跳线的管脚 1 和管脚 3、管脚 2 和管脚 4 分别短接，如图 8-17 所示。
- 120Ω：将跳线的管脚 5 和管脚 3、管脚 6 和管脚 4 分别短接，如图 8-18 所示。

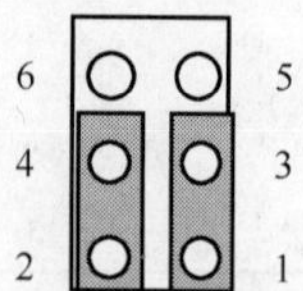

图 8-17 IIA 接口板设置为 75Ω接口

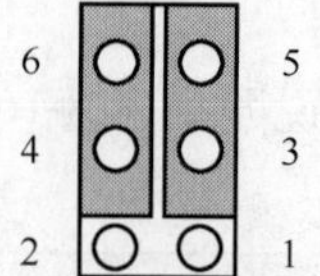

图 8-18 IIA 接口板设置为 120Ω接口

X16 用于设定 E1/T1 模式，同时配合 X3、X8、X10、X11 使用选择 E1 接口阻抗，跳线设置说明如下。

- E1 75Ω（默认）：X16 的管脚 2 和管脚 4 短接，如图 8-19 所示。
- E1 120Ω：X16 的管脚 3 和管脚 4 短接，如图 8-20 所示。

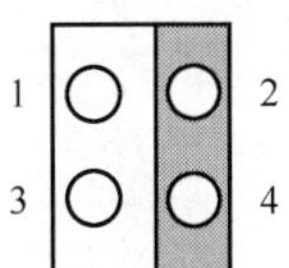

图 8-19　IIA 接口板设置为使用 75ΩE1 模式

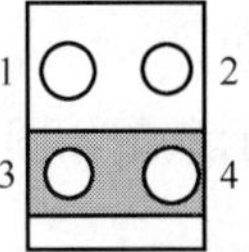

图 8-20　IIA 接口板设置为使用 120Ω E1 模式

- T1 跳线：X16 的管脚 1 和管脚 2 短接，如图 8-21 所示。

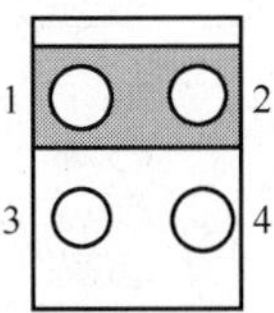

图 8-21　IIA 接口板设置为使用 T1 模式

（4）接口说明

IIA 板接口说明如表 8-17 所示。

表 8-17　IIA 接口说明

接口分类	接口标识	接 口 用 途	连 接 关 系
面板接口	OF1	LC 光接口，可接单模光纤，用于和 RNC 连接	和 RNC 相连
	OF2	LC 光接口，可接单模光纤，用于和 RNC 连接	和 RNC 相连
	OW	网口，用于调试	和调试机相连
	E1/T1	E1/T1 接口，可接 8 路 E1/T1，用于和 RNC 连接	和 ET 板相连
单板接口	X1	电源接口	和背板相连
	X2	信号接口	和背板相连

（5）插拔说明

- IIA 支持热插拔，但是在热插拔时务必配戴防静电手环。
- 单板插拔时应尽量一次到位，减少热插拔次数。

五、光接口板 TORN

TORN 是 BBU 和 RRU 间的接口板，实现 BBU 和 RRU 的信息交互，及 BBU 和 RRU 之间的星型、链型、环型组网。

1. 功能说明

TORN 主要完成以下功能。

（1）提供 6 路 1.25G 光接口连接 RRU 单元，支持星型、链型、环型组网。

（2）实现 IQ 的交换。

（3）支持 BCCS 直接控制的本板电源开关功能。

(4) 接收来自 BCCS 的系统时钟，并产生本板需要的各种工作时钟。

(5) 提供上下行 IQ 链路的复用和解复用处理。

(6) 最多支持 12 块基带板的接入。

2. 单板说明

(1) 面板说明

TORN 面板示意图如图 8-22 所示。

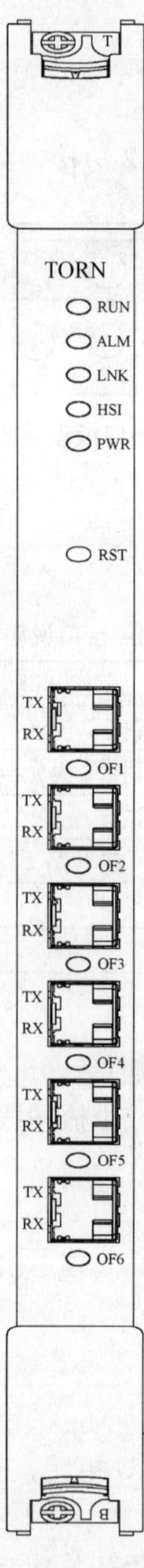

图 8-22 TORN 面板示意图

TORN 面板指示灯含义说明如表 8-18 所示。

表 8-18 TORN 面板指示灯含义说明

指示灯名称	信 号 描 述	指示灯颜色
RUN	运行指示灯	绿色
ALM	告警指示灯	红色
LNK	以太网链路指示灯	绿色
HSI	基带侧链路错误指示灯	红色
PWR	电源指示灯	绿色

面板上的指示灯状态说明如表 8-19 所示。

表 8-19 TORN 面板指示灯状态说明

指示灯名称	指示灯可能状态	状态的含义
PWR	常亮	单板电源工作正常
	常灭	单板电源工作异常或电源关闭
LNK	常亮	以太网链路激活
	常灭	以太网链路断
HSI	常亮	其中一条工作用高速信号链路出现严重误码，误码率超过 IQ_ERR0（该值可由 OMC 配）
	1Hz 周期性闪烁	其中一条工作用高速信号链路出现轻微误码，误码率超过 IQ_ERR1（该值可由 OMC 配）
	常灭	所有高速信号链路没有出现误码
OF1～OF6	常亮	光接口和 RRU 的物理连接正常
	常灭	光接口和 RRU 物理连接不正常或未连接
ALM	参见表 8-20	
RUN		

RUN 与 ALM 指示灯状态组合及含义如表 8-20 所示。

表 8-20 RUN 与 ALM 指示灯状态组合

状 态 名 称	RUN 状态	ALM 状态	表 示 含 义
正常运行	1Hz 周期性闪烁	常灭	单板软件正常运行
Boot 指示	常亮	常亮	复位按钮按下（灯全亮）
	常灭	常灭	处于 boot 过程中
版本下载	5Hz 周期性闪烁	常灭	版本下载中
	1Hz 周期性闪烁	5Hz 周期性闪烁	版本下载失败
故障告警	1Hz 周期性闪烁	常亮	时钟丢失
	1Hz 周期性闪烁	1Hz 周期性闪烁	—
	常亮	5Hz 周期性闪烁	—
	常亮	1Hz 周期性闪烁	—

续表

状态名称	RUN 状态	ALM 状态	表示含义
故障告警	5Hz 周期性闪烁	5Hz 周期性闪烁	—
	5Hz 周期性闪烁	1Hz 周期性闪烁	—
	5Hz 周期性闪烁	常亮	FPGA 下载失败
自检失败	常灭	5Hz 周期性闪烁	—

另外，TORN 面板上有一个复位按钮 RST，用于单板复位。

（2）单板布局

TORN 布局如图 8-23 所示。

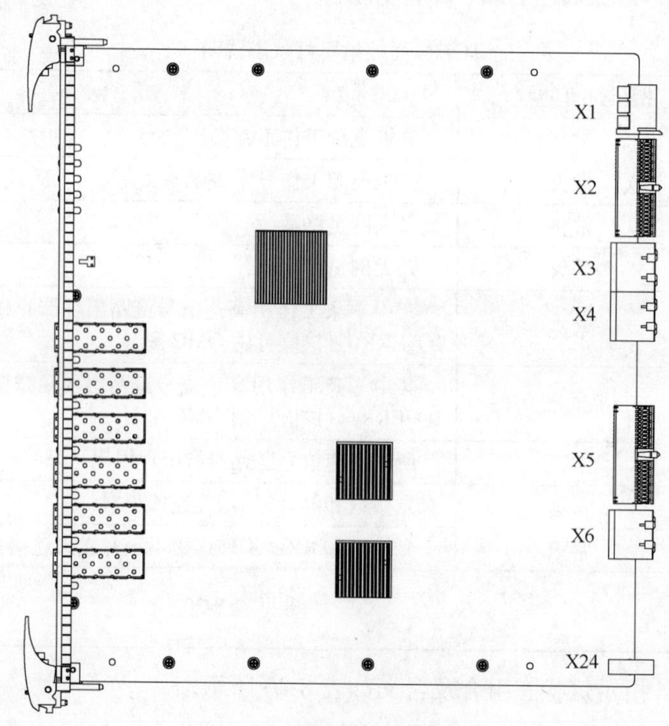

图 8-23　TORN 布局示意图

（3）接口说明

TORN 接口说明如表 8-21 所示。

表 8-21　TORN 接口说明

接口分类	接口标示	接口用途	连接关系
面板接口	TX/RX	光接口，用于连接 RRU	连接到 RRU
单板接口	X1	-48V 电源插座	连接到背板
	X2～X6	后背板信号插座	连接到背板

（4）插拔说明

➢ TORN 支持热插拔，但是在热插拔时务必配戴防静电手环。

➢ 单板插拔时应尽量一次到位，减少热插拔次数。

六、离心型风扇控制板 FCC

1. 功能说明

离心型风扇控制板 FCC（FAN Control Centrifugal Board）为机架风扇的控制板，用于离心风扇控制和混流风扇的控制，完成风扇电源提供、转速控制、转速检测及风口温度检测等功能。

FCC 的功能主要如下。

（1）通过 BEMU 控制和测量风扇转速。

（2）通过 BEMU 测量风扇风口温度。

2. 单板说明

（1）面板说明

FCC 板位于风扇插箱内部，不可见。FCC 借用风扇插箱面板的 BEMU 接口实现和 BEMU 的连接，如图 8-24 所示。

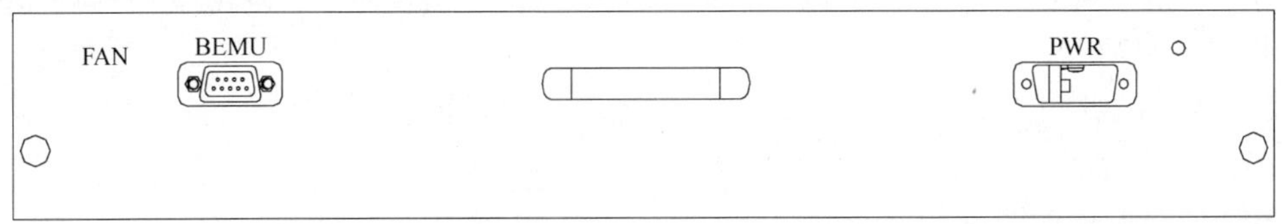

图 8-24 FCC 借用面板示意图

BEMU 是 FCC 的控制接口，PWR 是风扇模块的电源接口，其上方为电源指示灯。

（2）单板布局

FCC 布局示意图如图 8-25 所示。

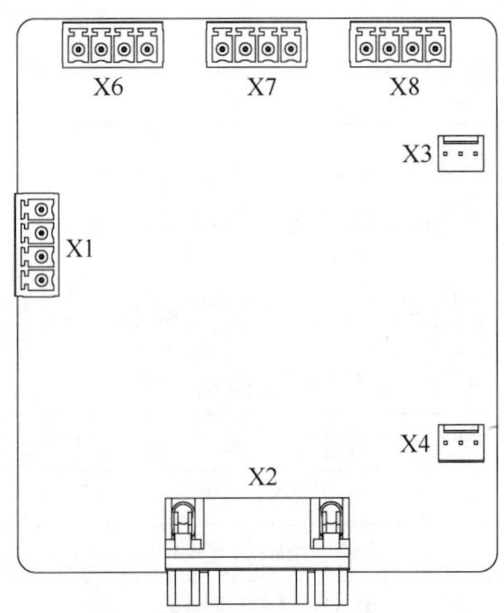

图 8-25 FCC 布局示意图

（3）接口说明

FCC 单板的接口说明如表 8-22 所示。

表 8-22　　FCC 的接口说明

接口分类	接口标示	接口用途	连接关系
面板接口	X2	DB9	连接到 BEMU
单板接口	X1	4 芯插座	连接到–48V 电源配线器
	X3～X4	3 芯插座	机架内温度传感器接口
	X6～X8	4 芯插座	连接到风扇盘

(4) 插拔说明

FCC 不支持热插拔。

七、环境监控灯板 BELD

BELD 作为 ZXTR B328 的电源和告警指示灯板，竖插在配电插箱中，通过 8 芯电缆和 BEMU 连接。

1. 功能说明

BELD 的全称是 Node B Environment LED Display，实现对系统环境量和–48V 电源的灯光指示告警功能。

2. 单板说明

(1) 面板说明

BELD 板面板如图 8-26 所示。

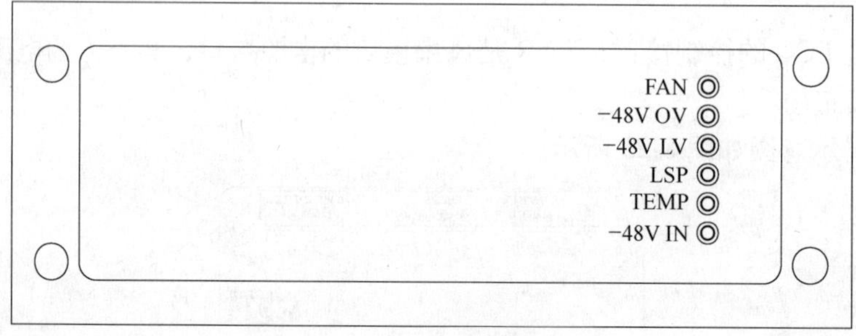

图 8-26　BELD 面板示意图

BELD 板的连接面板有 6 个指示灯，含义说明如表 8-23 所示。

表 8-23　　BELD 外接板指示灯

灯名	含义	指示灯颜色
FAN	风扇板告警灯	红色
–48V OV	–48V 过压告警灯	红色
–48V UV	–48V 欠压告警灯	红色
LSP	防雷信号告警灯	红色
TEMP	温度告警灯	红色
–48V IN	–48V 电源指示灯	绿色

指示灯状态说明如表 8-24 所示。

表 8-24　指示灯状态说明

指示灯名称	指示灯可能状态	状态的含义
FAN	亮	风扇板故障
	灭	风扇板正常
–48V OV	亮	48V 电源过压
	灭	48V 电源正常或电源关闭
–48V UV	亮	48V 电源欠压
	灭	48V 电源正常或电源关闭
LSP	亮	防雷信号告警
	1Hz 闪烁	防雷模块不在位
	灭	防雷信号未告警
TEMP	亮	温度告警
	灭	温度正常
–48V IN	亮	整个机架电源工作正常
	灭	整个机架电源工作异常或电源关闭

（2）单板布局

BELD 板布局如图 8-27 所示。

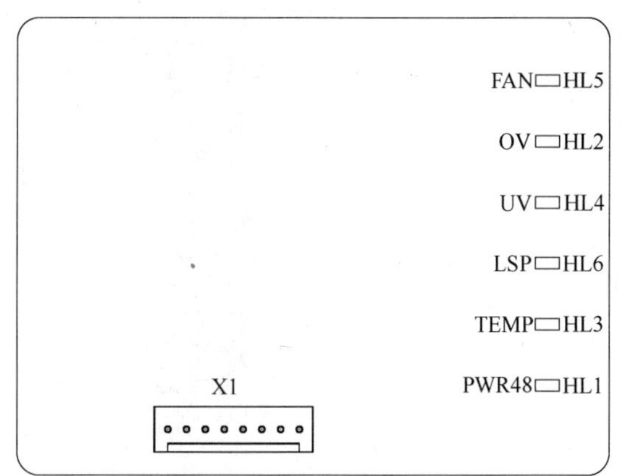

图 8-27　BELD 布局示意图

HL1～HL6 分别为 48V 电源、电压过压告警、温度告警、电压欠压告警、风扇板告警、防雷信号告警指示灯。X1 为和 BEMU 的接口插座。

（3）接口说明

BELD 单板的外部接口说明如表 8-25 所示。

表 8-25　BELD 的外部接口说明

接 口 分 类	接 口 标 示	接 口 用 途	连 接 关 系
面板接口	无	无	无
单板接口	X1	8 芯插座	与 BEMU 相连

(4) 插拔说明

BELD 支持热插拔。

八、E1转接板 ET

ET（E1 Transit Board）是 E1 转接板。

1. 功能说明

ET 板将 IIA 前面板输出的 8 路 E1 信号双绞线方式转换为 75 Ω非平衡电缆接头方式，并且对线路口做过流、过压和箝位保护。

2. 单板说明

(1) 面板说明

ET 位于机顶，面板朝上，如图 8-28 所示。

TX1～TX8 是 8 路同轴电缆输出，RX1～RX8 是 8 路同轴电缆输入。

(2) 单板布局

ET 布局示意图如图 8-29 所示。

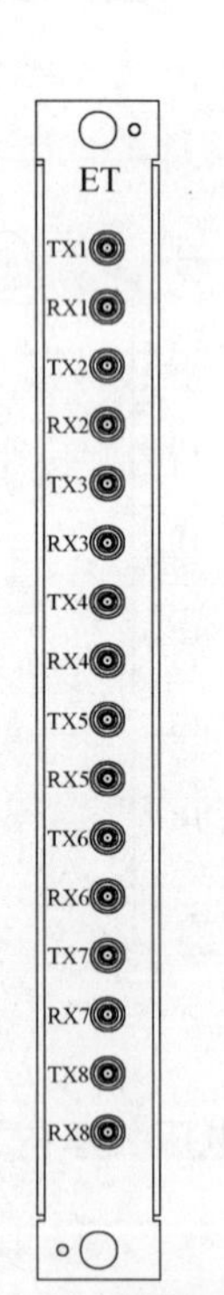

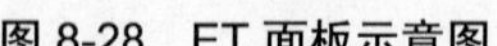
图 8-28　ET 面板示意图

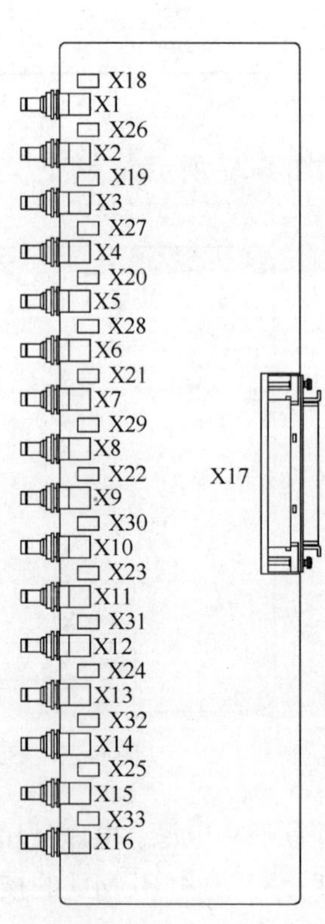

图 8-29　ET 布局示意图

X17 为连接 IIA 的 DB68 连接器，X18～X33 是跳线。

(3) 跳线说明

ET 板上有若干 2 针跳线，描述如下。

➢　X18～X25，依次对应 TX1～TX8，放置在相应的对外连接器旁，短接时发送端口负端接保护地。

➢ X26～X33，依次对应 RX1～RX8，放置在相应的对外连接器旁，短接时接收端口负端接保护地。

📖**说明**：本板的默认设置是发送端的负端接地。与外部通信电缆连接时根据两端设备连接情况作收发端口的负端接地，通常是发送端口负端接地。

（4）外部接口

ET 单板的外部接口说明如表 8-26 所示。

表 8-26　ET 的外部接口说明

接口分类	接口标示	接口类型	连接关系
面板接口	TX1～TX8	CC4 插座	连接到外部 RNC 设备
	RX1～RX8	CC4 插座	连接到外部 RNC 设备
单板接口	E1（1～8）	DB68	连接到 IIA 板

（5）插拔说明

ET 上没有静电敏感器件，支持热插拔操作。

九、BEMU

BEMU 位于机顶，竖插，用于接入系统内部和外部的告警信息（包括环境监控、传输、电源、风扇等的告警信息），为 BCCS 板提供管理通道，并为 BCCS 提供 GPS、BITS 基准时钟，以及对外提供测试时钟接口等。

BEMU 模块由环境监控板 BEMC 和环境监控辅助板 BEMS 组成。BEMC 板和 BEMS 板叠放，如图 8-30 所示。

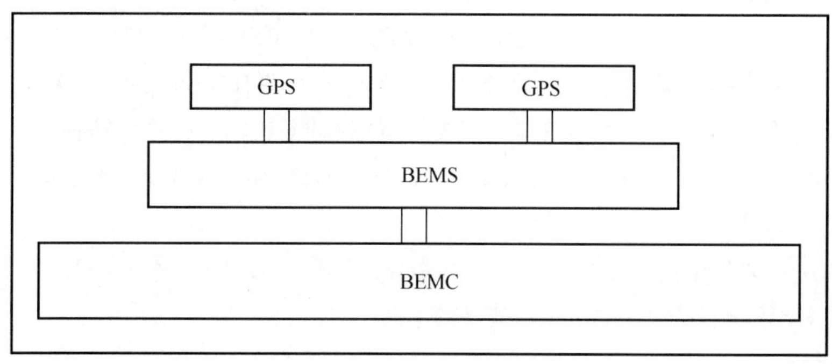

图 8-30　BEMC 叠放示意图

1. 功能说明

BEMU 的功能通过 BEMC 和 BEMS 实现，原理框图如图 8-31 所示。

（1）BEMC 实现的功能

➢ 提供和外部环境监控设备的接口。有干结点接入形式（16 路输入）或串口通信形式（RS-232、RS-422 信号各 1 路，但接入外部设备时只选择其中 1 种通信方式）；同时具有干结点输出（8 路输出），对外有一定的控制功能。

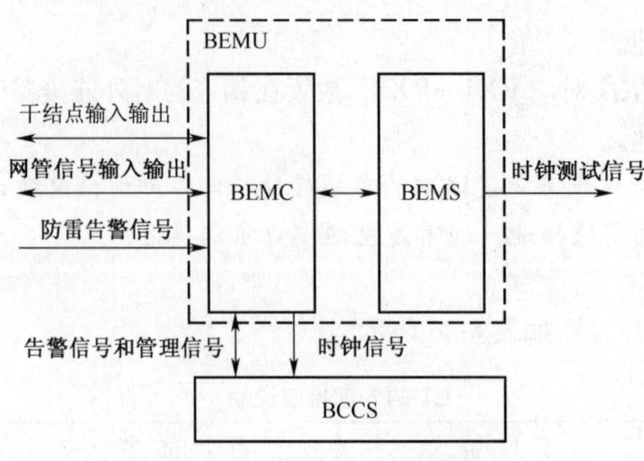

图 8-31 BEMU 原理框图

- 提供外部或内部传输设备（SDH）的网管信息接入。采用 1 路 10M 以太网接口，BEMC 有两个 DB9 的网口头（单板上下部各一个），两个网口直连，用来接入从不同方向（机顶外部或下层机框）来的 SDH 设备。同时只能接一路。
- 提供外部电源设备的网管信息接入。提供 1 个 RS232 的接口，BEMC 将串口数据接收后，通过网口将数据转发给 BCCS。
- 提供与风扇控制板 FC 的接口信号。采用 TTL 电平接口，并提供 3.3V 电源。
- 提供 1 路和 BCCS 的通信链路。采用 100M 以太网，用来上报告警信息以及接入管理信息。与 BCCS 接口的接插件在 BEMS 单板上。
- 接入电源插箱送入的–48V 电源，转换出本板所需的电源。
- 提供防雷告警信号的接入。
- 提供与 BELD 板的接口。

（2）BEMS 实现的功能

- 为本系统时钟单元(主备 BCCS 板)各提供 1 套 BITS 基准时钟(从外部接入 2Mbits 和 2MHz 基准时钟各 1 路，由 CPU 选择其中一路作为基准时钟送给 BCCS)。
- GPS 接收机以子卡的形式放在 BEMU 内，对 GPS 信号进行转接，为主备 BCCS 各提供 1 路 GPS 基准时钟（1pps，LVDS 传输）和 1 路 GPS 子卡的通信通道（采用 RS-422 接口）。
- 提供到机架外部的时钟测试口（10MHz、8kHz、200Hz 各 1 路）。
- 提供 DBG 测试以太网接口，共 2 路。

2. 单板说明

（1）面板说明

BEMU 模块的面板示意图如图 8-32 所示。

📖说明：BEMU 竖插在机顶，此处的前面板指朝上的面板，后面板指面向机柜内部的面板。

另外，BEMU 面板上有一个复位按钮 RST，用于单板复位。

（2）外部接口

BEMU 模块的外部接口说明如表 8-27 所示。

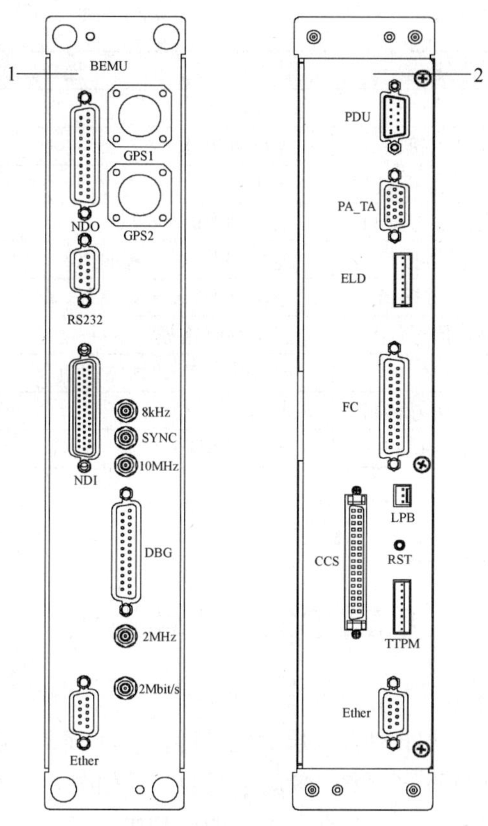

1—前面板　2—后面板

图 8-32　BEMU 模块的面板示意图

表 8-27　　BEMU 模块的外部接口说明

接口标示	接口类型	连接关系
前面板		
NDI	DB44，信号接口	连接到外部设备环境监控单元的干结点告警（输入）
NDO	DB25，信号接口	连接到外部环境监控单元的干结点告警（输出）和其他串口
RS232	DB9，信号接口	连接到外部电源监控设备
Ether	DB9，信号接口	连接到 SDH 系统（外置）
GPS1	N 插头，信号接口	连接到天线
GPS2	N 插头，信号接口	连接到天线
8kHz	CC4 插头，信号接口	测试时钟输出，连接到仪表
SYNC	CC4 插头，信号接口	测试时钟输出，连接到仪表
10MHz	CC4 插头，信号接口	测试时钟输出，连接到仪表
DBG	DB25，信号接口	未用
2MHz	CC4 插头，信号接口	外部输入时钟
2Mbit/s	CC4 插头，信号接口	外部输入时钟

续表

接口标示	接口类型	连接关系
	后面板	
PDU	DB9，电源接口	连接到电源
PA-TA	DB15，信号接口	未用
ELD	8 芯插座，信号接口	连接到 BELD 单板
FC	DB25，信号接口	连接到 FCC 单板的 X2
CCS	DB68，信号接口	连接到 BCR 背板 X3、X4
LPB	3 芯插座，信号接口	连接到防雷模块
RST	按键开关	BEMU 的手动复位按钮
TTPM	8 芯插座，信号接口	未用
Ether	DB9，信号接口	连接到 SDH 系统（内置）

（3）插拔说明

BEMU 不支持热插拔操作。

8.5　B328 软件系统

1. 总体结构

ZXTR B328 软件系统采用模块化、层次化设计，分为 SPS 子系统、TNS 子系统、OAM 子系统、DBS 子系统以及 OSS 子系统。各层之间的关系如图 8-33 所示，图中的 BSP（Board Support Package）指板级支持包，是介于主板硬件和操作系统之间的一层，应该说是属于操作系统的一部分，主要作用是实现支持操作系统，使之能够更好地运行于硬件主板。各软件子系统的说明如表 8-28 所示。

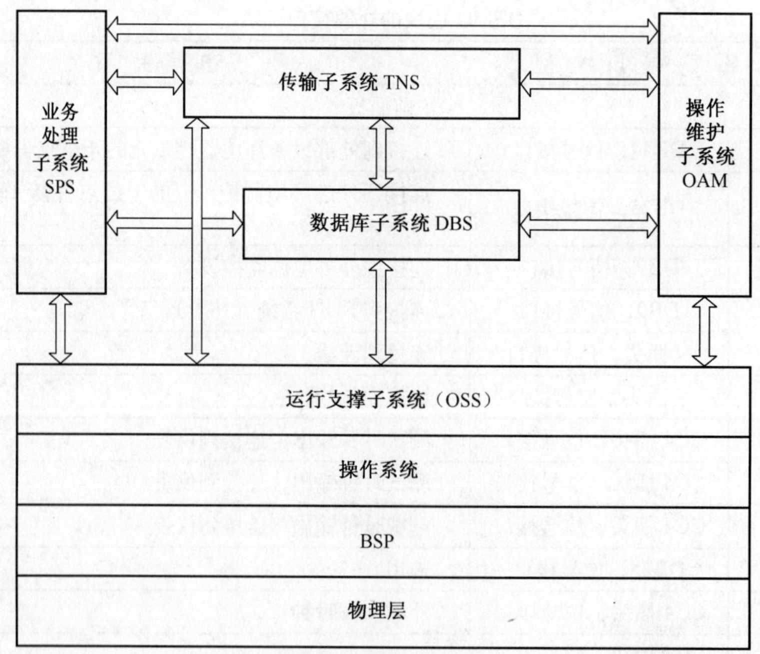

图 8-33　软件总体框图

表 8-28　　各软件子系统说明

子系统标示	子系统名称	子系统功能说明
SPS	业务处理子系统	处理 NABP 信令和 FP 帧数据
OAM	操作维护子系统	完成对系统的维护操作，主要包括软件版本管理、配置管理、故障管理、诊断管理及一些辅助功能
TNS	传输子系统	管理和控制传输资源，建立并维护传输承载
DBS	数据库子系统	保存后台配置数据和动态配置的数据
OSS	运行支撑子系统	运行支撑部分，主要包括三方面的内容——虚拟机环境、系统控制和通信处理

ZXTR B328 系统中，除了 IIA、TBPA、BCCS、TORN、BEMU 是软硬件单板，其他均为纯硬件单板。各软件子系统在各物理单板上的功能分布如图 8-34 所示。

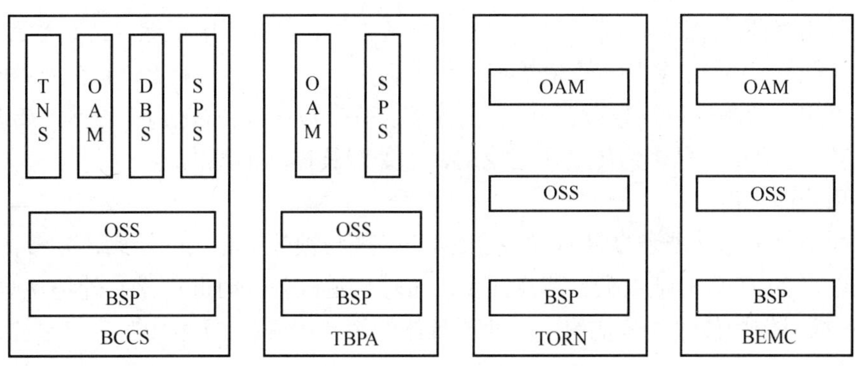

图 8-34　B328 系统软件部署图

2. OAM 软件子系统

OAM 软件子系统实现对系统的维护操作，主要包括软件版本管理、配置管理、故障管理、诊断管理及一些辅助功能。另外，由于 ZXTR B328 系统与 ZXTR R04 共同协作完成 Node B 的业务功能，对于 R04 的管理将通过 ZXTR B328 进行。

OAM 软件子系统主要功能包括如下几方面。

- 版本管理：响应用户对系统各个单板软件版本的更新和测试（主 CPU 版本、外围芯片包括 DSP 及 FPGA 的版本）。
- 配置管理：包括用户对系统各类静态参数的配置和更新，提供对系统中各类资源状态的管理，主要包括传输参数配置（ATM 相关）、无线资源参数配置（本地小区、频点、基带）、物理配置（机架、机框、机槽、单板）。
- 故障管理：对于系统的故障及时上报给后台，或保存部分故障待用户查询，并自动进行故障隔离，以使系统的故障对用户业务的影响降到最低限度；主要包括天线通道的故障处理、与载波相关的故障处理；处理时需变更各种资源的状态（主要有单板、DSP、本地小区），还会触发系统的降质使用和基带资源池的动态分配。
- 诊断管理：主要提供用户对系统各个单板的主要芯片（DSP、FPGA、FLASH 等）、业务通路（天线射频通道、传输通道）、通信通道（串口、网口）等的一些测试手段，便于对系统故障进行定位。

- 辅助功能：帮助用户对系统处理的 Iub 接口 NBAP 信令、传输层信令（ALCAP、SSCOP）信令进行跟踪；对系统运行的异常记录上报到后台，保证故障的可跟踪性；另外提供一些辅助工程、研发、测试的命令，便于各个阶段对于系统的维护和使用。
- RRU 代理功能：辅助后台实现对 RRU 的操作维护功能，并对 BBU 与 RRU 间的交互协作进行处理。

3. SPS 软件子系统

SPS 软件子系统用于完成控制面功能和用户面功能两部分。

(1) 控制面功能

控制面功能是指处理来自 RNC（通过 Iub 接口）的 NBAP 信令。NBAP 信令可分成公用资源和专用资源两个部分。

- 公用资源的处理分布在 IIA、主控板、基带板，包括小区配置、公共信道配置、公共测量、审计、复位、资源状态指示等功能，其中，小区配置过程涉及 RRU 单元。
- 专用资源的处理只分布在 IIA、主控板、基带板单板，包括 RL 配置、专用测量等功能。IIA 板只作为传输通道使用，不处理具体的消息内容。

(2) 用户面功能

用户面功能是指处理来自 RNC 的帧数据和一些与帧数据相关的控制，分布在 IIA、基带板，处理来自 RNC 的帧数据、节点同步、传输信道同步、时间调整、外环功率控制等，同样，IIA 板只作为传输通道使用，不处理具体的消息内容。

4. OSS 软件子系统

OSS 软件子系统介于上层应用软件和实时操作系统之间，并提供以下功能。

- 进程管理：提供通信系统有限状态机（CFSM）管理，在操作系统任务之上实现进程调度功能。
- 消息传递：提供进程间同步（异步）消息传递及任务向进程发送消息功能。
- 内存管理：提供动态内存管理功能。
- 定时器管理：提供相对定时器、绝对定时器和系统时间的管理功能。
- 文件管理：提供文件管理和日志功能。
- 资源监控：提供对系统运行的资源（任务、进程、栈、内存、CPU 占有率）监控，捕获并处理软件异常。
- 板间通信：屏蔽板间实际通信链路，为上层应用提供统一的进程通信原语，实现板间进程的可靠通信。
- 系统控制：提供单板管理（在位检测、开关电控制、复位、指示灯、看门狗、接入控制)、BCCS 主备竞争/倒换、启动流程控制和底层告警处理。

5. DBS 软件子系统

DBS 软件子系统作为软件系统的一部分，需要完成的功能是对系统的主要数据进行统一管理，只分布在 BCCS 硬件单板上。其主要实现下列功能。

- 数据的组织和管理功能：负责组织与管理 Node B 内一些的通用数据，包括资源管理和配置数据、系统管理数据等。

- 数据的加载和维护功能：负责创建和维护内存中的对象实例、加载数据、主备同步、存储数据等。
- 提供存取接口：对外提供各种数据操作的接口，其他子系统通过 DBS 提供的数据库存取接口完成对数据库的调用。

6. TNS 软件子系统

TNS 软件子系统的主要作用是实现业务特定支撑功能 SSCS、AAL2 资源管理和控制功能。

（1）AAL2 资源管理和控制

AAL2 资源管理和控制的支持功能由 ALCAP 实现，即：当 SPS 子系统需要时，根据无线链路管理需要提供 AAL2 连接的管理服务，具体功能如下所述。

- AAL2 连接的建立。
- AAL2 连接的释放。
- AAL2 连接的阻塞与恢复。
- AAL2 连接的复位。
- AAL2 连接的资源管理。
- AAL2 连接的错误管理。
- 实现对 AAL2 的管理和控制功能。
- 接收来自 BAS 板消息和 RNC 的 ALCAP 消息的分发功能。
- 支持对 ALCAP 协议的信令跟踪。

（2）业务特定支撑功能 SSCS

业务特定支撑的功能由 SSCS 实现，包括 SSCF-UNI 和 SSCOP，具体功能如下。

① SSCF-UNI 功能：SSCF-UNI 接收高层用户（ALCAP 和 NBAP）的业务请求，并协助 SSCOP 提供信令连接和（非）证实数据传递，将 SSCOP 的业务映射成 AAL 用户的需求。

② SSCOP 的功能是给 SSCF 提供服务，为上层信令用户建立和释放信令连接，并在该连接上提供（非）证实方式数据传送，以可靠交换信令消息，详细功能如下所述。

- 传送具有序列完整性的用户数据。
- 选择性重发校正。
- 流量控制。
- 连接控制。
- 保活。
- 本地用户数据检索。
- 层管理差错通告、协议控制信息错误检测、状态报告。
- 为管理与维护提供必要信息（包括信令跟踪和故障管理）。

8.6　B328 组网方式

B328 组网方式须支持 B328 与 RNC 的 Iub 口的组网，以及 B328 与 RRU 间光接口的组网。

1. B328 与 RNC 组网

B328 提供了三种物理接口，即 STM-1 光接口、E1 接口和 T1 接口，这三种物理接口都可用于 B238 之间的级联。

级联数根据 Iub 接口的容量和 B238 的容量确定，即级联 B238 的总容量应小于 Iub 接口的容量。级联的 B238 可以同步于上一级 B238 发送的线路时钟。

2. 链形组网

B328 与 RNC 的链形组网方式如图 8-35 所示。

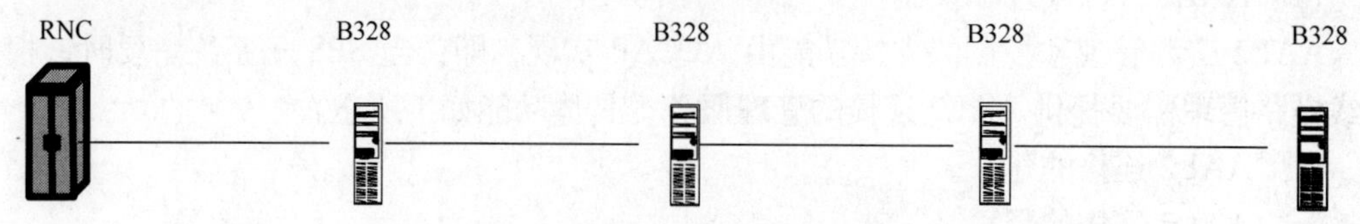

图 8-35 B328 与 RNC 的链形组网方式示意

链形组网适用于一个站点级联多台 B328 的情况，例如呈带状分布且用户密度较小的地区，这种组网方式可以节省大量的传输设备；但由于信号经过的环节较多，线路可靠性较差。

实际工程组网时，由于站点的分散性，在 RNC 和 B328 之间常常要采用传输设备作为中间连接。常用的传输方式有微波传输、光缆传输、xDSL 电缆传输和同轴电缆传输等。

3. 星形组网

B328 与 RNC 的星形组网方式如图 8-36 所示。

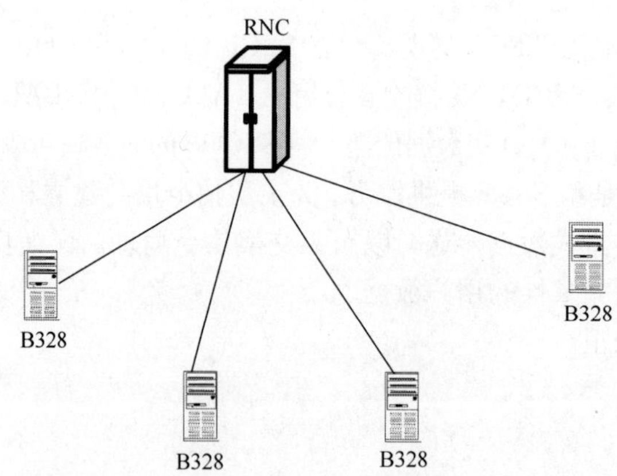

图 8-36 B328 与 RNC 的星形组网方式示意

星形组网时，每个 RNC 直接引入 n 条 STM-1、E1 或 T1。由于组网方式简单，维护和施工都很方便，适用于城市人口稠密的地区；而且信号经过的环节少，线路可靠性较高。

4. 混合组网

B328 与 RNC 的星形和链形的混合组网方式如图 8-37 所示。

5. B328 和 RRU 组网

ZXTR B328 和 RRU 之间支持星形组网方式、链形组网方式、环形组网方式以及混合组网方式。

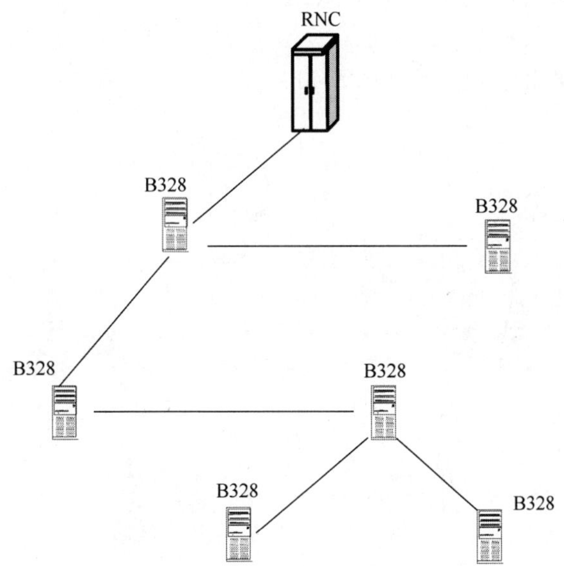

图 8-37　B328 与 RNC 的混合组网方式示意

（1）星形组网

B328 和 RRU 的星形组网方式如图 8-38 所示。

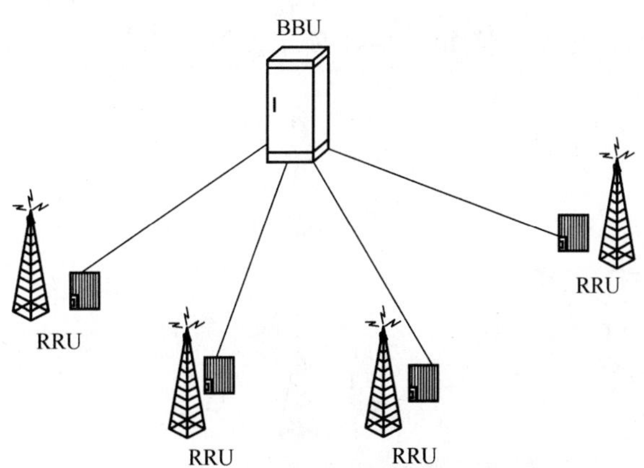

图 8-38　B328 和 RRU 的星形组网方式示意

星形组网时，B328 和每个 RRU 直接相连，RRU 设备都是末端设备。

（2）链形组网

B328 和 RRU 链形的组网方式如图 8-39 所示。

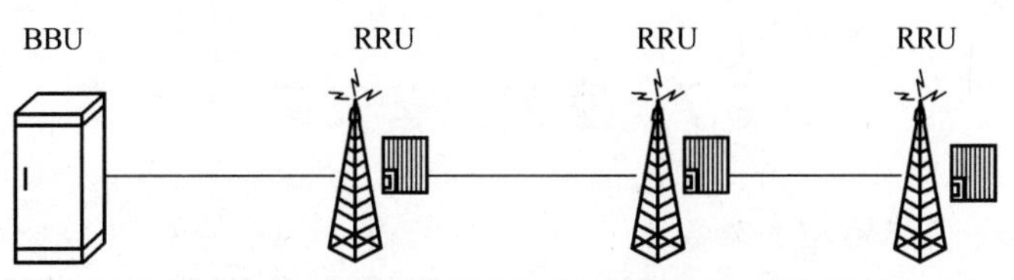

图 8-39　B328 和 RRU 的链形组网方式示意

链形组网方式最多可以支持 5 级 RRU 组网。

(3) 环形组网

B328 和 RRU 的环形组网方式如图 8-40 所示。

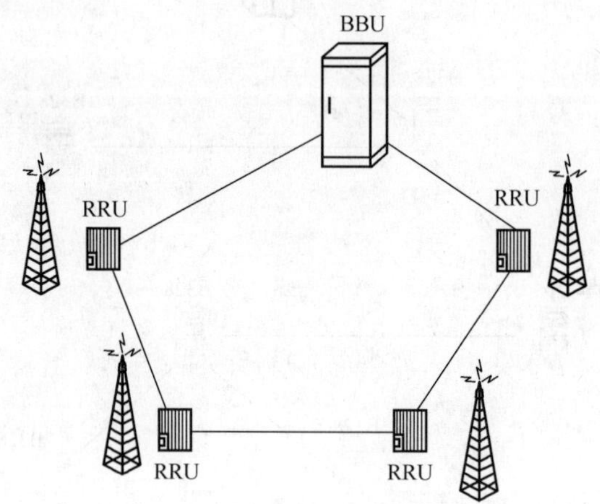

图 8-40 B328 和 RRU 的环形组网方式示意

环形组网比链形组网可靠性高，当环的某一部分出现断链后，系统具有自愈功能。一个环分成两条链，保证了各个 RRU 的正常工作。

(4) 混合组网

B328 和 RRU 的混合组网方式如图 8-41 所示。

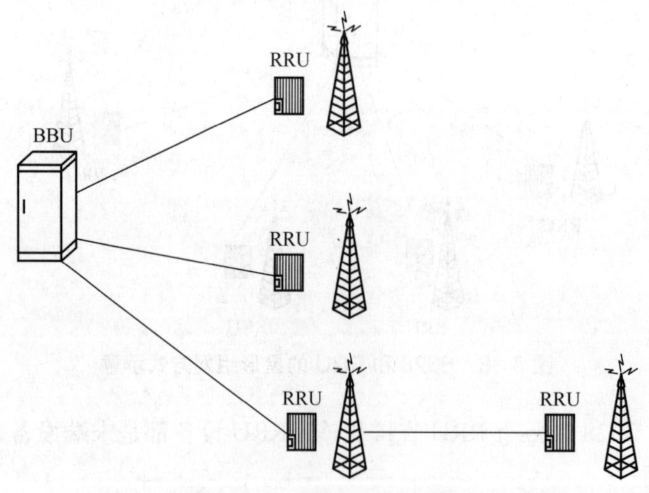

图 8-41 B328 和 RRU 的混合组网方式示意

8.7 室内设备安装

1. 室内设备安装前的人员准备

(1) 工程合作的情况下，工程安装以合作方技术人员为主、以客户方技术人员为辅共同完成，中兴技术人员为工程督导。

(2) 非工程合作的情况下，工程安装以中兴技术人员为主、客户方技术人员为辅共同完成。

(3) 合作方技术人员应经过中兴的严格培训、考核，掌握系统的安装、调试方法，并取得上岗证书后方有资格在中兴工程督导的督导之下进行设备安装与调试。

(4) 客户方技术人员应经过中兴的预培训，掌握一定的安装、施工方法。

2. 室内设备安装前的室内环境检查

主要检查机房是否有市电接入、建筑物的承重能力是否符合要求、防雷接地是否具备、机房是否按要求进行粉刷、判断温度、湿度是否满足要求、机房空调是否安装、排水系统是否完成等。

3. 室内设备安装前的开箱验货

➢ 搬运前找到 1 号箱，了解发货总体信息。
➢ 依照装箱清单，找出相应的包装箱。
➢ 将包装箱搬运到机房或机房附近进行开箱。
➢ 使用开箱工具，如撬杠、大一字螺丝批、锤子等，打开装有机柜的包装箱。
➢ 与客户一起点货，填写《开箱验货报告》，交客户签字确认。
➢ 当出现错货、缺货时，打电话联系中兴通讯当地办事处。
➢ 取出机柜，直立于坚实的地面上。
➢ 根据需要打开其他包装箱。

4. 室内设备安装前的工具准备

安装室内设备需准备的工具如下。

➢ 电钻及钻头。
➢ 吸尘器。
➢ 斜口钳、尖嘴钳、老虎钳、剪线钳、PCM 接头制作压线钳、液压钳。
➢ 小号活动扳手、大号活动扳手。
➢ 大号十字螺丝刀、小号十字螺丝刀、大号一字螺丝刀、小号一字螺丝刀。
➢ 电烙铁、助焊剂、焊锡丝、美工刀、热风枪。
➢ 地阻仪、数字万用表。
➢ 5m 的卷尺、水平仪、记号笔。
➢ 铁锤、橡皮锤。
➢ 馈缆连接器制作专用工具。
➢ 其他辅助工具。

8.8 室内设备的安装流程图

室内设备的安装流程图如图 8-42 所示。

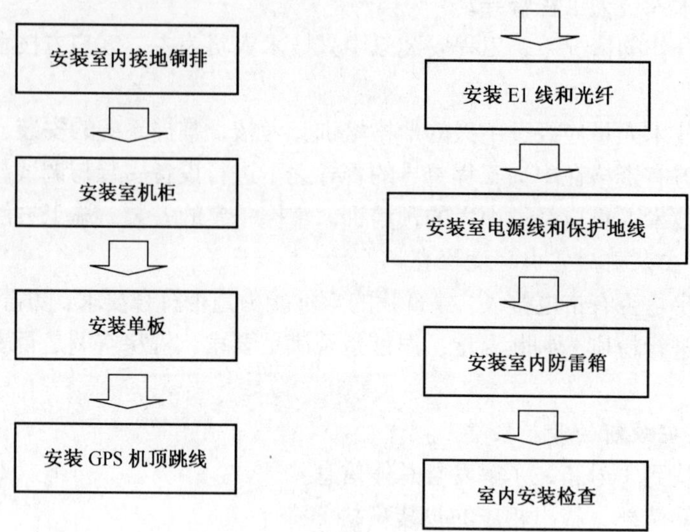

图 8-42 室内设备的安装流程图

计划与建议

计划与建议（参考）	
1	根据设备安装的流程制定设备安装计划，编写《B328 设备安装自检表》
2	根据设备安装的流程做室内设备的安装准备
3	小组讨论 B328 室内设备安装的每一步操作中的重点和注意事项
4	小组练习 Node B 硬件的室内设备安装，并进行整个安装过程总结

展示评价

（1）教师及其他组负责人根据小组展示汇报的整体情况进行小组评价。

（2）学生展示汇报中，教师可针对小组成员的分工，对个别成员进行提问，给出个人评价表。

（3）组内成员互评表打分。

（4）自评表打分。

（5）评选今日之星。

试一试

（1）ZXTR B328 主要由________、________、________、________、________组成。

（2）ZXTR B328 主要完成 TD Node B 的________功能，________、________功能，________功能，以及________功能。

（3）XTR B328 内部时钟系统包括 2 套时钟体系，即______体系、______体系。

(4) ZXTR B328 软件系统采用模块化、层次化设计，包括________子系统、________子系统、________子系统、________子系统以及________子系统。

(5) ZXTR B328 与 RNC 通过________接口组网，ZXTR B328 与 RRU 间通过________接口组网。

(6) 介绍 Iub 接口板 IIA 的主要功能。

阐述 B328 设备的安装流程和安装注意事项，并介绍几种主要工具的使用方法。

任务九　室外设备安装

资 讯 指 南	
资 讯 内 容	获 取 方 式
RRU 设备的功能是什么？	阅读资料； 上网； 查阅图书； 询问相关工作人员
智能天线的主要优势和特点是什么？	
室外设备安装前有哪些工具需要准备？	
室外设备安装前室外环境检查有哪些项目？	
室外设备安装对工程人员有哪些素质要求？	
GPS 安装有哪些要求？	
室外设备安装的基本流程和步骤是什么？	

9.1　操作任务描述

在 RRU 安装实训室进行实地操作，具体如下所述。

- RRU 设备安装前的人员准备。
- 进行室外设备安装前的室外环境检查。
- 进行室外设备安装前的工具准备。
- 学习馈线头、铜鼻子、防水的制作。
- 按 RRU 设备安装的基本流程和步骤安装设备。

室外设备安装的注意事项如下。

- 工具、RRU 设备按规定摆放。
- 核实安装合同、安装图纸信息。
- 高标准要求室外环境检查。
- 注意用电安全。

9.2　R04 设备概述

随着 TD-SCDMA 技术的大力发展和成熟以及国家对该技术的支持，建设 TD-SCDMA 网络已经是大势所趋。

采用智能天线的 TD-SCDMA 技术往往导致馈线多，施工难度大，同时也加大了新兴移动运营商站址资源获取的难度。解决这些问题将是影响 TD-SCDMA 能够大规模部署的一个重要因素。采用基于基带池构架的 RRU（Remote Radio Unit）远置的 Node B 就能够有效解决馈线多、施工难度大以及站址资源获取难的问题，是规模部署中的一种常用机型。

ZXTR R04 是符合 3GPP TD-SCDMA 标准的、基于基带拉远的一种 RRU，和 BBU 一起完成 TD-SCDMA 系统中 Node B 的功能。其施工方便，可以使运营商节省建网成本，快速开展业务，早日收回投资，满足运营商快速建网和盈利的需求。

ZXTR R04 是 Node B 系统中的射频拉远单元，在 Node B 系统中的位置如图 9-1 所示。

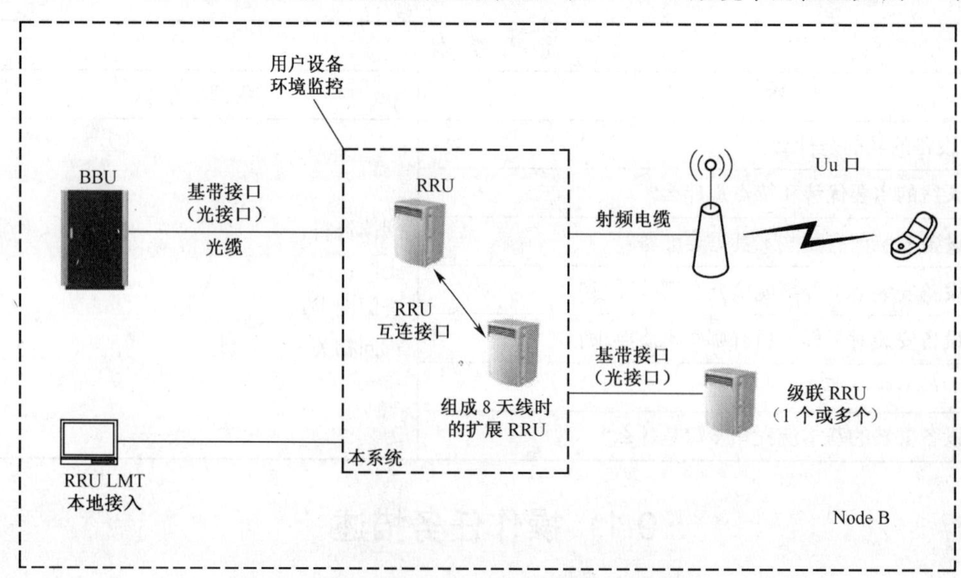

图 9-1　ZXTR R04 系统在 Node B 中的位置

与 ZXTR R04 相关的外部系统及接口说明如表 9-1 所示。

表 9-1　外部系统及接口说明

外部系统	功能说明	接口说明
BBU	基带资源池，实现 GPS 同步、主控、基带处理等功能	光纤接口
UE	UE 设备属于用户终端设备，实现和 RNS 系统的无线接口 Uu，实现话音和数据业务的传输	Uu 接口
扩展 RRU	R04 是 4 天线的 RRU 系统，组成 8 天线时需要扩展 RRU	控制接口和时钟接口
级联 RRU	实现 1 个或多个 RRU 级联	光纤接口
外部监控等设备	用户监控设备	干结点
RRU LMT	对 RRU 进行操作和维护，在 RRU 本地接入	以太网口

9.3 R04设备的功能和特点

一、基本功能

（1）系统最多可以支持6载波的发射和接收，大大提高了系统的容量。

（2）每个ZXTR R04支持4个发射通道和接收通道，从而支持4天线的发射和接收。

（3）支持两个RRU组成一个8天线扇区，即系统容量为单个R04支持6载波4天线，两个R04互连支持6载波8天线。

（4）支持RRU级联功能。RRU提供上联光接口和下联光接口，能够使得RRU级联组网。

（5）具有通道校准功能。通过对发射通道和接收通道分别进行校准，使各个发射通道间达到幅相一致的要求，各个接收通道也达到幅相一致的要求。

（6）支持上下行时隙转换点配置功能。支持BBU对上下行时隙切换点的配置，支持的时隙切换点配置主要包括如下几项。

- 时隙切换点在TS3和TS4之间。
- 时隙切换点在TS2和TS3之间。
- 时隙切换点在TS1和TS2之间。

（7）支持到BBU的光纤时延测量和补偿。

（8）支持发射载波功率测量。支持各发射载波、天线 DwPTS 时隙周期性功率测量，各载波、各发射通道分别测量，参考点为天线连接处。

（9）具有操作维护功能，主要包括故障管理、性能管理、安全管理、版本管理。

- 故障管理功能：系统提供远程告警上报、远程告警查询功能，同时提供本地告警查询功能。
- 性能管理功能：主要包括CPU利用率远程查询、内存使用率查询、光接口通信链路性能统计查询、主备通信链路统计查询。
- 安全管理功能：系统对并发访问进行控制，当多用户并发操作时，保证系统安全。
- 版本管理功能：主要包括远程版本下载、远程版本信息查询、本地版本下载，本地版本查询、Boot版本的本地下载以及硬件版本信息查询等。多种版本管理功能在实际的组网应用中提供了多种选择性，方便了用户的工作。

（10）支持电源管理功能，主要包括本地射频通道电源管理，系统可以通过命令打开或者关闭本地射频通道电源、远程射频通道电源管理以及断电告警。

（11）具有透明通道功能。系统提供一条到远程操作维护终端的透明通道，方便用户操作。

二、系统特点

1. 关键技术

（1）天线校准。BBU+RRU 支持智能天线，要求各收发通道幅相一致，但由于各收发通道的离散性，其幅相一致性并不能满足智能天线的要求，因此需要通过天线校准进行补偿。天线校准在RRU进行。天线校准（AC）和功率校准（PC）一起为波束赋形和联合检测提供最优的条件。

(2) 功率校准。在RRU中，可以通过高精度的功率检测和补偿方法，使得收发通道模拟部分的误差得到降低，保证天线单元的准确的发射功率和接收通道准确的增益。

(3) 通道时延测量。智能天线对各通道时延一致性的要求比较高，在时延不一致的情况下，需要产生相应的告警，并对通道重新同步。解决这一问题的方法是对通道时延一致性进行测量。

(4) 主从概念。当一个扇区配置8天线时，需要两个RRU才能实现。组成一个扇区的两个RRU之间的主从关系包括时钟主从、校准主从和控制主从。

(5) 光接口通信。系统提供两个光接口，用于RRU的级联和环形组网。光接口速率为1.25Gbit/s，提供24A×C的容量。

(6) 无线口同步。无线口同步是指Node B间的TDD同步，采用GPS方式进行同步。

2. 应用优点

(1) 应用范围广，适用于密集城区、一般城区、城市郊区、县城、城镇等多种区域。

(2) 功率大，覆盖面积广。

(3) 容量大，系统支持6载波发射和接收。

(4) 支持多种天线，包括8天线圆阵列智能天线、8天线线阵列智能天线、4天线线阵列智能天线和非智能天线。

(5) 系统采用光纤拉远方式，避免射频馈缆太长，以防增大建设建网的工程量和成本，方便工程安装。

(6) 支持远程在线软件平滑升级。

(7) 支持远程操作维护，减少维护工作量。

(8) 支持灵活的组网方式，系统与BBU配合支持星形组网、链型组网、环型组网以及混合组网，满足不同应用场景下的组网需求。

3. 工艺结构特点

(1) 采用自然散热形式的铝合金压铸壳体结构，整体结构分为上下壳体两部分，结构紧凑，体积较小，散热面积大，且批量生产成本低。

(2) 壳体采用铝合金压铸成型，表面进行导电氧化处理，外表面喷漆（中兴银）。壳体的壁厚均匀，在壳体的外侧壁上设置加强筋，用于增加强度。

(3) 上下壳体之间有一对铰链，保证在开关壳体时不会损失内部的电缆。铰链是直接和壳体铸在一起的。

(4) 在上下壳体的侧壁上设置两只把手，以方便各种场合下的搬运。同时，为了便于工程现场进行吊装，可在壳体的顶部加装吊环螺栓。

(5) 设备的所有对外接口都分布在底部，所有电缆通过转接头进入壳体内部。电缆转接头都自带密封垫，满足防水和防尘的要求。整机防护设计满足IP65要求。

9.4 硬件系统

下面介绍ZXTR R04的硬件结构和硬件工作原理。

一、结构布局

1. 整机外形

ZXTR R04 整机外形如图 9-2 所示。

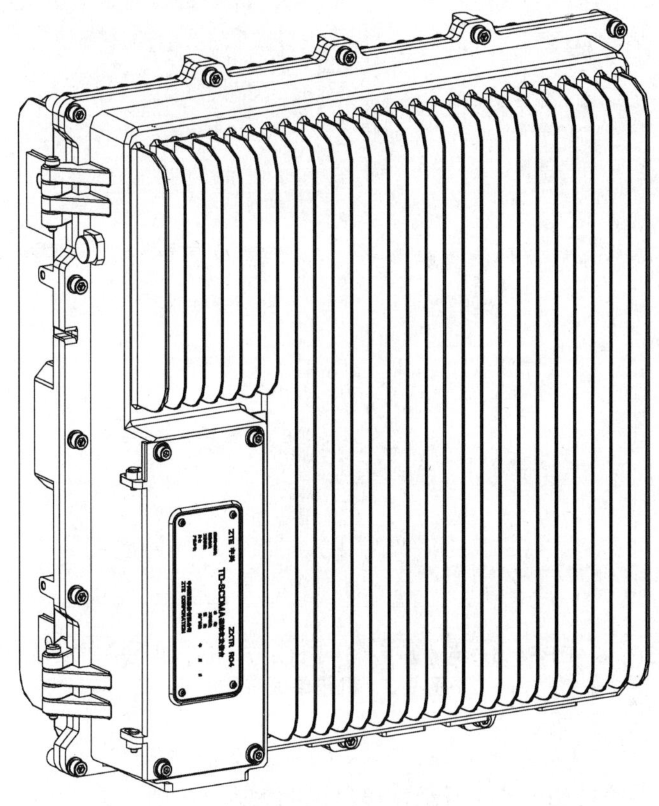

图 9-2 R04 外形结构

2. 机箱布局

机箱内部布局如图 9-3 所示，单板说明如表 9-2 所示。

表 9-2 单板说明

单板名称	说　明
RIIC	RRU 接口中频控制板
RTRB	RRU 收发信板
RLPB	RRU 低噪放功放子系统
RFIL	RRU 腔体滤波器子系统
RPWM	RRU 电源子系统
RPP	RRU 电源防护板
RSP	RRU 信号防护板

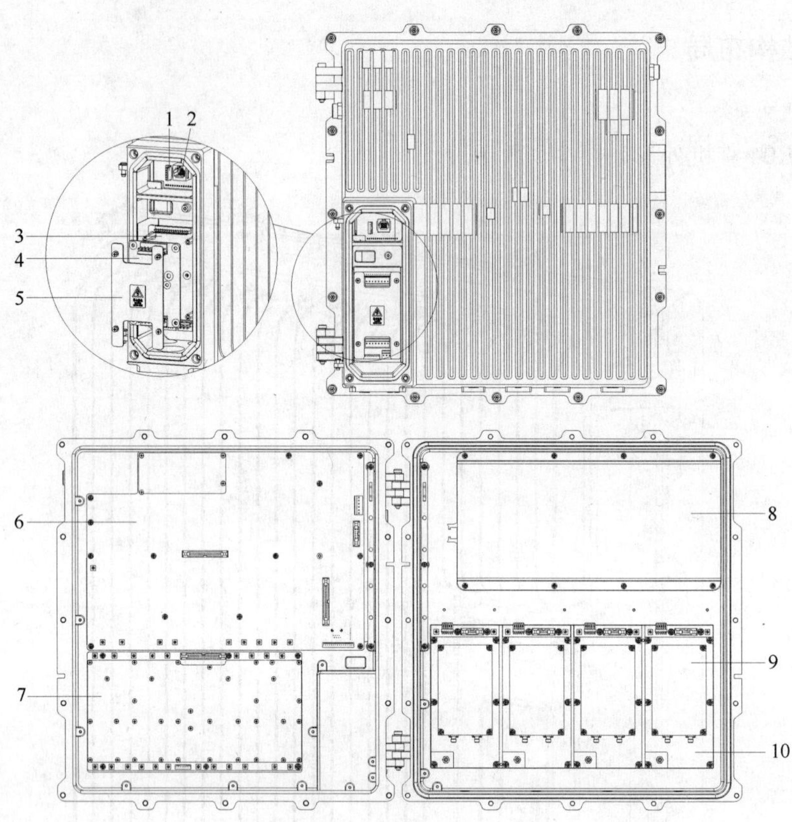

1—指示灯；2、3—RSP；4—RPP；5—绝缘盖板；6—RIIC；7—RTRB；8—RPWM；9—RFIL；10—RLPB

图 9-3 机箱单板布局

3. 外部接口

ZXTR R04 外部接口如图 9-4 所示，接口说明如表 9-3 所示。

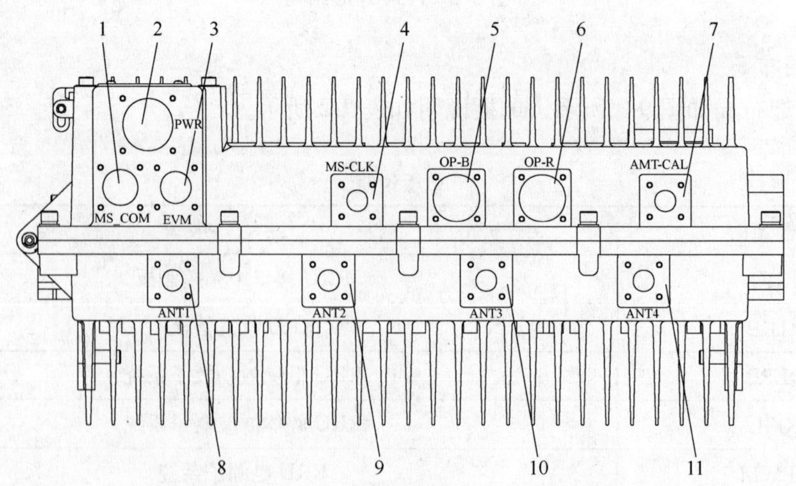

1—MS_COM 2—PWR 3—EAM 4—MS_CLK 5—OP-B 6—OP-R 7—ANT_CAL
8—ANT1 9—ANT2 10—ANT3 11—ANT4

图 9-4 ZXTR R04 外部接口

表 9-3　　R04 外部接口说明

接口标识	接口名称/型号	连接外部系统	接口功能概述
ANT1	天线端口/N 型 FEMALE 密封插座	RRU→天馈系统	天馈连接接口，用于与天馈连接实现与 UE 的空中接口的传输，以及天线校正
ANT2			
ANT3			
ANT4			
ANT_CAL			
OP_B	上联光纤端口/对纤密封光纤插座	RRU→BBU 或 RRU	实现与BBU或者级联RRU之间的 IQ 数据和通信信令的交互
OP_R	下联光纤端口/对纤密封光纤插座		
MS_COM	主从通信互联端口/10 芯航空插座	M_RRU→S_RRU	实现主从 RRU 组网的通信，同步等信息的互连和交互
MS_CLK	主从时钟互联端口/10 芯航空插座	M_RRU→S_RRU	
EAM	外部设备环境监控端口/10 芯航空插座	RRU→外部设备	通过该接口为外部设备提供环境告警和控制信息的交互
PWR	电源端口/3 芯航空电源插座	RRU→电源设备	通过该接口实现对 RRU 的电能供应和保护接地

4. 指示灯

RIIC 板指示灯分布如图 9-5 所示。

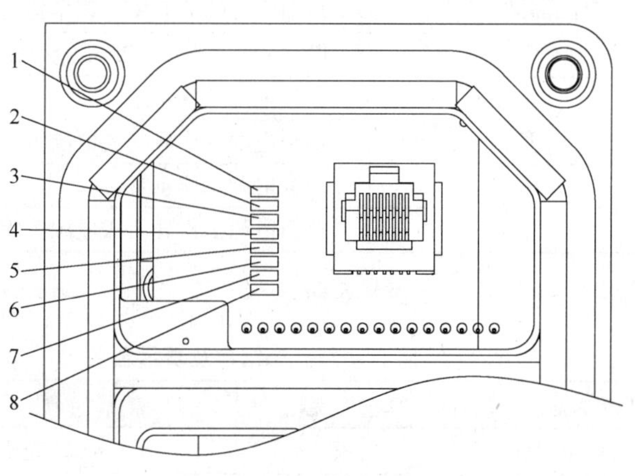

图 9-5　RIIC 板指示灯

RIIC 指示灯定义如表 9-4 所示。

表 9-4　　指示灯说明

序号	指示灯名称	信 号 描 述	指示灯颜色	物 理 属 性
1	4V3	6V 电源指示	绿色	硬件
2	3V3	5V 电源指示	绿色	硬件
3	FPGA	FPGA 运行指示	绿色	硬件

续表

序号	指示灯名称	信 号 描 述	指示灯颜色	物 理 属 性
4	OP2	光口 2 告警	红色	硬件
5	OP1	光口 1 告警	红色	硬件
6	ALM	告警指示灯	红色	软件
7	ALM	告警指示灯	红色	软件
8	RUN	运行指示灯	绿色	软件

RIIC 指示灯状态说明如表 9-5 所示。

表 9-5 指示灯状态说明

指示灯名称	指示灯可能状态	状态的含义
ALMRUN	参见表	
ALM		
EPLD	3Hz 周期性快闪	FPGA 无版本
	1.5 Hz 周期性慢闪	FPGA 有版本
	常灭	EPLD 没有烧入（可以在线下载）
OP1	常亮	光接口 1 无功率告警
	常灭	光接口 1 工作正常（需要 FPGA 有版本）
OP2	常亮	光接口 1 无功率告警
	常灭	光接口 1 工作正常（需要 FPGA 有版本）
FPGA	5Hz 周期性闪烁	目前定义的为 FPGA 正常运行
	常灭	FPGA 无版本或 FPGA 运行异常
3V3	常亮	单板电源工作正常
	常灭	单板电源工作异常或电源关闭
4V3	常亮	单板电源工作正常
	常灭	单板电源工作异常或电源关闭

RUN 和 ALM 的状态组合说明如表 9-6 所示。

表 9-6 RUN 与 ALM 指示灯状态组合及表示意义

状态名称	RUN 状态	ALM 状态	表 示 含 义
初始化	5Hz 周期性闪烁	常灭	RRU 处于初始化状态
正常运行	1Hz 周期性闪烁	常灭	RRU 结束初始化状态
Boot 指示	常亮	常亮	复位按钮按下（灯全亮），硬件
	常灭	常灭	处于 Boot 过程中 BSP 以及 vxworks 初始化
	2Hz 周期性闪烁	常灭	处于人工模式
版本下载	5Hz 周期性闪烁	常灭	版本下载中
故障告警	1Hz 周期性闪烁	常亮	时钟告警
	1Hz 周期性闪烁	1Hz 周期性闪烁	BBU 通信断
	5Hz 周期性闪烁	常亮	FPGA 下载失败

续表

状态名称	RUN 状态	ALM 状态	表 示 含 义
自检失败	常灭	5Hz 周期性闪烁	—
	常灭	2Hz 周期性闪烁	—
	常灭	0.5Hz 周期性闪烁	自检失败，中频芯片发现错误

二、工作原理

1. 总体框图

ZXTR R04 作为 Node B 系统的室外拉远单元，其核心功能就是完成多载波多通道的上行和下行的基带 IQ 信号和天线射频信号之间的转换，为整个 Node B 系统提供收发信通道。

该收发信通道主要包括 RIIC、RTRB、RLPB、RFIL 这 4 个部分，如图 9-6 所示。

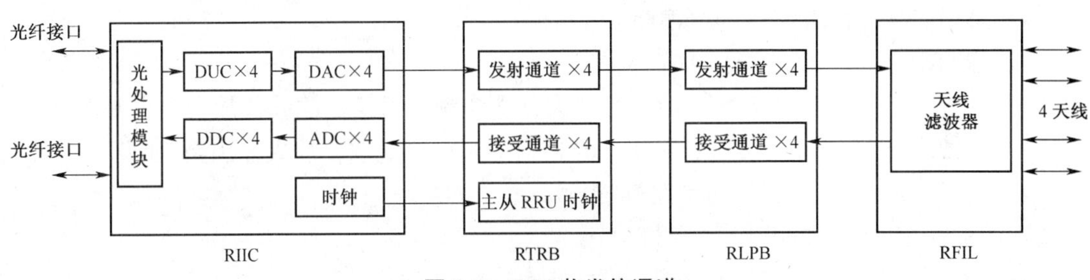

图 9-6　R04 收发信通道

(1) 发射通道基本原理

➢ RIIC 的数字中频部分接收光处理模块送来的多载波多通道的下行发射基带 IQ 数据，通过 FPGA 完成多载波和多通道的解复用；将各个载波和通道的信号分别送给 DUC 部分，完成下行 IQ 信号的成形滤波；同时将每个通道的多个载波的基带信号进行不同的数字上变频后合路为多载波信号，然后将该多载波信号调制到要求的数字中频后通过数模转换（DAC）变换为模拟中频信号送入 RTRB 板。
➢ RTRB 板对接收到的模拟中频信号进行滤波放大后调制到射频信号放大合适的增益，滤除杂散后送入 RLPB 板。
➢ RLPB 板将接收到的射频信号进行线性放大目标增益后通过环行器送入 RFIL 子系统。
➢ RFIL 滤除 RLPB 板送来的信号中的杂散，保证发射信号满足 3GPP 要求的杂散指标后，将其送给天线通过空口发射出去。

(2) 接收通道基本原理

➢ 每个天线接收用户的上行多载波射频信号，将信号送入 RFIL。
➢ RFIL 对工作频带外的干扰信号滤除后，将信号送入 RLPB 板。
➢ RLPB 将接收到的用户的小信号进行低噪声放大后送入 RTRB 板。
➢ RTRB 板对该信号进行滤波后下变频为要求的中频信号，并将该信号进行滤波放大后送入 RIIC 板。
➢ RIIC 完成模拟中频信号的 ADC 转换，将得到的多载波数字信号进行数字下变频，分离为每个载波的信号后成型滤波，将采样为基带要求的数据格式送入 FPGA，

FPGA 将得到的多个通道和多个载波的基带 IQ 信号复用后送给光模块。

2. 单板功能

(1) RIIC 板的主要功能如下所述。

- 光接口，IQ 交换功能。
- 数字中频下行 4 路发射功能，数字中频上行 4 路接收功能。
- 控制单元（CPU 小系统）。
- 射频单元控制，包括对 RTRB、RLPB 的控制。
- 单板温度检测。
- 离线生产数据存储。
- 时钟电路，主从同步，并参与空口同步（主要是 FPGA 部分）。
- 天线校准的控制及数据缓存。
- 参与 TX 和 RX 环回时延测量。

(2) RTRB 板的主要功能如下所述。

- 4 个下行通道：中频信号滤波、放大、上变频到射频，滤波、放大输出至 RLPB。
- 4 个上行通道：射频信号滤波、混频到中频后，滤波、放大输出至 RIIC。
- 上行通道提供下行检测旁路功能。
- 实现校准信号的发射和接收。
- 射频本振信号的产生和主从本振和时钟的复用输出。
- 上下行通道的收发模式切换功能。
- 四个收发通道共本振。
- 主从本振和时钟互连的残余雷击防护功能。
- 板位识别、版本以及部分离线参数的存储功能。
- 通道的电源管理功能。
- 校准输出端口的残余雷击防护功能。

(3) RLPB 板的主要功能如下所述。

- 下行信号的线性功率放大。
- 上行通道的信号低噪声放大。
- TDD 双工功能。
- 发射信号采集，并通过上行通道传输功能。
- RLPB 电源管理和控制功能。
- RLPB 子系统内部温度检测功能。
- RLPB 的板位识别功能。

(4) RFIL 板对整个 RRU 的发射杂散和带外阻塞指标都非常关键，主要完成对下行发射杂散和上行干扰的抑制；还具备防雷功能，能够吸收天线残余雷击，防止对系统的损坏。

(5) RSP 板实现主从通信的 RS-485 信号的防雷，以及外部环境监控的干节点防雷。RS-485 采用一级防雷，干节点采用两级防雷。

(6) RPP 板实现直流-48V 的 D 级雷击浪涌防护，同时实现一级 EMI 滤波。另外，RSP 作为整机的等电位连接排，所有的浪涌电流都从 RPP 泄放到大地，RPP 通过等电位连接线连接到基站外壳。

(7) RPWM 板完成电源转换功能，将输入的–48V 电源转换为各单板需要的各种直流电源。

3. 和 BBU 及 RRU 通信

和 BBU 的通信，物理层通过光纤链路上分配的信令通道传送数据，数据链路层采用 IP/PPP/HDLC 协议栈。

当两个 RRU 组成一个扇区时，两个 RRU 之间的通信采用串口通信，物理层为 485 标准。二者之间的通信采用半双工的方式，其中一个 RRU 为主控。

9.5 软 件 系 统

1. 软件总体结构

RRU 中只有一个软件子系统 RSW。该软件子系统位于 RRU 内部的 RIIC 光接口中频控制板上，RRU 软-硬件总体层次结构如图 9-7 所示。

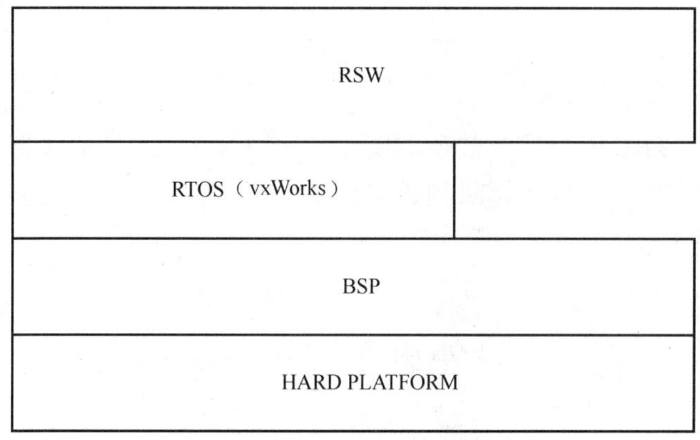

图 9-7 软-硬件总体层次结构

- BSP 是硬件子系统的接口，主要作用是为商用操作系统以及 RSW 提供一个操作硬件的接口，作为上层软件操作硬件的代理，屏蔽硬件实现和操作的复杂性，方便软件系统的设计以及移植。此外，BSP 针对硬件平台提供一定的初始化功能，建立起商用操作系统运行的环境。
- 实时操作系统 vxWorks 在 BSP 之上，提供通用的操作系统资源管理功能，并可根据配置提供一定的组件服务，如 FTP、TELNET 等。
- RSW 是应用层软件，使整个系统能够正常工作，提供对系统的操作维护流程。

2. 接口和功能

软件子系统的外部接口如图 9-8 所示，接口说明如表 9-7 所示。

表 9-7 软件子系统的外部接口说明

序号	接口类型	连接的子系统	功 能 说 明
1	软硬件接口	RIIC 硬件子系统	软件控制硬件的接口，通过 BSP 实现
2	外部接口	LMT	本地操作维护接口，通过命令行实现

续表

序号	接口类型	连接的子系统	功能说明
3	外部接口	RRU	组成8天线系统时的RRU之间的通信接口
4	外部接口	BBU	和BBU的通信接口

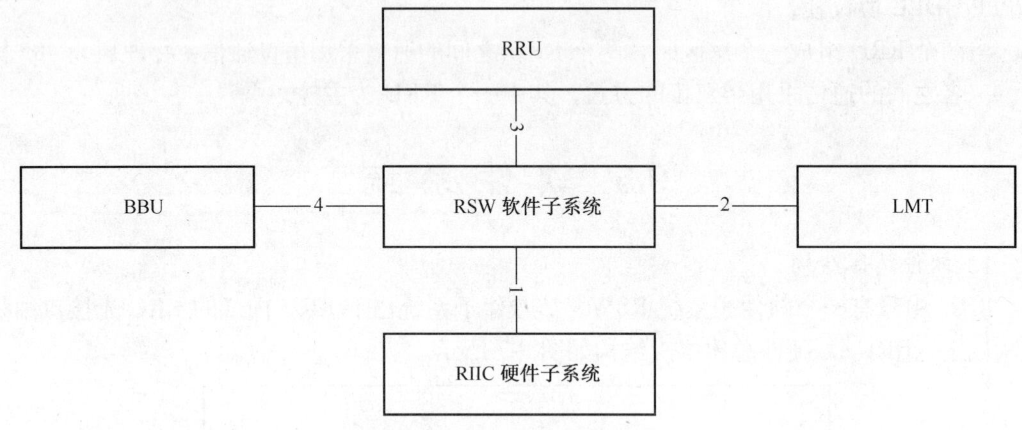

图 9-8　软件子系统的外部接口

RSW包括保证RRU正常工作的所有操作维护的内容，包括配置管理、版本管理、性能统计、测试管理、安全管理、诊断测试、天线校准、功率校准以及虚拟机环境、系统控制、通信处理等功能模块。

9.6　室外设备安装前的准备

1. 室外设备安装前的人员准备

(1) 工程合作情况下，工程安装以合作方技术人员为主，以客户方技术人员为辅，共同完成，中兴技术人员为工程督导。

(2) 非工程合作情况下，工程安装以中兴技术人员为主，以客户方技术人员为辅，共同完成。

(3) 合作方技术人员应经过中兴的严格培训、考核，掌握系统的安装、调试方法，并取得上岗证书后方有资格在中兴工程督导的督导之下进行设备安装与调试。

(4) 客户方技术人员应经过中兴的预培训，掌握一定的安装、施工方法。

(5) 塔上安装人员必须经过相关培训，并取得相关作业证书。

(6) 塔上安装人员必须身体状态良好，未饮酒，并已购买人身安全保险。

(7) 塔上安装人员必须遵守安全器具的使用要求，并使用安全带。

(8) 塔上安装人员不许穿宽松衣服及易打滑的鞋，并随身携带简单创伤包扎品（如创可贴等）。

2. 室外设备安装前的室外环境检查

主要是对天馈安装环境进行检查，检查是否符合基站收发信台工程设计要求；重点检查天线的避雷针、避雷接地点及馈线的避雷接地点；检查室外走线架之间和天线支撑杆之间的距离，检查支撑杆的牢固度和抗风性是否符合设计要求；检查天馈安装环境是否与当初的勘测设计环境相同，是否需更改设计。

3. 室外设备安装前的工具准备

安装室内设备需准备的工具如下所述。

(1) 馈头制作工具。

(2) 防水胶泥、防水胶布。

(3) 电钻及钻头、斜口钳、尖嘴钳、老虎钳、剪线钳、PCM 接头制作压线钳及液压钳。

(4) 小号活动扳手、大号活动扳手。

(5) 大号十字螺丝刀、小号十字螺丝刀、大号一字螺丝刀及小号一字螺丝刀。

(6) 电烙铁、助焊剂、焊锡丝、美工刀及热风枪。

(7) 地阻仪、数字万用表。

(8) 5m 的卷尺、水平仪、记号笔。

(9) 坡度仪、地质罗盘。

9.7 室外设备的安装流程

室外设备的安装流程如图 9-9 所示。

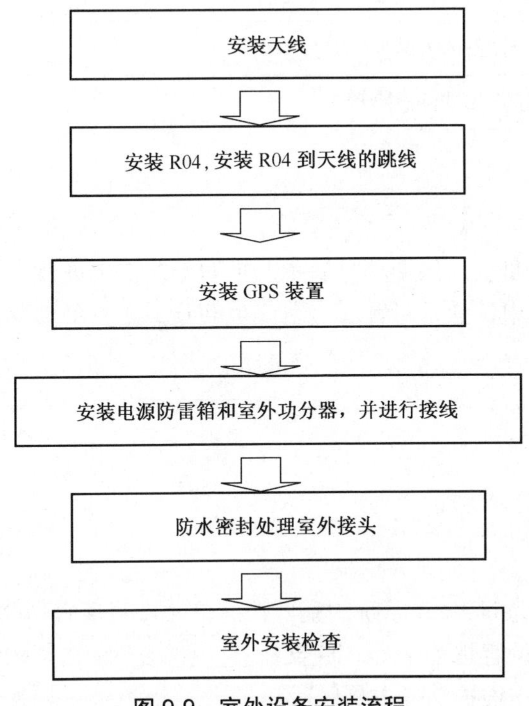

图 9-9 室外设备安装流程

安装过程如图 9-10 所示。

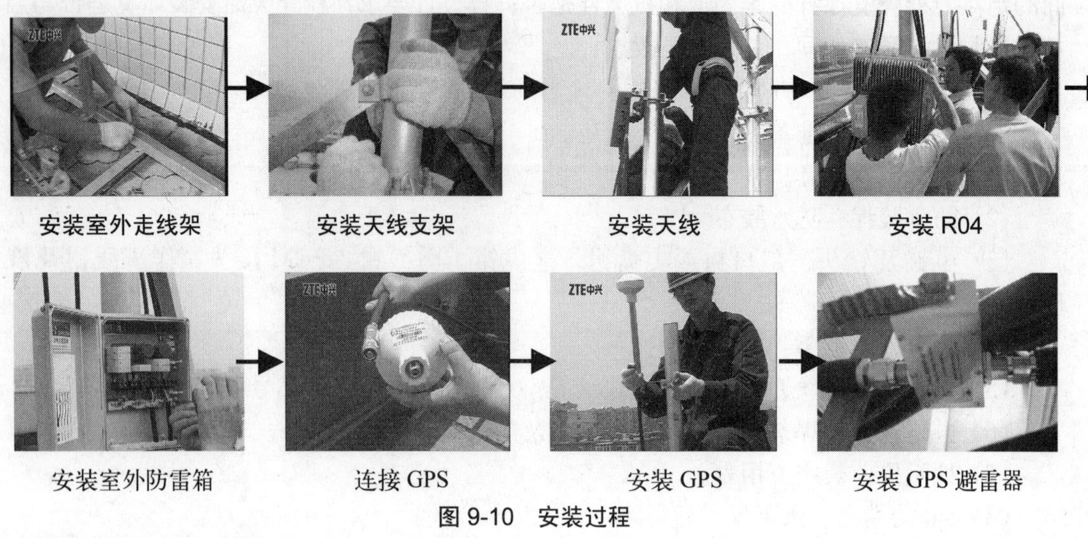

安装室外走线架　安装天线支架　安装天线　安装 R04
安装室外防雷箱　连接 GPS　安装 GPS　安装 GPS 避雷器

图 9-10　安装过程

计划与建议

计划与建议（参考）	
1	根据室外设备的安装流程制定实训室设备安装计划，编写《室外设备安装自检表》
2	根据室外设备安装流程做安装准备工作
3	掌握室外各个设备的安装要求并分小组练习
4	总结整个安装过程的注意事项

展示评价

（1）教师及其他组负责人根据小组展示汇报的整体情况进行小组评价。

（2）学生展示汇报中，教师可针对小组成员的分工，对个别成员进行提问给出个人评价表。

（3）组内成员互评表打分。

（4）自评表打分。

（5）评选今日之星。

试一试

（1）ZXTR R04 作为 Node B 系统的室外拉远单元，其核心功能是____________。

（2）ZXTR R04 系统容量为单个 R04 支持________，两个 R04 互连支持________。

（3）ZXTR R04 操作维护功能主要包括____________、____________、____________、

__________。

(4) ZXTR R04 与 BBU 配合支持 4 种组网方式，即__________、__________、__________、__________。

(5) 简述 RRU 接收通道基本原理和信号所经过的模块名称。

练一练

(1) 阐述 RRU 设备的安装流程和避雷器的安装方法。

(2) 现场制作天馈线连接头。

任务十　Node B 设备的开通和调试

资讯准备

资 讯 指 南	
资 讯 内 容	获 取 方 式
什么是 OMC-B 配置管理接口?	阅读资料； 上网； 查阅图书； 询问相关工作人员
数据配置流程和注意事项是什么?	
如何配置 B328 基站的物理设备?	
如何配置 B328 基站的 ATM 传输模块?	
如何配置 B328 基站的无线模块?	
如何进行 B328 基站的软件版本管理?	
如何进行 Node B 的动态数据管理?	
如何配置 B328 基站的外告信息?	

10.1　操作任务描述

对 Node B 实训室进行 Node B 开通，具体任务如下所述。

- 熟悉数据配置的流程。
- 完成 Node B 数据配置。
- 进行模拟小区的建立。
- 进行软件版本的倒换。
- 编写《NodeB 设备开通自检表》。

开通与调试 Node B 设备时的注意事项如下所述。

- 终端、Node B 设备按规定摆放。
- 核实站点配置信息。
- 确定各个板块版本是否一致。
- 详细记录 OMCB 的打印信息和 logo。

10.2 Node B 设备开通准备

1. 开通工具准备

（1）LMT 客户端 PC，配置要求如下所述。

- CPU 主频为 PⅢ 800 以上。
- 内存至少 256MB。
- 硬盘大于 10GB。
- 安装 Windows 2000 Professional（SP4 版本以上）。

（2）螺丝刀（十字和一字）、起拔器、大小扳手等常用工具。

（3）两部 UE（支持 3G 基本业务和并发业务）及相关数据线和 SIM 卡，确认 SIM 卡已烧录好，并已在 HLR 中注册签约。

2. 开通软件准备

（1）LMT 客户端 PC 有 FTP 服务软件（自选，一般使用 Serv-U FTP Server 或 BulletProof FTP Server）。

（2）具有与搭建环境前台 B328 版本配套的 LMT 网管软件。

（3）准备好 B328 的前台版本软件，如表 10-1 所示。

表 10-1　ZXTR B328 工程版本软件

单 板 名 称	软 件 版 本	硬 件 版 本
BCCS	BCCS CPU 版本	BCCS BOOT 芯片版本
IIA	IIA CPU 版本	IIA BOOT 芯片版本
TORN	TORN CPU 版本 TORN FPGA 版本	TORN BOOT 芯片版本
TBPA	TBPA CPU 版本 TBPA FPGA 版本 TBPA DSP 版本	TBPA BOOT 芯片版本
TBPE	TBPE CPU 版本 TBPE FPGA 版本 TBPE DSP 版本	TBPE BOOT 芯片版本
BEMC	BEMC CPU 版本	BEMC BOOT 芯片版本
RRU	RIIC CPU 版本 RIIC FPGA 版本	RIIC BOOT 芯片版本

3. 单板配置图

单板配置图如图 10-1、图 10-2 所示。

4. 上电检查

上电前的检查流程图如图 10-3 所示。

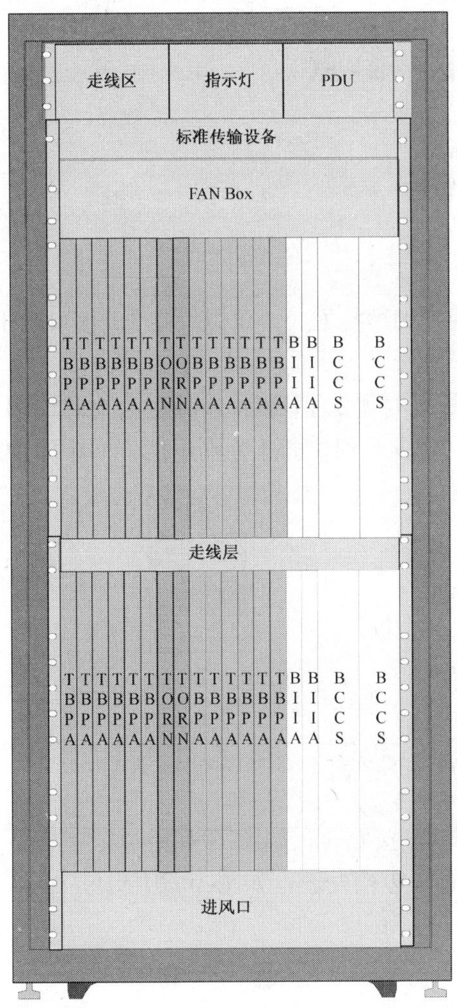

图 10-1　B328 满配置图

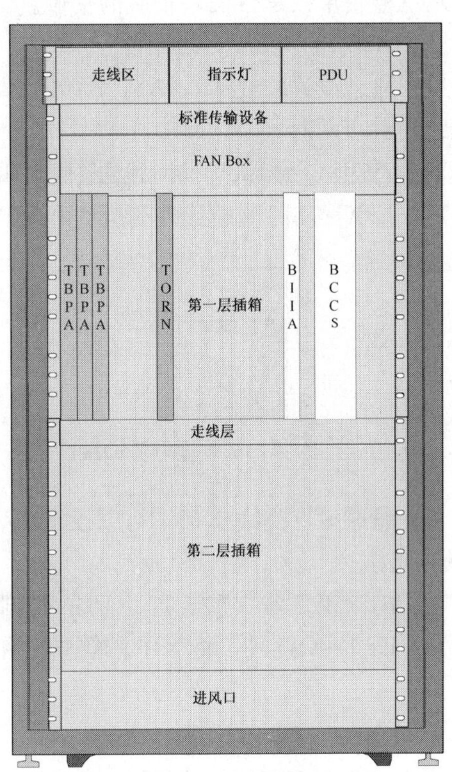

图 10-2　B328 实验室配置

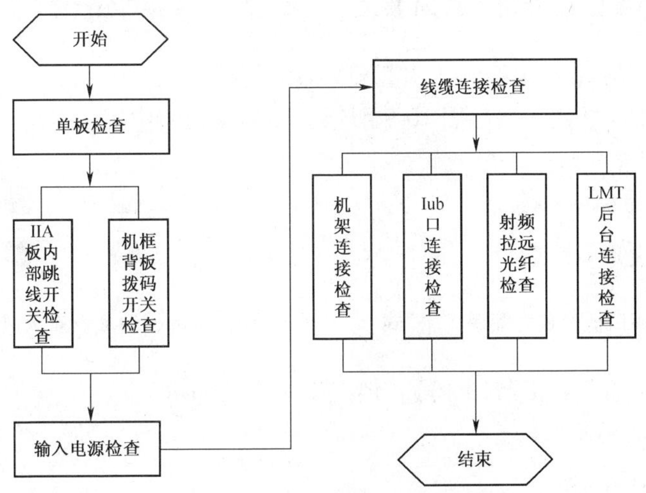

图 10-3　设备上电前的检查流程图

10.3 单板检查

1. 单板上架检查

- 检查站点是否按照规划配置相应数量单板。
- 检查单板是否插入正确的槽位。

2. IIA 板内部跳线开关检查

（1）通过设置跳线 X3，X8，X10，X11 的管脚短接方式，可以设定 E1 接口的阻抗，每个跳线对应两对 E1。

- 75Ω接口（默认）：将跳线的管脚 1 和管脚 3、管脚 2 和管脚 4 分别短接，如图 10-4 所示。
- 120Ω接口：将跳线的管脚 5 和管脚 3、管脚 6 和管脚 4 分别短接，如图 10-5 所示。

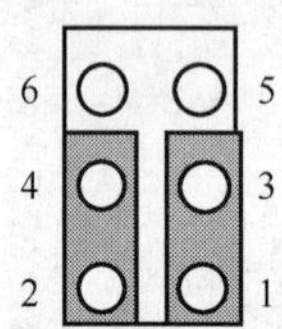

图 10-4　IIA 接口板设置为 75Ω接口

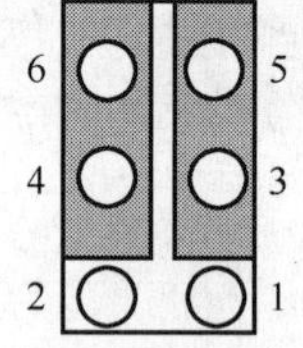

图 10-5　IIA 接口板设置为 120Ω接口

（2）通过设置跳线 X16，可以设定 E1/T1 模式和 X3，X8，X10，X11 配合使用选择 E1 接口阻抗。

- E1 75Ω跳线（默认）：X16 的管脚 2、4 短接处理，如图 10-6 所示。
- E1 120Ω跳线：将 X16 的管脚 3 和管脚 4 短接处理，如图 10-7 所示。

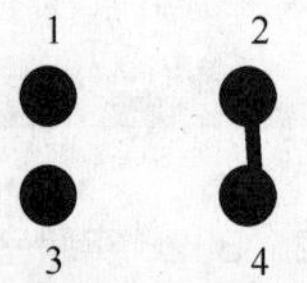

图 10-6　IIA 接口板设置为使用 75Ω E1 模式

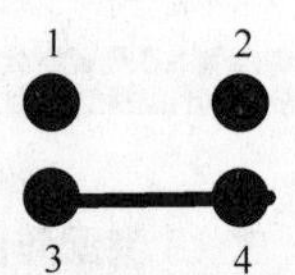

图 10-7　IIA 接口板设置为使用 120Ω E1 模式

- T1 跳线：将 X16 的管脚 1 和管脚 2 短路处理，如图 10-8 所示。

（3）跳线 X14 的默认状态如图 10-9 所示。该跳线无须作任何变动。

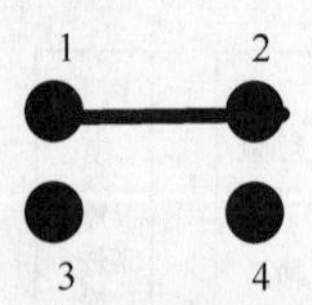

图 10-8　IIA 接口板设置为使用 T1 模式

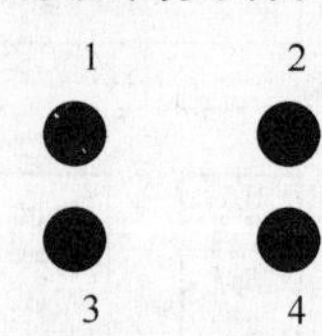

图 10-9　IIA 接口板设置 X14 跳线（默认）

注：我们目前实际使用 75ΩE1 线，所以采用默认即可。

3. 机框背板拨码开关检查

（1）拨码开关的设置

B328 前台 IP 地址由背板拨码开关决定，如图 10-10 所示：

R2　R1　R0　S1　S0　×　×　×

上　上　上　上　下　下　下　下

上：0，下：1

图 10-10　CCS 单板环境号示意图

- 机架号 RackId　=　R2 R1 R0 (二进制)　+　1。
- 机框号 ShelfId　=　S1 S0 (二进制)　+　1。
- IP 地址 0 为 100。
- IP 地址 1 为 192 + RackId。
- IP 地址 2 为 ShelfId。
- IP 地址 3 为槽位号。

（2）一个 IP 地址计算的示例

以图 10-10 为例，介绍 IP 地址的计算如下。

RackId = 0 + 1

ShlefId = 1 + 1

所以：IP 地址 1　= 192 + 1 = 193；

IP 地址 2　= 2。

因此：各单板的 IP 地址为 100.193.2.*；

RRU 的 IP 地址为 100.191.2.4。

注：BCCS 单板的 IP 地址固定为 100.*.*.254，虽然主备单板槽位不同，但使用同一 IP 地址与后台通信。

10.4　输入电源检查

B328/R04 输入电源检查包括如下两方面。

（1）检查电源极性是否连接正确。

（2）检查电源输入范围是−40VDC～−57VDC。

10.5　线缆连接检查

1. 机架连接检查

（1）检查背板与电源子系统之间的 BCR_POW 6 芯电源连接器是否连接正常。

（2）检查 BCR 背板上的 BCR_BEMC ETHER 口（背板不靠单板的一侧）与机顶的 2 个 LMT 网口连接是否正确。

（3）如果上下两层机框都使用，则检查上下两层之间的 BCR_BCR_ETH DB25 是否连接正确（接口在背板靠单板一侧）。

（4）检查机框内部 IIA 单板到 ET 单板之间的跳线是否连接正确（从 IIA 面板连接到机顶的 ET 板上）。

（5）检查 BEMC 的几条内部连线。

- BEMC 单板上的 CCS 串口与背板上的 BCR_BEMC DB25_1（2）相连（背板不靠单板的一侧），其中接口 1、2 需要与串口线上的标签严格对应。
- BEMC 和 PDU 之间的 DB9 电源线正确连接。
- BEMC 上的 FAN 口与风扇之间的 DB25 正确连接，风扇与 PWR 接口正确连接（FAN 接口均在面板正面）。
- BEMC 与灯板 ELD 之间的 8 芯连线正确连接。

（6）检查 BEMC 的几个外部接口是否连接正确。

- 2 个 GPS 天线接口；
- 9 芯 Ether 口，用来和外部传输设备 SDH 连接，接收传输设备上的操作信息转给 BCCS；
- 2Mbit/s、2MHz、DBG、8kHz、SYNC 和 10MHz 接口是用来做时钟测试的；
- DB44 口 NDI、DB9 口 RF232 和 DB25 口 NDO 接口是用来连接环境监控设备的，目前不需要连接。

2. lub 口连接检查

（1）如果使用光纤连接，检查光纤连接至 IIA 单板是否正确。

（2）如果使用 E1 连接，检查 DDF 机架到 Node B 间的 E1 介质是否连接正确。

3. 射频拉远光纤检查

检查 TORN 单板和 RRU 之间的 GBRS 接口光纤连接是否正确。

4. LMT 后台连接检查

制作直连网线，直接从机顶网口 LMT2 连到后台 PC 机上，保证后台与前台能够正常建链（前台 IP 地址即 BCCS 单板地址）。

10.6 LMT 配置和使用

1. LMT 版本获取

根据搭建环境需要使用的前台版本，使用配套的 LMT。双击 install.bat 文件后运行 LMT.exe 文件即可。

2. LMT 客户端 IP 设置

将有 LMT 程序的计算机 IP 地址设置为与 BCCS 的控制网口位于同一网段，即 100.*.*.*，掩码为 255.0.0.0。

3. Serv-U 安装

Serv-U 安装的步骤如下所述。

（1）在安装 Serv-U 之前要把 McAfee 停止，如图 10-11 所示。

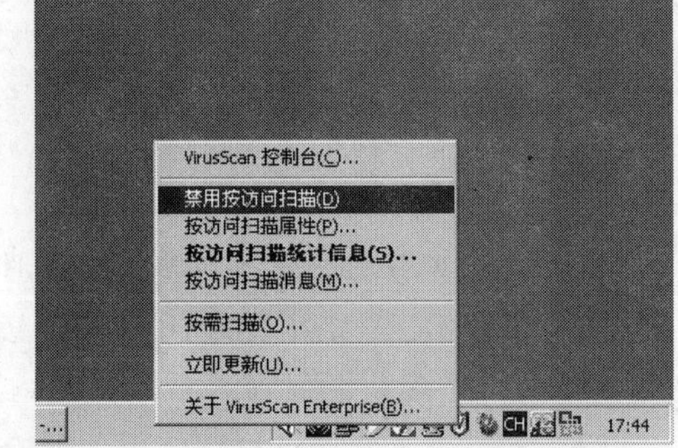

图 10-11　停止 McAfee

（2）安装前检查。选择【开始→程序→管理工具→服务→停止 IISadmin service】命令，如图 10-12 所示。同时在其属性里将【启动类型】改为【已禁用】，如图 10-12 所示。然后重启电脑。

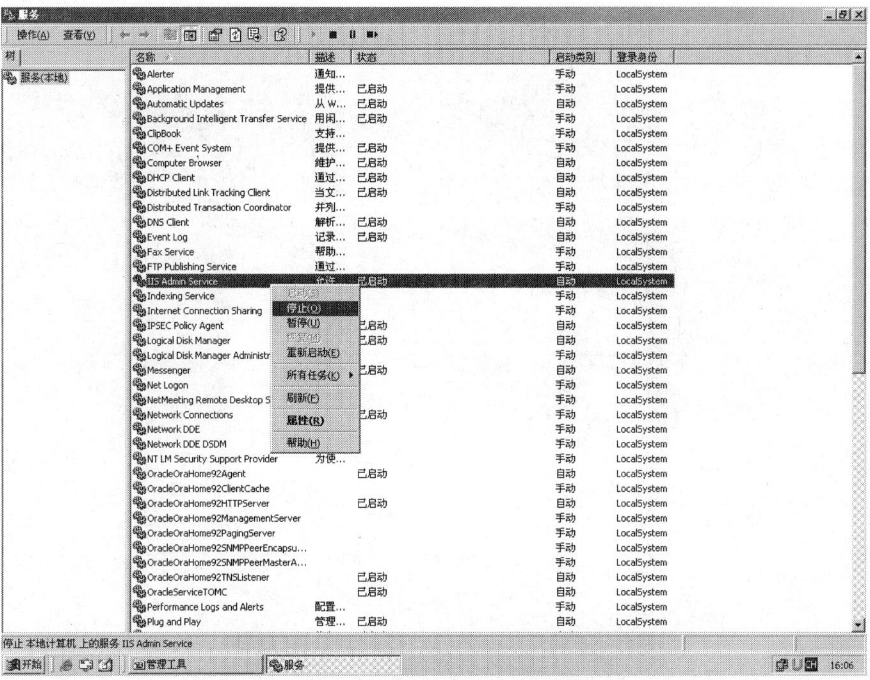

图 10-12　停止 IISadmin service

（3）开始安装 ServU6002.exe。目前我们使用的 Serv-U 文件共有 3 个，其中，Seru-U6002.exe 为安装文件，Seru-U6002cr.exe 为破译软件，Setup.exe 为汉化。

① 首先双击 ServU6002.exe，如图 10-13 所示。

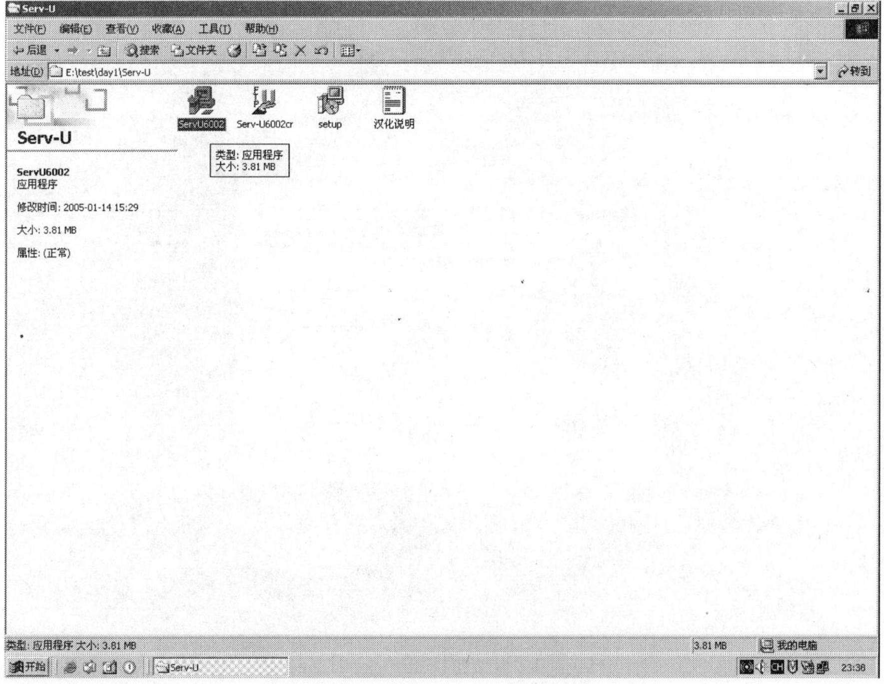

图 10-13　双击 ServU6002.exe

② 然后单击<NEXT>按钮，如图 10-14 所示。

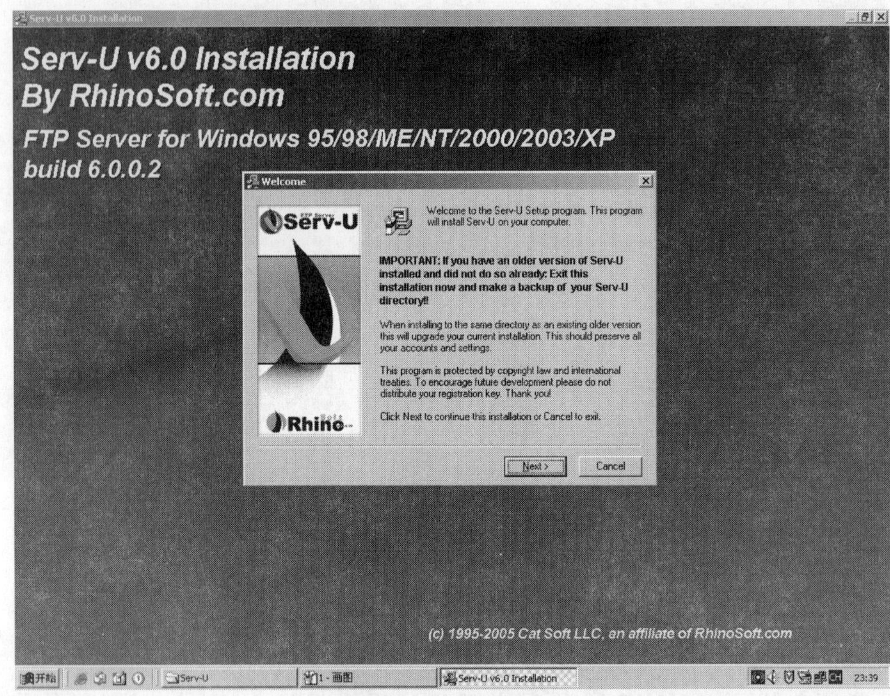

图 10-14　单击 NEXT

③ 选择【I have checked my McAfee……】选项，如图 10-15 所示。

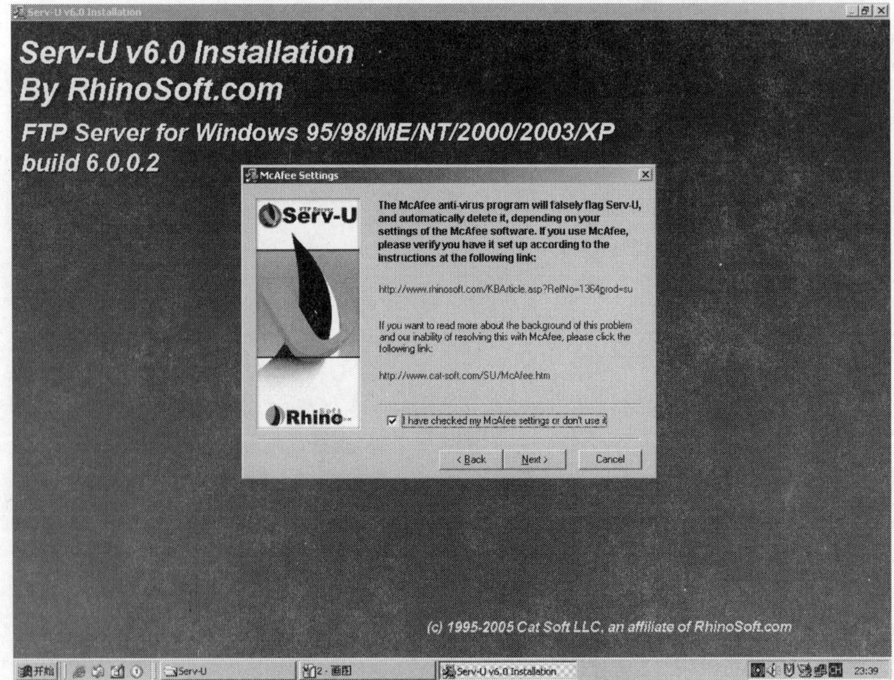

图 10-15　选择 I have checked my McAfee……

④ 选择【I have read and accept……】选项，如图 10-16 所示。

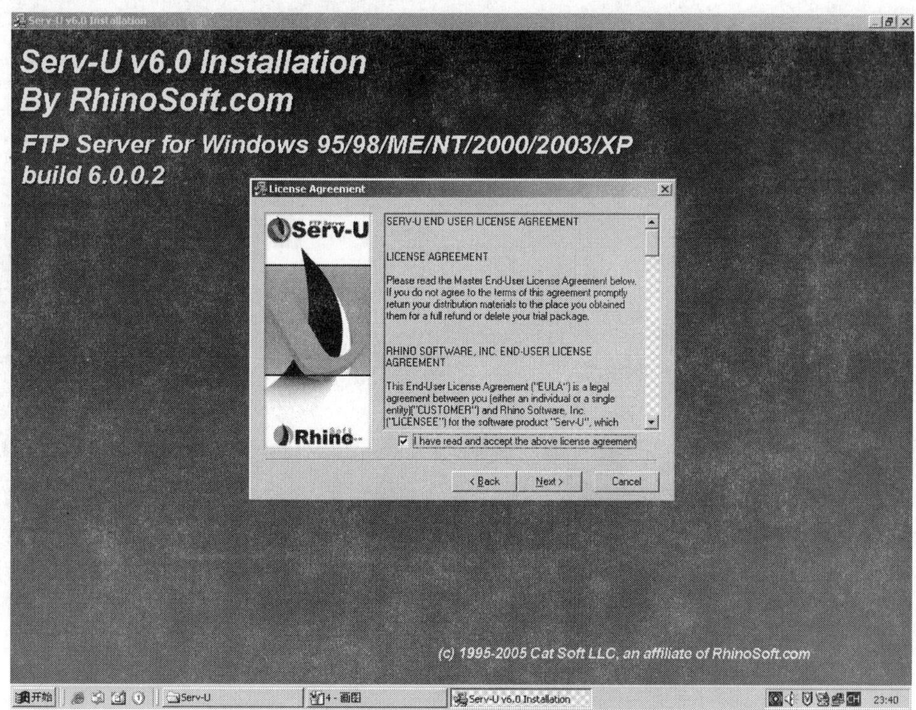

图 10-16　选择单选项

⑤ 设置安装目录，这里设为“C：\Program Files\Serv-U”，如图 10-17 所示。

图 10-17　设置安装目录

⑥ 单击<Next>按钮，如图 10-18 所示。

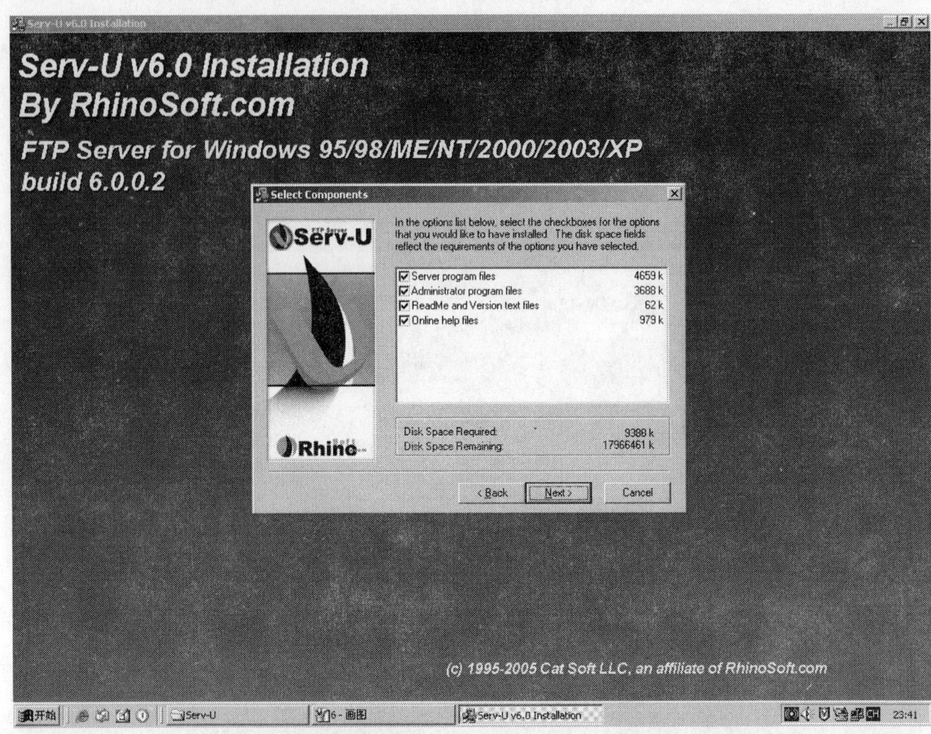

图 10-18 进入下一步

⑦ 再单击<Next>按钮，如图 10-19 所示。

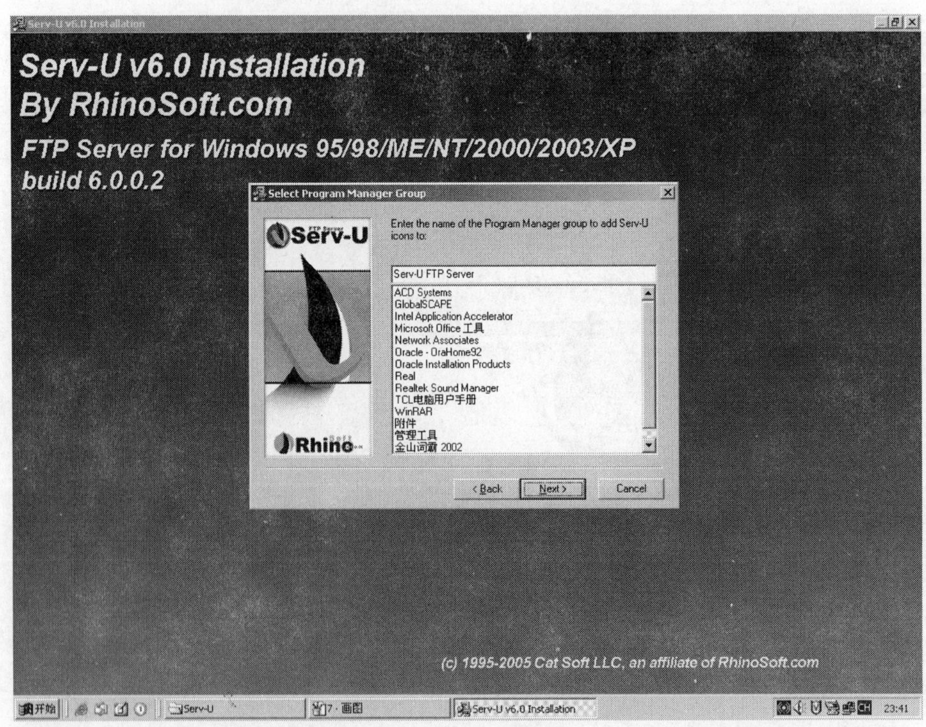

图 10-19 进入下一步

⑧ 继续单击<Next>按钮，如图 10-20 所示。

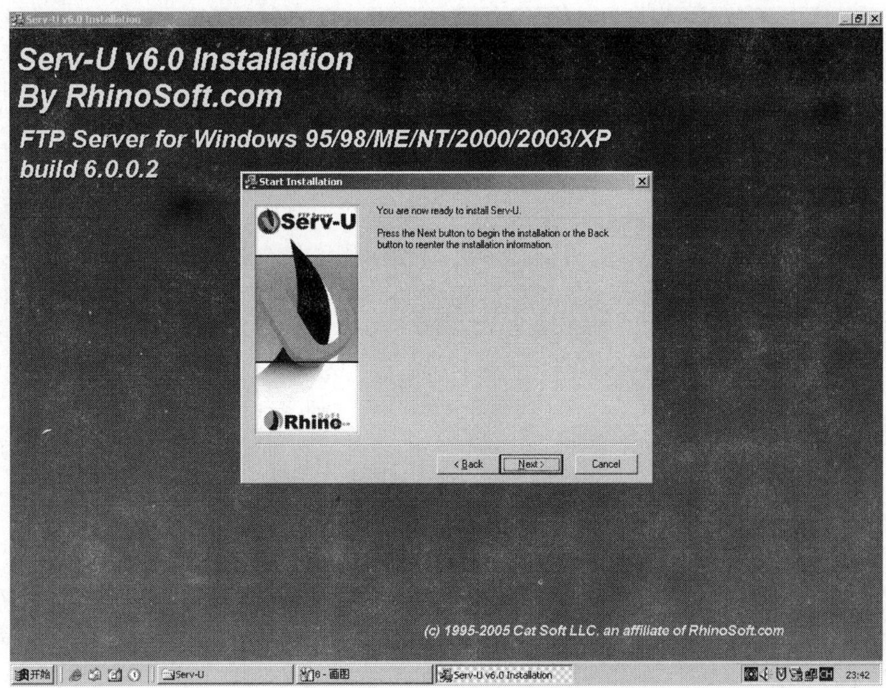

图 10-20　进入下一步

⑨ 单击<Close>按钮，如图 10-21 所示。

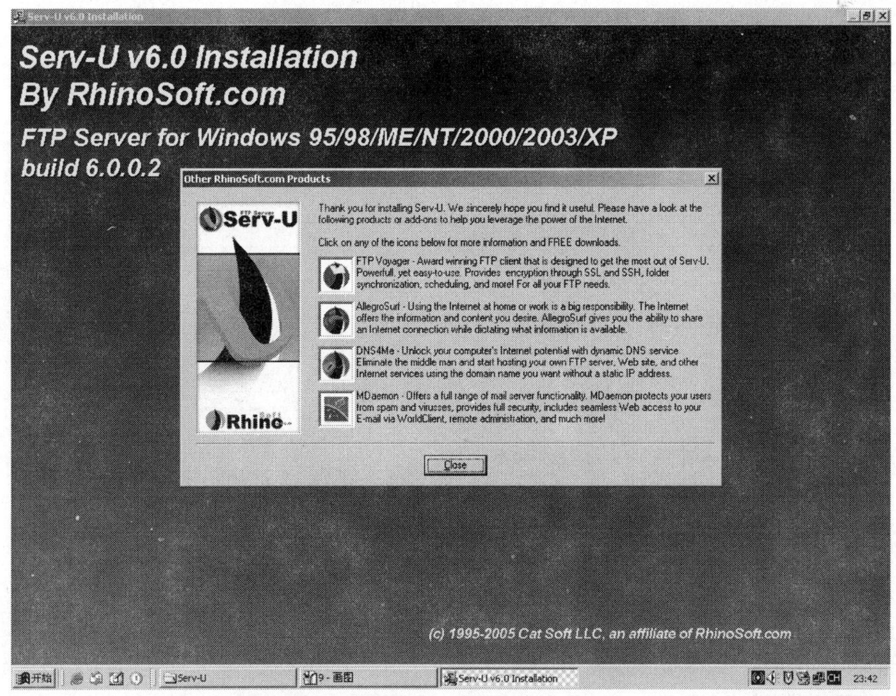

图 10-21　关闭窗口

⑩ 取消勾选 Start Serv-U……，并单击<Finish>按钮，如图 10-22 所示。

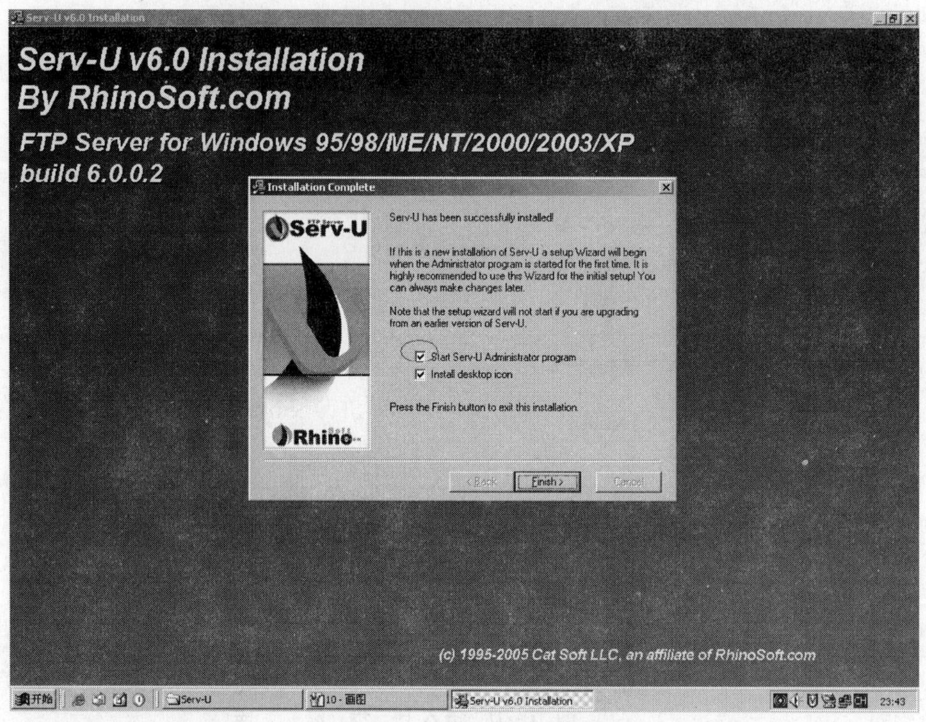

图 10-22　完成安装 Serv-U

（4）安装 Serv-U6002cr.exe。安装前要将桌面显示条上的 U 退出。

① 将 Serv-U6002cr.exe 文件复制到安装目录“C：\ProgramFiles\Serv-U”中，然后双击【Serv-U6002cr.exe】。

② 在弹出的界面中单击【Apply path】按钮。

③ 关闭窗口。

（5）安装 setup.exe。

① 双击 setup.exe-。

② 设置安装目录“C：\ProgramFiles\Serv-U”。

③ 取消勾选【安装网络猪划词搜索……】选项。

④ 退出。

（6）Serv-U 管理员使用（在服务器停止状态）设置。

① 新建域：双击【Serv-U】快捷键启动。

② 打开《本地服务器》，选择<域>，右击<新建域>，如图 10-23 所示。

③ 在【域 IP 地址】框中输入本机 IP 地址，如图 10-24 所示。

④ 设置域名=OMCR，然后单击<下一步>按钮，如图 10-25 所示。

⑤ 设置端口号=21（必须），域类型为默认，存储于.ini 文件，如图 10-26、图 10-27 所示。然后单击<下一步>按钮。

⑥ 出现“域正在线”表示正常，如图 10-28 所示。

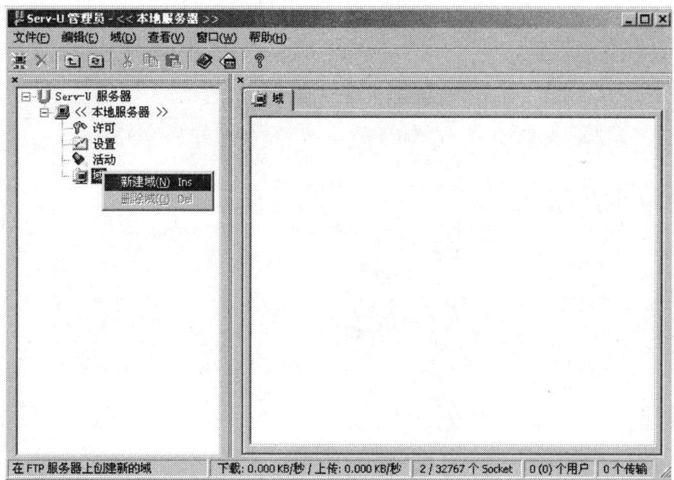

图 10-23 执行命令

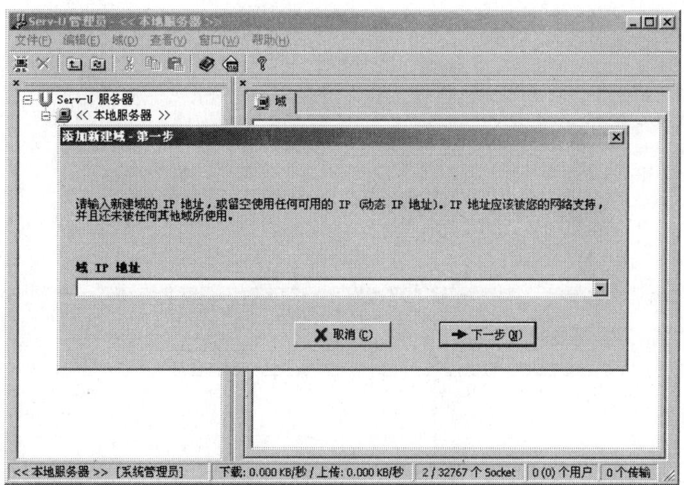

图 10-24 第一步

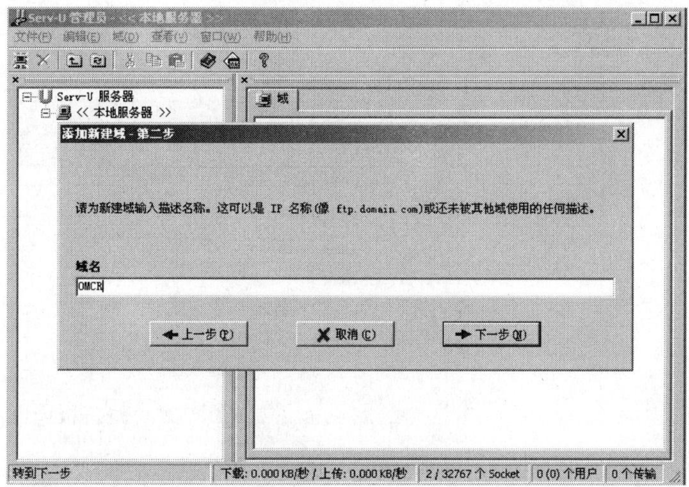

图 10-25 设置域名

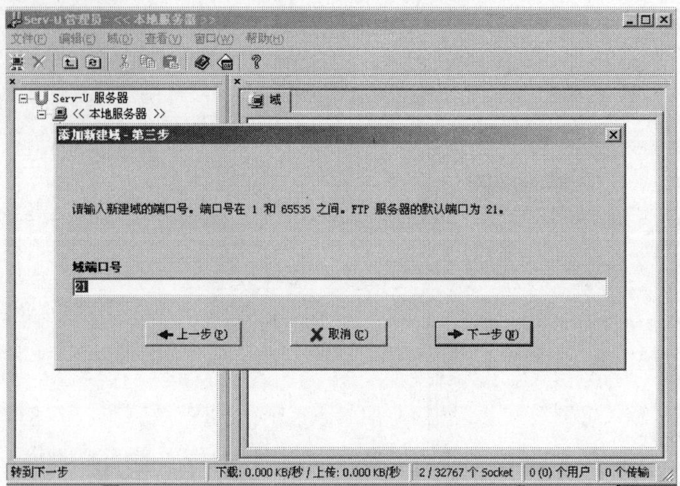

图 10-26 设置域端口号

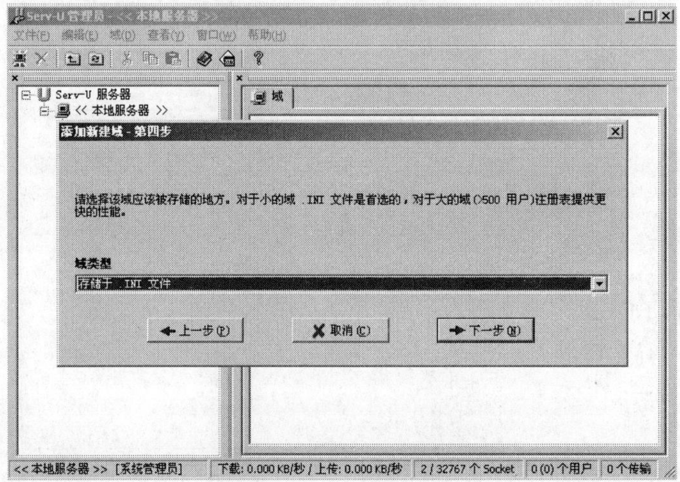

图 10-27 设置域类型

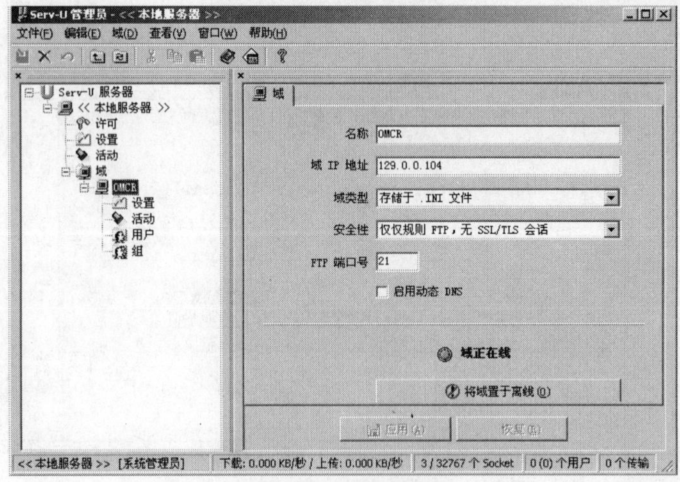

图 10-28 域正在线

⑦ 创建用户。在域树 OMCR 中的用户里创建，右击<用户>，新建用户，如图 10-29 所示。

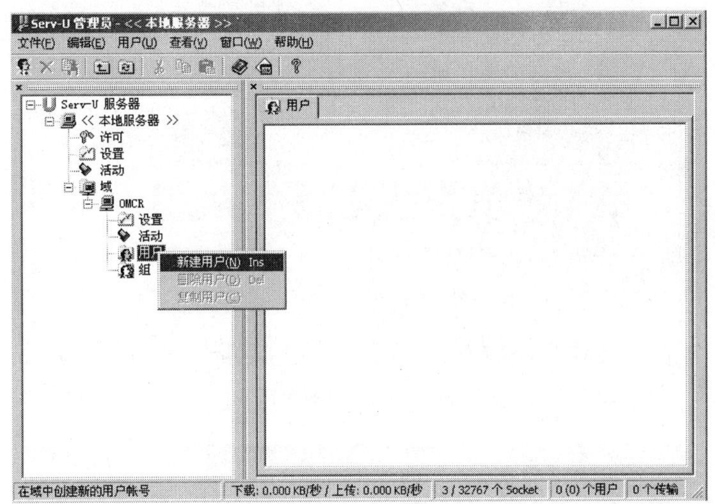

图 10-29　创建用户

⑧ 设置用户名称=ftpuser，如图 10-30 所示，然后单击<下一步>按钮。

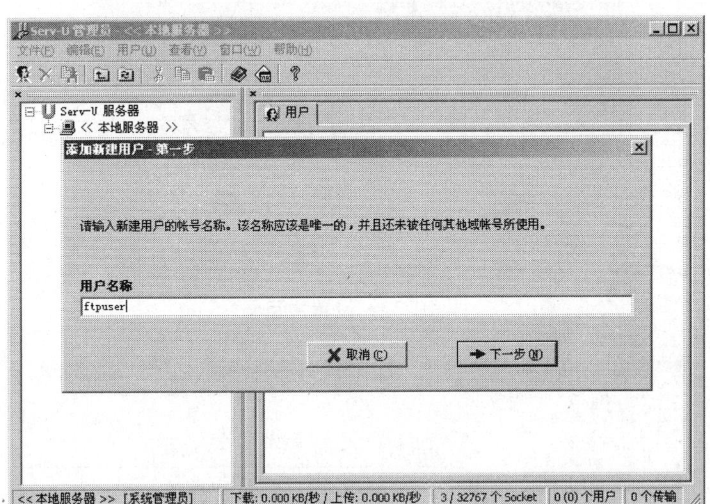

图 10-30　设置用户名称

⑨ 设置密码=ftp123，如图 10-31 所示，然后单击<下一步>按钮。

⑩ 设置主目录在网管安装盘中“D：\zdbfile”(如果这个文件夹不存在，需先新建)，如图 10-32 所示。

⑪ 设置是否锁定用户于主目录。选择<是>按钮，如图 10-33 所示；然后单击<完成>按钮，如图 10-33 所示。

⑫ 设置权限。在新建的用户 ftpuser 中打开目录访问，将其中文件、目录、子目录的所有权限都打开后单击<应用>按钮，如图 10-35 所示。

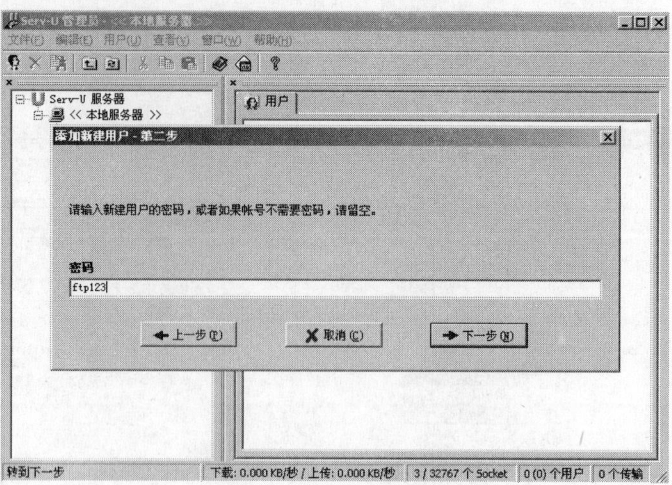

图 10-31　设置密码

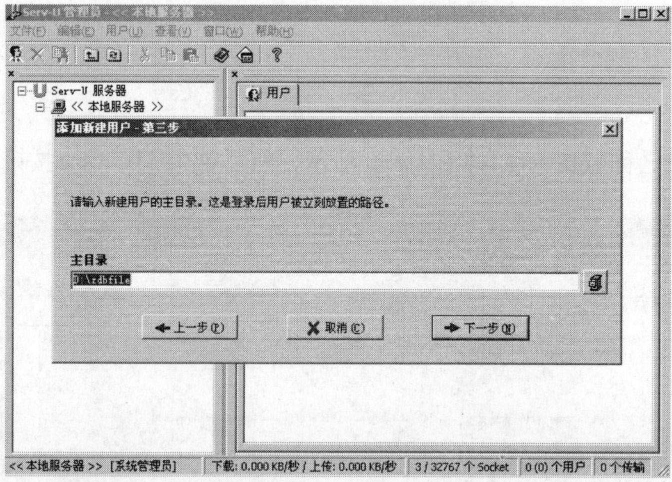

图 10-32　设置主目录

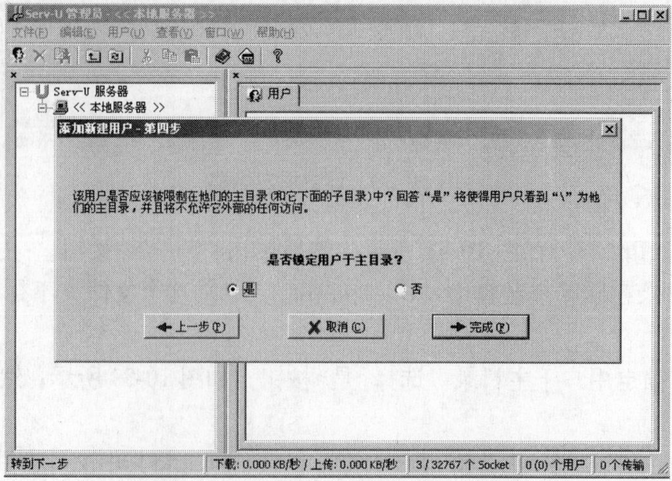

图 10-33　设置是否锁定用户于主目录

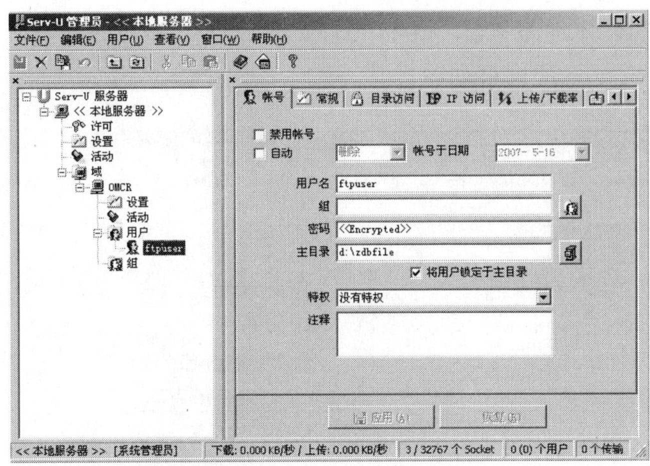

图 10-34　锁定用户于主目录

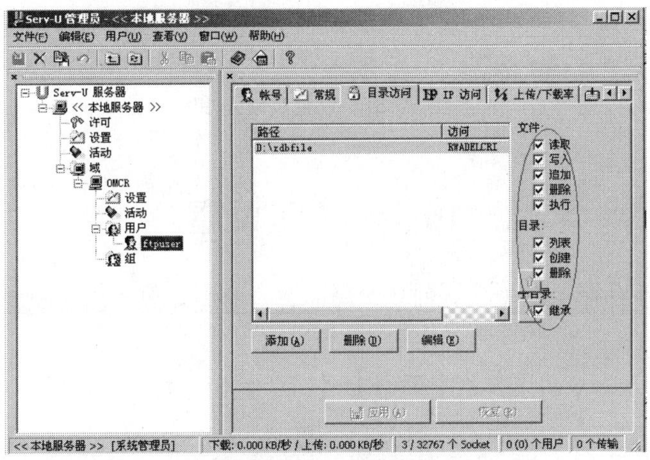

图 10-35　设置权限

⑬ 在 Serv-U 的【查看】菜单中选中【系统栏图标】，此时应在桌面显示条上出现“U”的图标。鼠标双击该图标，打开如图 10-36 所示界面。。

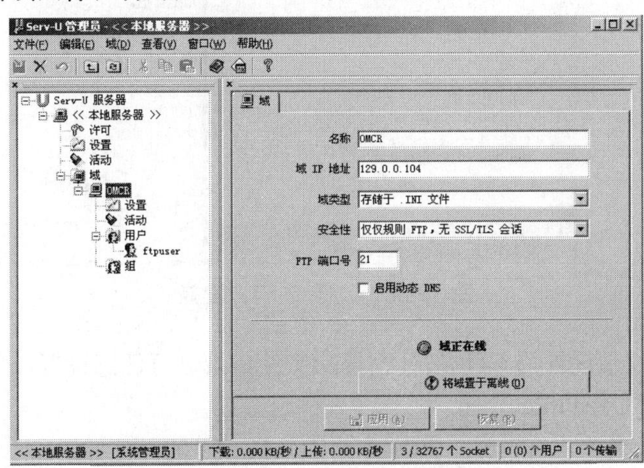

图 10-36　“本地服务器”界面

⑭ 在 Serv-U 的<<本地服务器>>中打开它，然后勾选【自动开始】，如图 10-37 所示。这样每次开机后，Serv-U 便可自动运行。

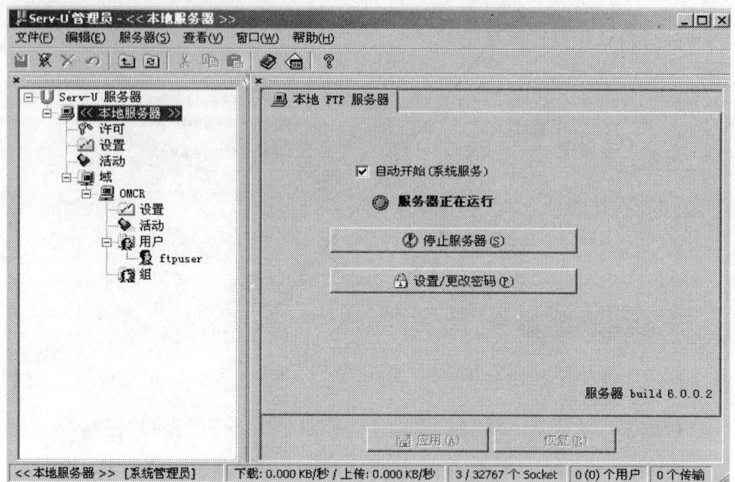

图 10-37　设置自动开始

10.7　LMT 配置

LMT 一共有 3 种登录模式，分别是在线配置、整表配置、离线配置。

1. LMT 的 FTP 设置

如图 10-38 所示，单击工具栏上的<FTP 设置>按钮，按照下面流程进行操作。

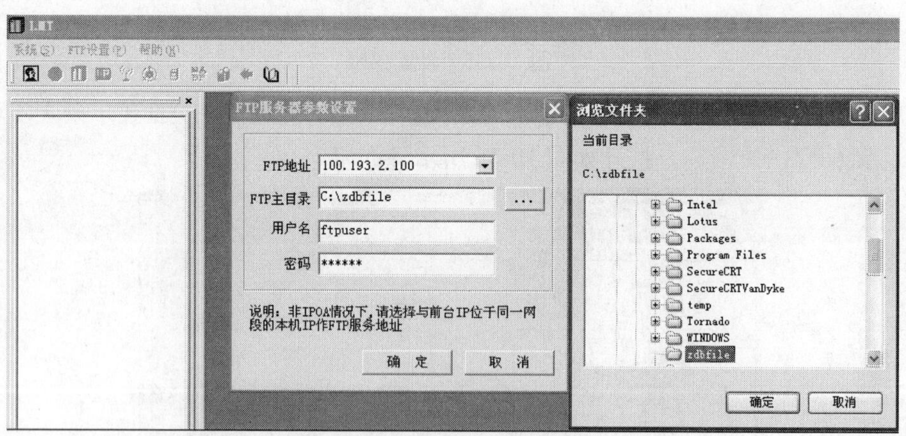

图 10-38　LMT 的 FTP 设置

① 将 FTP 主目录设置为 FTP 工具设置的文件目录（可任意设置，文件夹名为 zdbfile 即可），本例中为“C:\zdbfile\”。

② FTP 地址设置为本机地址，本例中为 100.193.2.100。

③ 用户名和密码与 FTP 工具上设置的用户名和密码一致。

2. 在线配置

在线配置是最常用到的配置模式，即直接配置 Node B 前台 ZDB 表，该种模式配置出的数据是立即生效的。在线配置如图 10-39 所示。

① 运行 LMT 程序。

② 单击 LMT 的【系统→登录】（或者单击“登录”快捷按钮）命令。

③ 设置【用户】为 root，【密码】为空，【前台 IP】为 Node B 的 BCCS 地址。

④ 选择【登录方式】为【登录到前台（在线配置）】，单击<确定>按钮。

⑤ 之后会弹出版本一致性提醒，如图 10-40 所示。如果前台版本与后台版本不一致，后台 LMT 可能无法正常打开。如果版本没有问题，就单击<是>按钮。

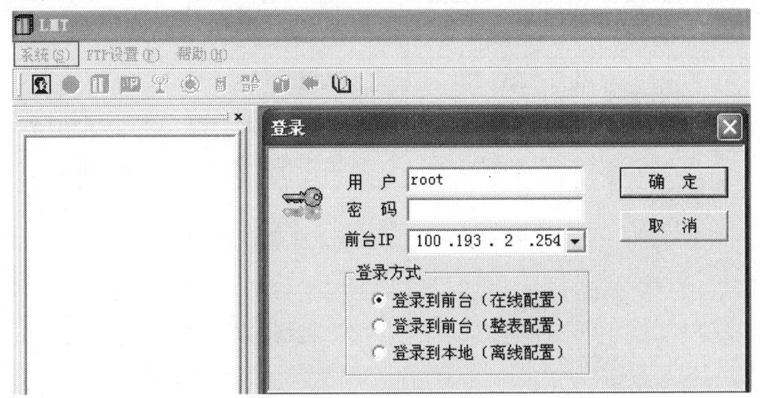

图 10-39 在线配置

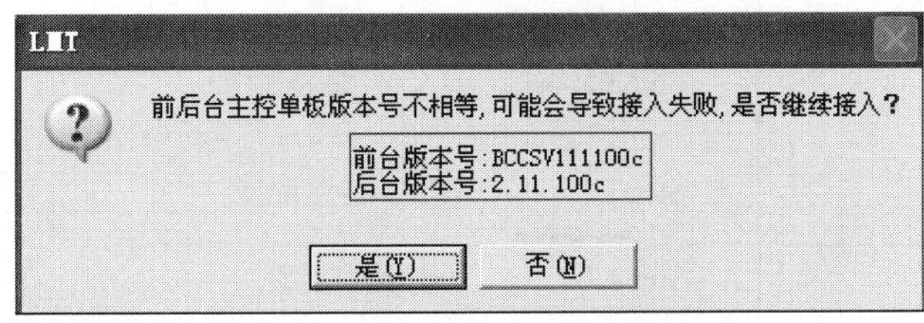

图 10-40 版本一致性提醒

3. 整表配置

整表配置是将后台 PC 上的 ZDB 表全部传送到 Node B 前台上去，它将清除覆盖 Node B 上所有的配置。这种操作在初次开通或前台数据库表被破坏时会用到，方法如下。

① 在图 10-39 中选择<登录方式>为<登录到前台（整表配置）>。

② 单击 LMT 界面工具栏上的<整表配置>菜单命令。

③ 在弹出的<整表配置>对话框中设置<服务器 IP>、<文件路径>、<用户名>和<密码>。

注：选择文件路径时，应选择与后台 LMT 版本同时下发的数据库表文件。

4. 离线配置

离线配置是在客户端修改配置，配置结果以 ZDB 文件的形式保存到一个指定的目录中。离线配置不需要设置 FTP 服务器，不影响 NodeB 的运行。离线配置的方法如下所述。

① 选择<登录方式>为<登录到本地（离线配置）>。

② 在弹出的【浏览文件夹】对话框中选择 ZDB 文件所在的目录。

③ 进入离线数据配置过程。

10.8 B328 数据配置

1. LMT 数据配置的操作步骤

LMT 数据配置的步骤和每步所用的对接参数如表 10-2 所示。

表 10-2 LMT 数据配置的步骤和每步所用的对接参数

步　骤	数 据 类 别	配 置 步 骤	配　置	与 RNC 对接参数
Step1	版本配置	Step1	版本配置	无
Step2	B328 设备管理	Step2.1	单板配置	无
		Step2.2	Node B 配置	ATM 地址
Step3	传输资源配置	Step3.1	传输物理配置	IMA 组相关参数
		Step3.2	AAL2 链路配置	VPI/VCI； AAL2 PathID； 业务类型
		Step3.3	NCP 链路配置	VPI/VCI； 业务类型
		Step3.4	CCP 链路配置	VPI/VCI； CCP 端口号； 业务类型
		Step3.5	ALCAP 链路配置	VPI/VCI； 业务类型
		Step3.6	IPOA 链路配置	VPI/VCI； 业务类型
Step4	无线资源配置	Step4.1	光接口管理	无
		Step4.2	射频资源管理	无
		Step4.3	扇区管理	无
		Step4.4	本地小区管理	本地小区 ID

2. 数据配置流程

数据配置流程图如图 10-41 所示。

3. B328 版本管理配置

(1) BCCS 板版本加载

① 选择【版本管理→软件版本管理】命令，在弹出的【版本信息管理】对话框中选择 BCCS_MASTER，如图 10-42 所示。

② 单击<入库>按钮，选择后台保存的 BCCS 版本文件，完成版本入库。

③ 单击<下载>按钮，把版本文件下载到 Node B 前台的电子盘中。

④ 选中需要升级的 BCCS 版本，单击<非兼容激活>按钮，BCCS 重启。启动正常后重

新登录 LMT，单击<升级>按钮即可。

注：① 兼容测试目前暂未使用，这里不作介绍。

② 非兼容激活后，BCCS 会重启，升级 BCCS 不会重启。

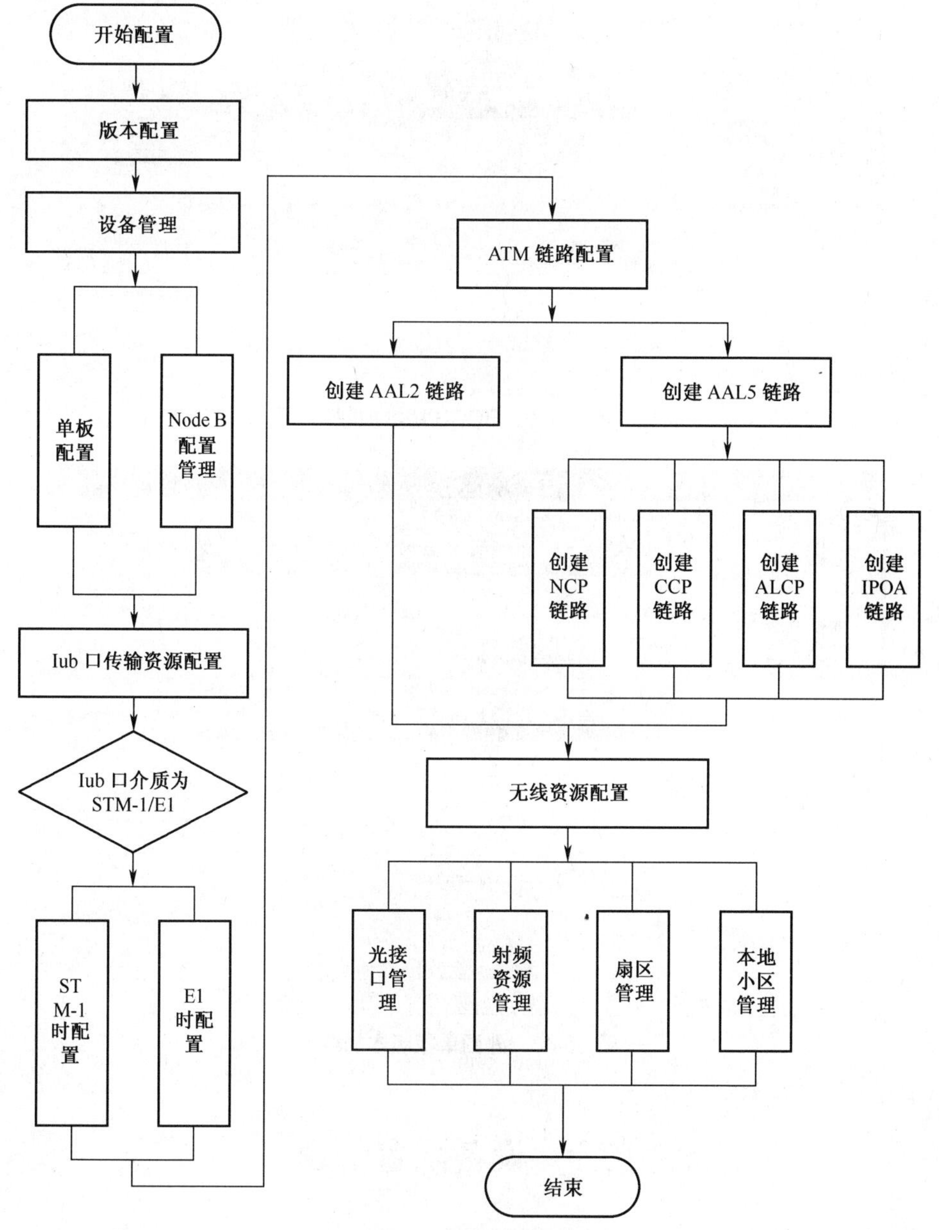

图 10-41　数据配置流程图

(2) 其他外围单板软件加载

① 选择【版本管理→软件版本管理】命令，在弹出的【版本信息管理】对话框中选择其他外围单板，如图 10-43 所示。

② 依次进行入库、下载和激活操作，可直接对各外围单板的版本进行升级。

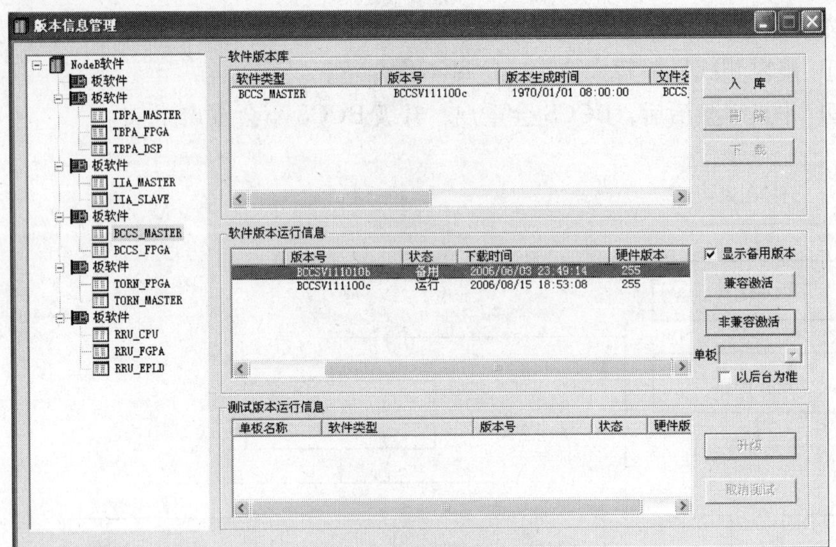

图 10-42　BCCS 版本加载

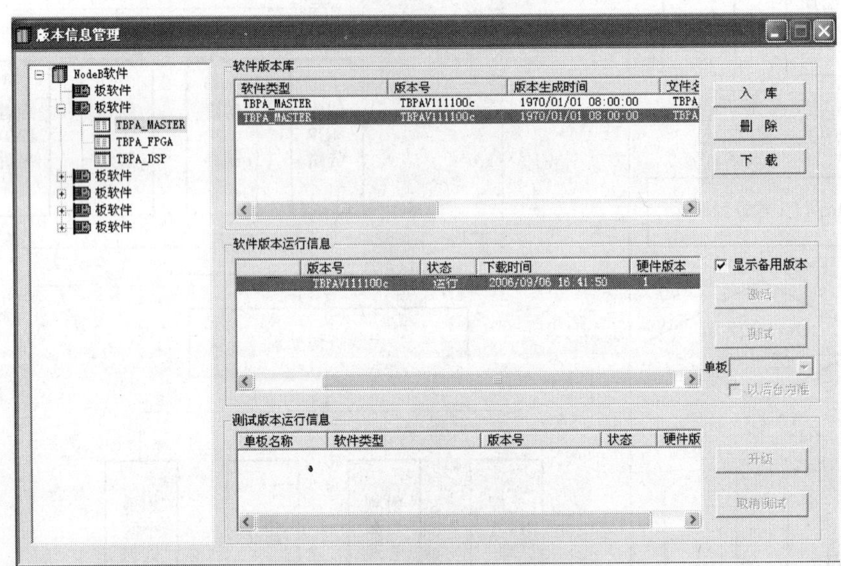

图 10-43　外围单板版本加载

10.9　设备配置管理

1. 单板配置管理

① 选择【设备管理→机架图显示】命令，打开如图 10-44 所示的界面。

② 根据单板插放的实际情况，在机架图中增加或删除单板。具体方法是在需要增加或删除单板的槽位单击鼠标右键，弹出增加或删除快捷菜单，然后选择要执行的命令。

2. Node B 配置管理

① 选择【设备管理→Node B 配置管理】命令，弹出如图 10-45 所示的窗口。

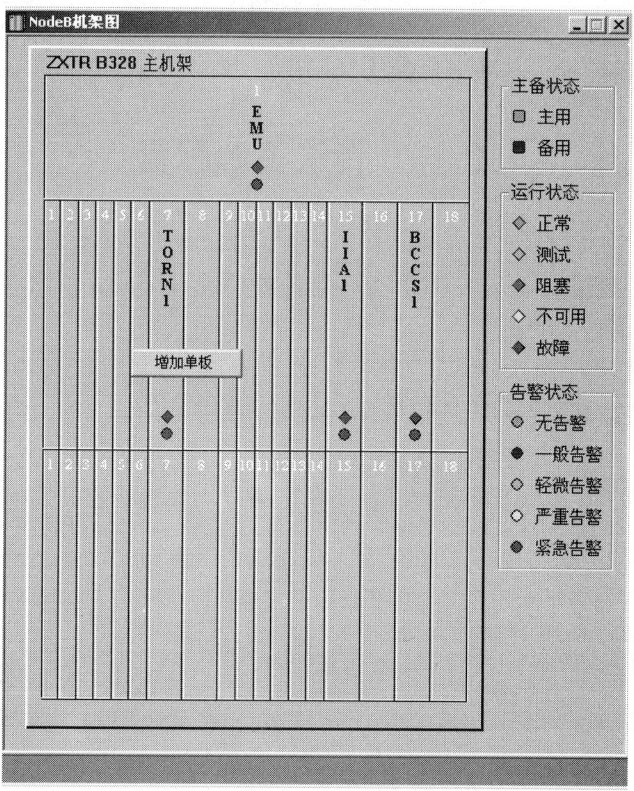

图 10-44　单板配置管理图

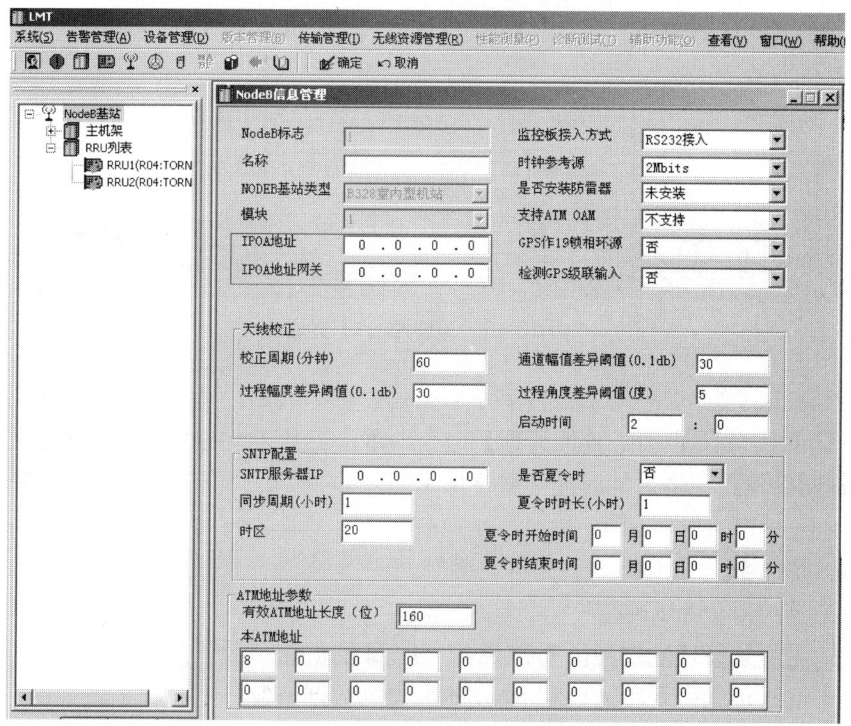

图 10-45　Node B 配置管理

② 输入与 RNC 的对接参数，配置 ATM 地址。ATM 地址长度为 160，名称、天线校正参数可按图示进行配置，其他参数默认。

10.10　传输资源配置

1．传输物理配置

Iub 口传输物理链路可以采用 E1 和 STM1 两种模式，目前我们实验室采用 STM1 连接。下面对这两种方式进行说明。

(1) 创建 E1 连线

① 选择【Iub 接口管理→E1 连线管理】命令，单击工具条上的<创建>按钮，弹出【创建 E1】对话框，如图 10-46 所示。

② 选择使用的 IIA 单板及链路号（每一个链路号均代表一收一发的一对 E1 线），复帧标志默认为无即可。

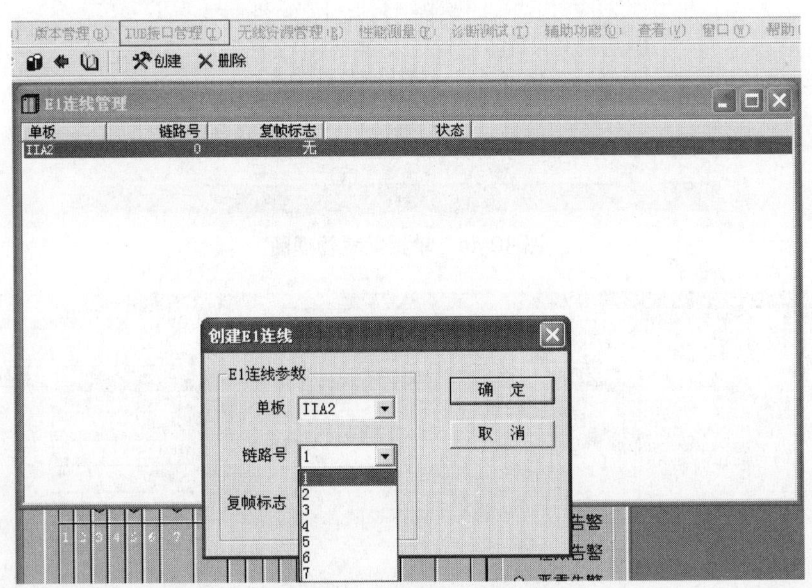

图 10-46　【创建 E1】界面

(2) 创建 IMA 组

选择【Iub 接口管理→E1 连线管理】命令，单击工具条上的<创建>按钮，在弹出的对话框中选择时钟模式、是否加解扰（需要与 RNC 侧一致）、版本号、选择 E1 链路，如图 10-47 所示。

注：① IMA 组号从 0 开始，为本地编号。

② 连接对象为 RNC。

③ 是否加解扰配置项需要和 RNC 侧配置的数据一致。

④ 时钟模式配置项需要和 RNC 侧配置的数据一致。

⑤ IMA 版本号配置项需要和 RNC 侧配置的数据一致。

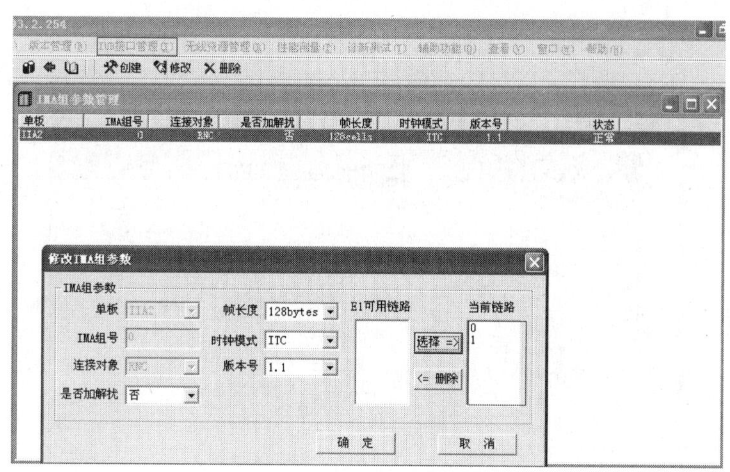

图 10-47　创建 IMA 组

（3）创建 STM-1 连线

选择【Iub 接口管理→STM-1 连线管理】命令，单击工具条上的<创建>按钮，弹出【创建 STM-1】对话框，如图 10-48 所示。

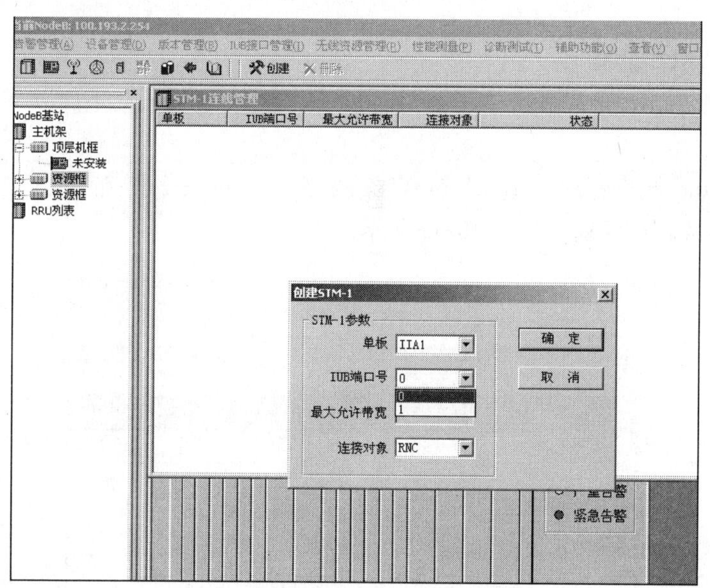

图 10-48　创建 IMA 组

2. ATM 链路配置

（1）创建 AAL2 链路

① 选择【Iub 接口管理→AAL2 链路管理】命令，单击工具条上的<创建>按钮，如图 10-49 所示。

② 根据 RNC 对接参数填写 VPI、VCI、PathID 参数，选择单板、承载性质（E1 选择 IMA，光纤选择 STM-1）、输入带宽（根据 RNC 数据配置相应值），其余配置项采用默认值即可。

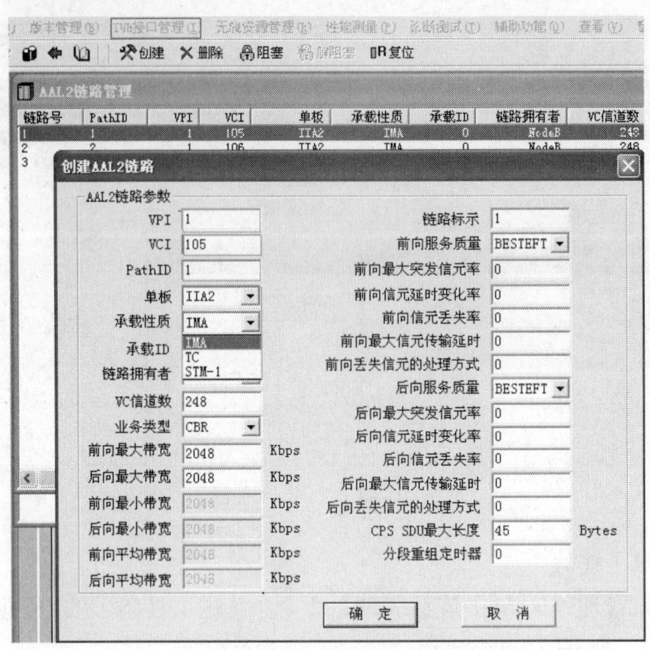

图 10-49　创建 AAL2 链路

(2) 创建 AAL5 链路

AAL5 链路包括承载 NCP、CCP、ALCAP 和 IPOA 这几条，下面以 NCP 为例介绍配置操作。

① 选择【Iub 接口管理→AAL5 链路管理】命令，单击工具条上的<创建>按钮，弹出【创建 AAL5 链路】对话框，如图 10-50 所示。

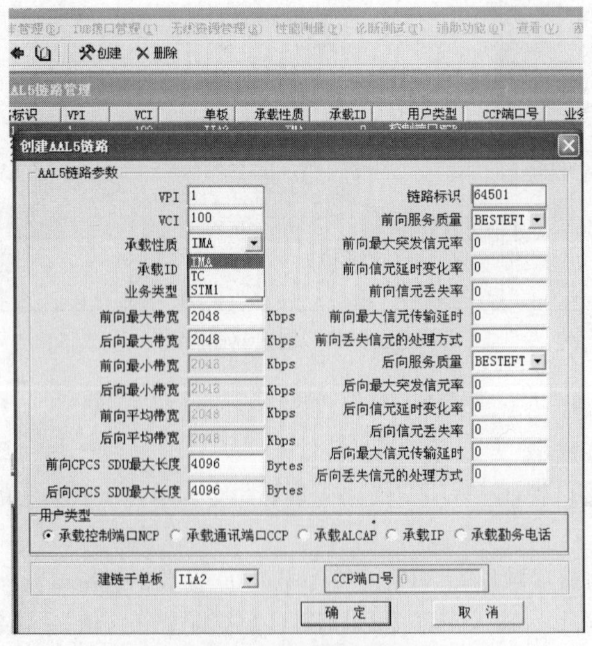

图 10-50　创建 AAL5 链路

② 根据 RNC 对接参数填写 VPI、VCI 参数，选择承载性质（E1 选择 IMA，光纤选择 STM-1）、输入带宽（根据 RNC 数据配置相应值），选择“用户类型”为<承载控制端口 NCP>，建链单板选择实际使用的 IIA 单板，其余配置项采用默认值即可。

注：① 在配置 CCP 时，需要配置 CCP 端口号，这个来自于 RNC 对接参数。

② 在配置 IPOA 时，链路标识只能为 64500。

10.11　无线资源配置

1. 光接口管理

选择【无线资源管理→光接口管理】命令，单击工具条上的<创建>按钮，在弹出的【光接口管理】对话框中填写光纤编号，选择光纤所在的 TORN 单板及其在 TORN 单板上的光口编号，如图 10-51 所示。

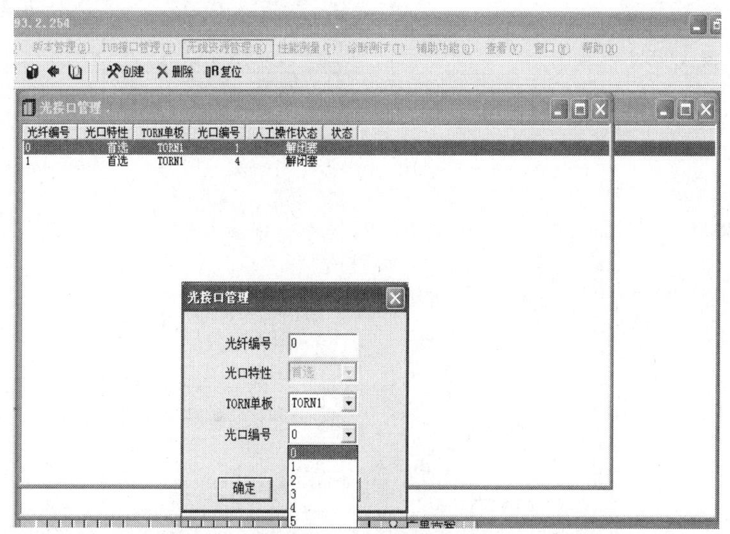

图 10-51　光接口管理

注：光纤编号是后台给的本地编号，Node B 内唯一。

2. 射频资源管理

选择【无线资源管理→射频资源管理】命令，单击工具条上的<创建>按钮，在弹出的【射频资源管理】对话框中填写射频资源号，选择 RRU 与 B328 所连光纤的光纤编号及其在该光纤上的 RRU 序号，如图 10-52 所示。

注：① 射频资源号是后台给每个 RRU 分配的本地标识，Node B 在内唯一。

② RRU 序号是为 RRU 级联时单条光纤上带多个 RRU 设置的。

3. 物理站点管理

选择【无线资源管理→物理站点管理】命令，单击工具条上的<创建>按钮，在弹出的【物理站点管理】对话框中填写物理站点号、物理站点类型、物理站点名，如图 10-53 所示。

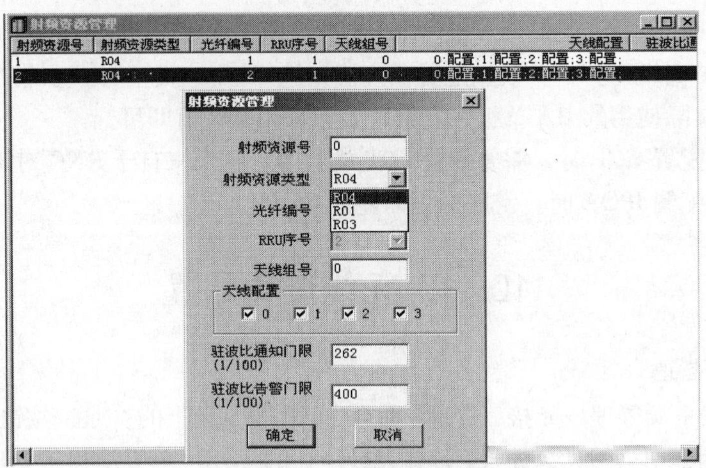

图 10-52 射频资源管理

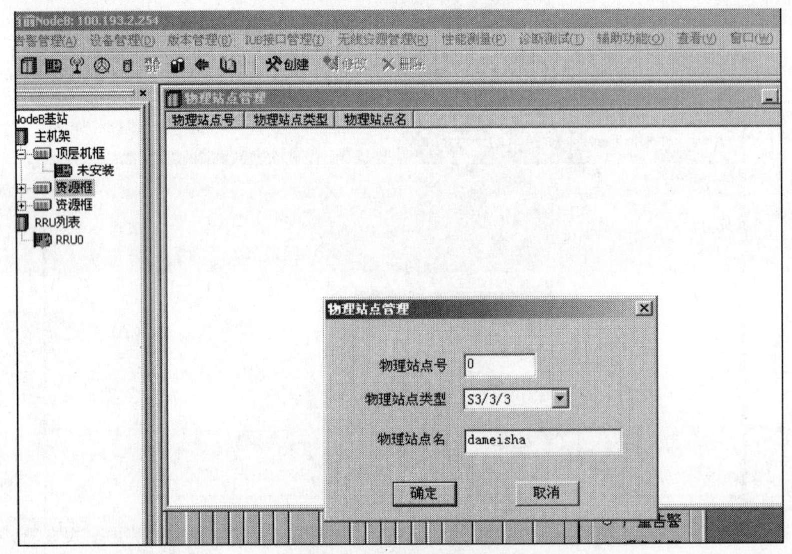

图 10-53 物理站点管理

4. 扇区管理

选择【无线资源管理→扇区管理】命令，单击工具条上的<创建>按钮，在弹出的【扇区配置】对话框中填写扇区标识、扇区名称、物理站点号、天线个数、最小频点，选择该扇区使用的射频资源，其他参数采用默认值即可，如图 10-54 所示。

注：① 扇区标识为本地标识，局内唯一。

② 天线个数根据实际天线类型而定。

③ 可选的射频资源为之前配置的射频资源号。

5. 本地小区管理

(1) 创建本地小区

选择【无线资源管理→本地小区管理】命令，单击工具条上的<创建>按钮，在弹出的【本地小区管理】对话框中填写本地小区 ID（RNC 对接参数），选择本地小区所在扇区，如

图 10-55 所示。

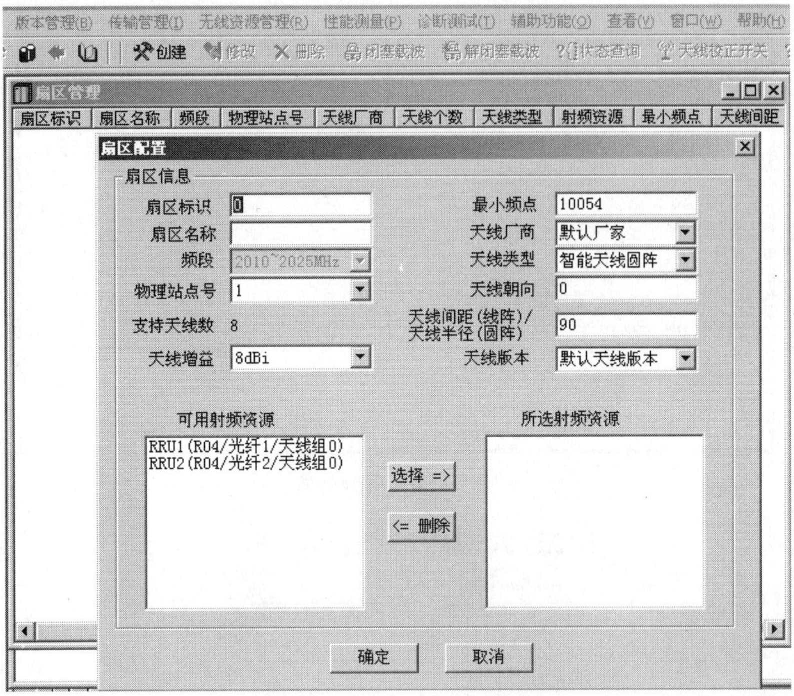

图 10-54　扇区管理

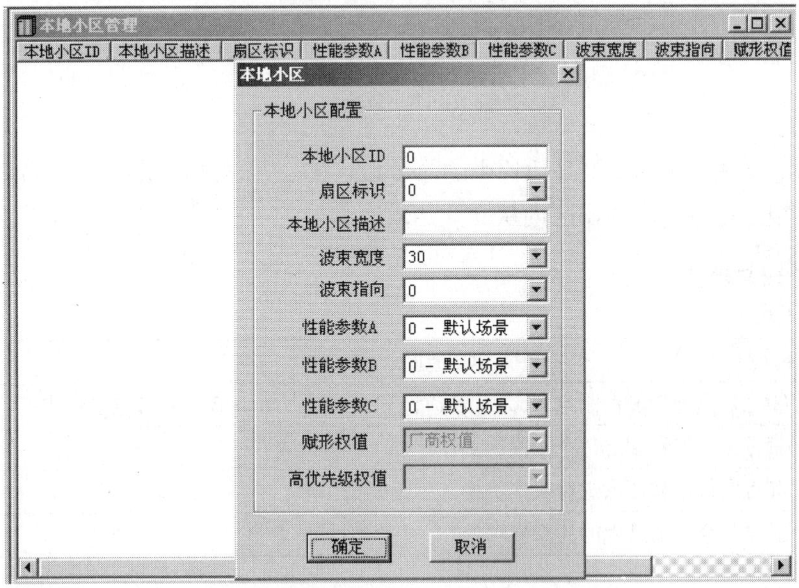

图 10-55　本地小区创建

（2）创建本地小区下的载频

如图 10-56 所示，在本地小区管理工具栏上单击<载频管理>按钮，打开载波资源配置视图，填写“本地载波资源标识”，其他参数保持默认，如图 10-57 所示。

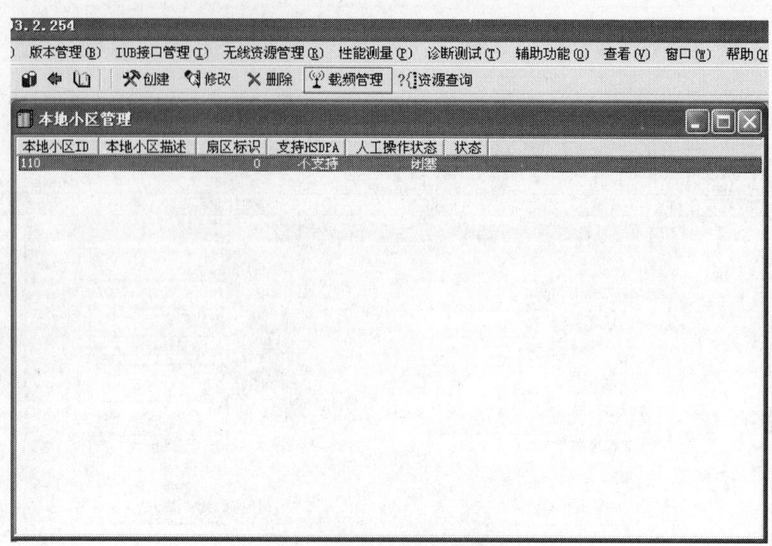

图 10-56　载频创建

载波资源

本地载波资源标识	0
最小扩频因子	16
载波优先级	0
支持HSDPA	不支持
HSPDA参数A	
HSPDA参数B	

确定　取消

图 10-57　载频配置

注：本地载波资源标识就是协议中的 Module ID，在本地标识载波，本地小区内唯一即可，这里规定在每个本地小区内从 0 开始依次编号。

计划与建议

计划与建议（参考）	
1	根据数据配置流程制定 Node B 开通计划，编写《Node B 设备开通自检表》
2	根据配置流程制定每个阶段的工作计划
3	配置完成后按要求进行版本倒换，创建模拟小区
4	总结整个开通过程的注意事项

展示评价

（1）教师及其他组负责人根据小组展示汇报的整体情况进行小组评价。

（2）学生展示汇报中，教师可针对小组成员的分工，对个别成员进行提问，给出个人评价表。

（3）组内成员互评表打分。

（4）自评表打分。

（5）本学习情景成绩汇总。

（6）评选今日之星。

试一试

（1）ZXTR OMC 网管提供创建三种管理网元，一种为________管理网元，一种为______管理网元，第三种为________管理网元，分别代表 B30 基站、B328 基站和 B322 基站。

（2）Node B 动态数据管理主要提供________与________交互的操作功能，通过 Node B 动态数据管理，用户可以对 Node B 发起相应的操作，实现对 Node B 的管理。

（3）Node B 软件版本管理提供了对 Node B 上运行的软件版本的管理功能，可以实现________、________、________、________、________、________、________、________等功能。

（4）软件版本创建后，软件版本还是处于服务器端配置状态，如果要使其能在网元设备成功运行，还需要对其做如下操作：________、________、________、________。

（5）ZXTR OMCB 配置管理包括________、________、________、________、________5 部分。

练一练

（1）对 Node B 设备进行软件版本的倒换，并建立模拟小区操作。

（2）按照配置流程对 Node B 进行数据配置。

学习情景 5　手机通话功能的实现

➲ 情景说明

通过 TD-SCDMA 技术建设的 3G 网络已经在中国国内广泛应用，并且拥有最大规模的 3G 用户群。那么 TD-SCDMA 网络的系统是怎样的呢？手机在 TD-SCDMA 网络中又是怎样实现通信的呢？本章节我们将从 TD-SCDMA 3G 网络的系统结构、关键技术、信道、信号调制等方面对 TD-SCDMA 系统进行介绍，并结合信道和调制技术介绍手机在呼叫与通信过程中的信令呼叫流程。

通过本情景的学习，读者可以从技术层面理解 TD-SCDMA 的各种技术在网络中的功能，并能解释 3G 手机呼叫及通话的整个过程，能够从信令的角度理解呼叫接入、应答、信道占用、挂机等通话过程。

➲ 学习目标

- 相关知识
    - ✧ 了解 TD-SCDMA 的系统结构。
    - ✧ 了解 TD-SCDMA 的技术优势和特点。
    - ✧ 掌握 TD-SCDMA 的物理层结构。
    - ✧ 掌握手机的通话实现过程。
- 拓展知识(*)
    - ✧ 随机接入过程的实现。
    - ✧ TD-SCDMA 系统的帧结构。
    - ✧ 手机的通话功能实现与检查。
- 相关技能
    - ➢ 基本操作技能
        - ✧ 设备软件、硬件的检查。
        - ✧ 设备、终端的故障检查。
        - ✧ 各种工具的使用。
    - ➢ 拓展技能、技巧
        - ✧ 通过终端查看系统参数。
        - ✧ 检查系统故障。

任务十一　分析 TD-SCDMA 系统

资讯准备

资 讯 指 南	
资 讯 内 容	获 取 方 式
TD-SCDMA 系统有哪些技术优势和特点？	阅读资料； 上网； 查阅图书； 询问相关工作人员
UMTS 系统是由哪些域组成的？	
UMTS 系统不同域之间通过哪些接口来连接？	
UTRAN 系统是由哪些设备组成的？不同设备之间通过哪些接口来连接？	
TD-SCDMA 移动通信系统空中的接口协议结构是由哪几层组成的？	
TD-SCDMA 系统信道的编码、复用、扩频和调制的过程是怎样的？	
TD-SCDMA 系统物理层结构是怎样的？	
如何描述随机接入过程？	

11.1　TD-SCDMA 系统概述

1. TD-SCDMA 系统结构和接口情况

TD-SCDMA 的网络结构完全遵循 3GPP 指定的 UMTS 网络结构，可以分为通用地面无线接入网（Universal Terrestrial Radio Access Network，UTRAN）和核心网（Core Network，CN）。所以 TD-SCDMA 网络结构模型完全等同于 UMTS 网络结构模型。

总体来讲，UMTS 系统由用户设备（User Equipment，UE）域、无线接入网（RAN）域和核心网（CN）域组成。

在 3GPP R4 版本中，TD-SCDMA UTRAN 的结构可用图 11-1 表示。UTRAN 由基站控制器（Radio Network Controller，RNC）和基站（Node B，也称 Base Station，简称 BS）组成。CN 通过 Iu 接口与 UTRAN 的 RNC 相连。其中，Iu 接口又被分为连接到电路交换域的 Iu-CS、分组交换域的 Iu-PS 和广播控制域的 Iu-BC。

Node B 与 RNC 之间的接口叫做 Iub 接口。在 UTRAN 内部，RNC 通过 Iur 接口进行信息交互。Iur 接口可以是 RNC 之间物理上的直接连接，也可以通过任何合适传输网络的虚拟连接来实现。

Node B 与 UE 之间的接口叫 Uu 接口。作为接入网，UTRAN 的基本结构及其 Iu、Iur 和 Iub 等主要接口是 TD-SCDMA 系统网络组成的基础。

2. TD-SCDMA 系统的关键技术

- TDD 技术。
- 智能天线技术。
- 联合检测技术。

➢ 动态信道分配技术。
➢ 接力切换技术。
➢ 功率控制技术。

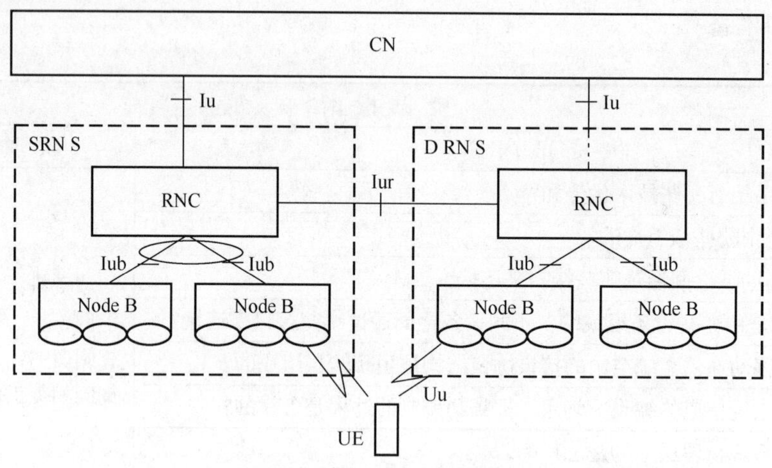

图 11-1　UTRAN 网络结构

11.2　TD-SCDMA 系统的物理层结构

物理层是空中接口的最底层，它提供物理介质中比特流传输所需要的所有功能，与数据链路层的 MAC 子层及网络层的 RRC 子层连接。物理层向 MAC 层提供不同的传输信道，传输信道定义了信息是如何在空中接口上传输的。物理信道在物理层定义，物理层受 RRC 控制。

物理层向高层提供数据传输服务，这些服务的接入是通过传输信道来实现的。为提供数据传输服务时，物理层需要完成以下功能：传输信道的错误检测和上报；传输信道的 FEC（前向纠错编码）编/解码；传输信道的复用；编码复合传输信道的解复用；编码复合传输信道到物理信道的映射；物理信道的调制/扩频与解调/解扩；频率和时间（码片、比特、时隙、帧）的同步；功率控制；无线特性测量（如 FER、信噪比 SIR、干扰功率等）；上行同步控制；上行和下行波束成形（智能天线）；UE 定位（智能天线）；软切换执行；速率匹配；物理信道的射频处理等。

TD-SCDMA 的物理信道是由频率、时隙、信道码和无线帧分配来定义的。建立一个物理信道的同时，也就给出了它的起始帧号。物理信道的持续时间既可以无限长，又可以是定义资源分配的持续时间。

一、物理信道帧结构

TD-SCDMA 系统的物理信道采用系统帧、无线帧、子帧、时隙/码 4 层结构。时隙用于在时域上区分不同的用户信号，具有 TDMA 的特性。图 11-2 所示为 TD-SCDMA 的物理信道帧结构。

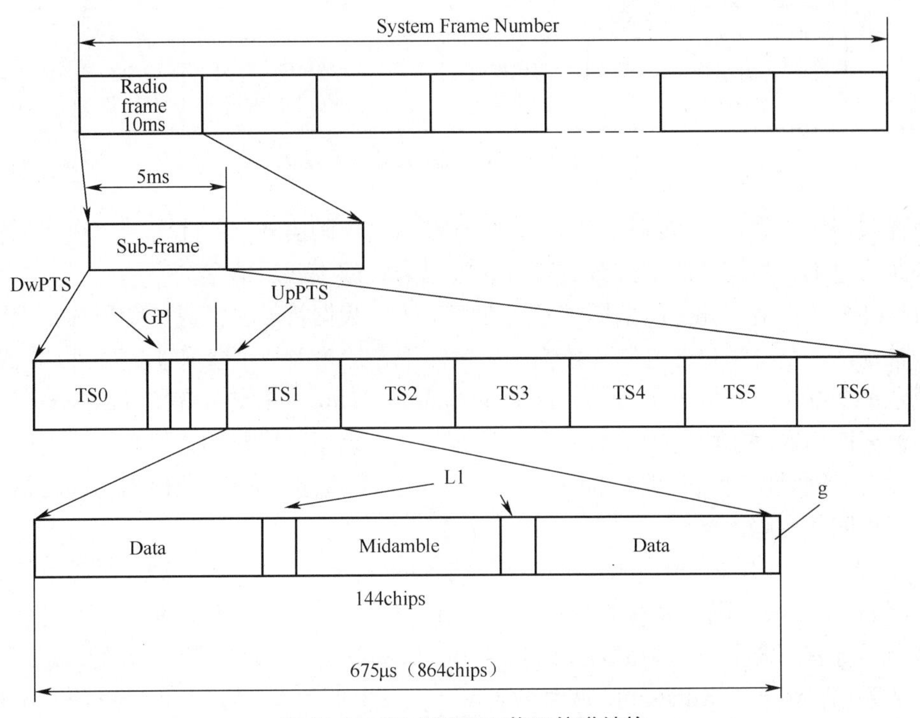

图 11-2 TD-SCDMA 物理信道结构

3GPP 定义的一个 TDMA 帧的长度为 10ms。TD-SCDMA 系统为了实现快速功率控制、定时提前校准以及对一些新技术的支持（如智能天线、上行同步等），将一个 10ms 的帧分成两个结构完全相同的子帧，每个子帧的时长为 5ms；每一个子帧又分成长度为 675μs 的 7 个常规时隙（TS0～TS6）和 DwPTS（下行导频时隙）、GP（保护间隔）和 UpPTS（上行导频时隙）3 个特殊时隙。

常规时隙用作传送用户数据或控制信息。在这 7 个常规时隙中，TS0 总是固定地用作下行时隙来发送系统广播信息，而 TS1 总是固定地用作上行时隙。其他的常规时隙可以根据需要灵活地配置成上行或下行以实现不对称业务的传输，如分组数据。用作上行链路的时隙和用作下行链路的时隙之间由一个转换点（Switch Point）分开，每个 5ms 的子帧有两个转换点（UL 到 DL 和 DL 到 UL），第一个转换点固定在 TS0 结束处，而第二个转换点则取决于小区上下行时隙的配置。

二、时隙结构

TDD 模式下的物理信道是一个突发信道，在分配到的无线帧中的特定时隙发射。无线帧的分配可以是连续的，即每一帧的相应时隙都分配给某物理信道；分配也可以是不连续的，即将部分无线帧中的相应时隙分配给该物理信道。TD-SCDMA 系统采用的突发结构如图 11-3 所示，图中 chip 表示码片长度。每个突发被分成了 4 个域——两个长度分别为 352chips 的数据域、一个长为 144chips 的训练序列域（Midamble）和一个长为 16chips 的保护间隔（GP）。一个突发的持续时间是一个时隙，发射机可以同时发射几个突发。

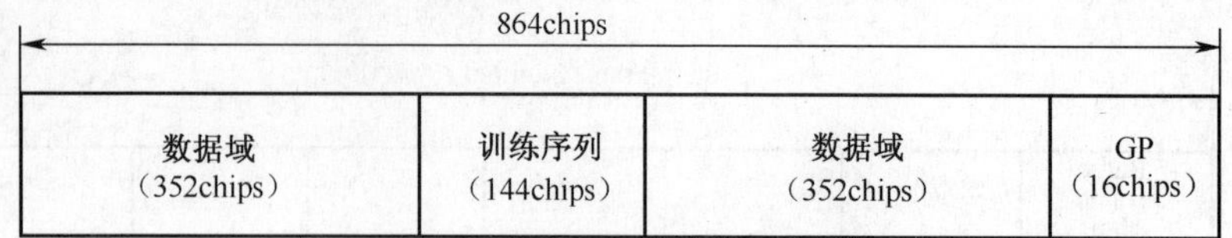

图 11-3 TD-SCDMA 系统突发结构

数据域用于承载来自传输信道的用户数据或高层控制信息，除此之外，在专用信道和部分公共信道上，数据域的部分数据符号还被用来承载物理层信令。

数据部分由信道码和扰码共同扩频，即将每一个数据符号转换成一个码片，因而增加了信号带宽。一个符号包含的码片数称为扩频因子，扩频因子可以取 1、2、4、8 或 16。信道码是一个 0VSF（Orthogonal Variable Spreading Factor，正交可变扩频因子）码，物理信道的数据速率取决于所用的 OVSF 码所采用的扩频因子。扰码的作用是用于区分相邻小区，在发射机同时发射几个突发的情况下，几个突发的数据部分必须使用不同的信道码，但应使用相同的扰码。

Midamble 码长 144chips，用作扩频突发的训练序列，在同一小区同一时隙上的不同用户所采用的 Midamble 码由同一个基本的 Midamble 码经循环移位后产生。

整个系统有 128 个长度为 128chips 的基本 Midamble 码，分成 32 个码组，每组 4 个。一个小区采用哪组基本 Midamble 码由小区决定，因此 4 个基本的 Midamble 码基站是知道的；并且当建立起下行同步之后，移动台也知道所使用的 Midamble 码组；Node B 决定本小区将采用这 4 个基本 Midamble 码中的哪一个。一个载波上的所有业务时隙必须采用相同的基本 Midamble 码。小区使用的扰码和基本中间码是广播的，而且可以是不变的。基本中间码到中间码的生成过程如下所述。

1. 旋转

先对基本 Midamble 码进行旋转，得到复数型 Midamble 序列。特定的基本中间码的二进制形式可以表示为一向量 $m_p=(m_1,m_2,\cdots,m_p), p=128$。变换成复数形式，表示为向量 $\bar{m}_p=(\bar{m}_1,\bar{m}_2,\cdots,\bar{m}_p)$，向量 $\bar{m}_p$ 中的元素 $\bar{m}_i$ 可以由向量 $\bar{m}_p$ 的元素 $\bar{m}_i$ 计算得到：$\bar{m}_i=(\mathrm{j})^i\cdot m_i, i=1,2,\cdots,p$。

2. 周期拓展

$m_i=m_{i-p}, i=(p+1),\cdots,i_{\max}$；$i_{\max}=L_m+(K-1)W$，$L_m$ 是时隙中 Midamble 码的长度，

L_m=144，K=2,4,6,8,10,12,14,16。$W=\left\lfloor\dfrac{P}{K}\right\rfloor, p=128,[x]$ 表示小于等于 x 的最大整数。

3. Midamble 序列选取

按 K 从大到小顺序从 m_1 开始截取，每个序列长度为 L_m，相邻两个 Midamble 序列间的间隔为 W。

原则上，Midamble 码的发射功率与同一个突发中的数据符号的发射功率相同。训练序列的作用体现在上下行信道估计、功率测量、上行同步保持。传输时，Midamble 码不进行基带处理和扩频，直接与经基带处理和扩频的数据一起发送，在信道解码时被用于进行信道估计。

4. 下行导频时隙（如图 11-4 所示）

每个子帧中的 DwPTS 是为建立下行导频和同步而设计的，由 Node B 以最大功率在全方向或在某一扇区上发射。这个时隙通常是由长为 64chips 的 SYNC_DL（下行同步序列）和 32chips 的 GP（保护间隔）组成。其结构如图 11-4 所示。

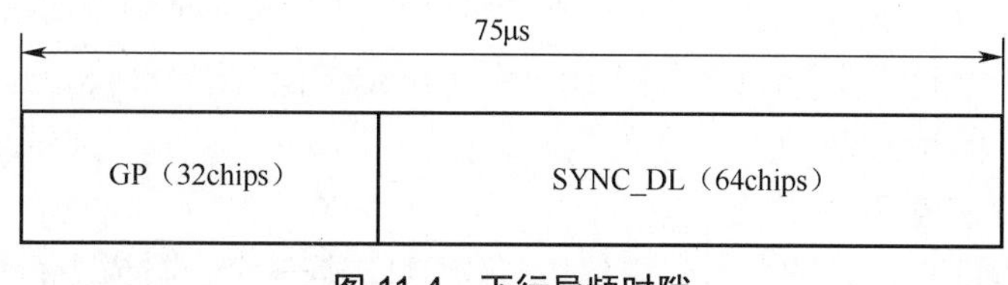

图 11-4　下行导频时隙

SYNC_DL 是一组 PN（Pseudo Noise，伪随机噪声）码，用于区分相邻的小区，系统中定义了 32 个码组，每组对应一个 SYNC_DL 序列，SYNC_DL 码集在蜂窝网络中可以复用。

5. 上行导频时隙（如图 11-5 所示）

每个子帧中的 UpPTS 是为上行同步而设计的，当 UE 处于空中登记和随机接入状态时，它将首先发射 UpPTS；当得到网络的应答后，发送随机接入请求。这个时隙通常由长为 128chips 的 SYNC_UL（上行同步序列）和 32chips 的 GP（保护间隔）组成。其时隙结构如图 11-5 所示。

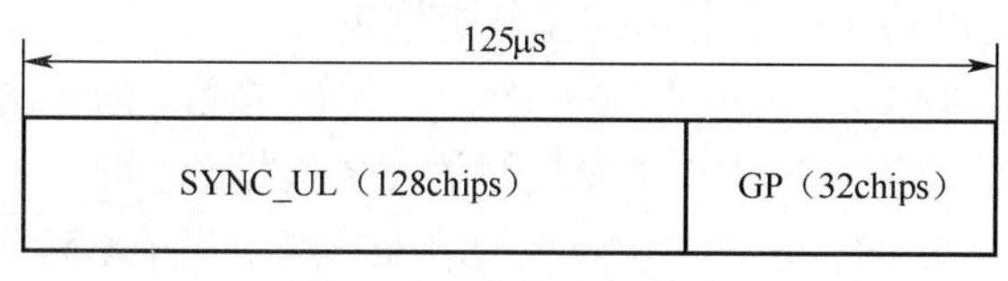

图 11-5　上行导频时隙

SYNC_UL 是一组 PN 码，用于在接入过程中区分不同的 UE。整个系统有 256 个不同的 SYNC_UL，分成 32 组，以对应 32 个 SYNC_DL 码，每组有 8 个不同的 SYNC_UL 码，即每一个基站对应于 8 个确定的 SYNC_UL 码。当 UE 要建立上行同步时，将从 8 个已知的 SYNC_UL 中随机选择 1 个，并根据估计的定时和功率值在 UpPTS 中发射。

6. 保护时隙

保护时隙（Guard Period，GP）即在 Node B 侧由发射向接收转换的保护间隔。时长为 75μs (96 chips)，主要用于下行到上行转换的保护。在小区搜索时，确保 DwPTS 可靠接收，防止干扰 UL 工作；在随机接入时，确保 UpPTS 可以提前发射，防止干扰 DL 工作，另外从理论上确定基本的基站覆盖半径。96chip 对应的距离变化是 $L=\{V*96/1.28\text{M}\}$km，V 代表光速，$V_{光}\approx 0.3\times 10^9$m/s，基站覆盖半径即 $L/2=11.25$km。

三、传输信道和物理信道

TD-SCDMA 系统中，存在 3 种信道模式，即逻辑信道、传输信道和物理信道。

➢ 逻辑信道是 MAC 子层向 RLC 子层提供的服务，描述的是传送什么类型的信息。
➢ 传输信道作为物理层向高层提供的服务，描述的是信息如何在空中接口上传输。

- 系统通过物理信道模式直接把需要传输的信息发送出去，也就是说在空中传输的都是物理信道承载的信息。

1. 传输信道

传输信道作为物理信道提供给高层的服务，通常分为两类，一类为公共信道，通常此类信道上的消息是发送给所有用户或一组用户的，但是在某一时刻，该信道上的信息也可以针对单一用户，这时需要 UE ID 来识别。另一类为专用信道，此类信道上的信息在某一时刻只发送给单一的用户。

（1）专用传输信道

专用传输信道仅存在一种，即专用信道（DCH），是一个上行或下行传输信道。

（2）公共传输信道

- 广播信道 BCH。BCH 是一个下行传输信道，用于广播系统和小区的特定消息。
- 寻呼信道 PCH。PCH 是一个下行传输信道，当系统不知道移动台所在的小区时，用于发送给移动台的控制信息。PCH 总是在整个小区内进行寻呼信息的发射，与物理层产生的寻呼指示的发射是相随的，以支持有效的睡眠模式，延长终端电池的使用时间。
- 前向接入信道 FACH。FACH 是一个下行传输信道，用于随机接入过程中，UTRAN 收到了 UE 的接入请求，可以确定 UE 所在小区的前提下，向 UE 发送控制消息。有时也可以使用 FACH 发送短的业务数据包。
- 随机接入信道 RACH。RACH 是一个上行传输信道，用于向 UTRAN 发送控制消息；有时也可以使用 RACH 来发送短的业务数据包。
- 上行共享信道 USCH。上行信道，被一些 UE 共享，用于承载 UE 的控制和业务数据。
- 下行共享信道 DSCH。下行信道，被一些 UE 共享，用于承载 UE 的控制和业务数据。

（3）输信道的一些基本概念

- 传输块（Transport Block，TB）：定义为物理层与 MAC 子层间的基本交换单元，物理层为每个传输块添加一个 CRC。
- 传输块集（Transport Block Set，TBS）：定义为多个传输块的集合，这些传输块在物理层与 MAC 子层间的同一传输信道上同时交换。
- 传输时间间隔（Transmission Time Interval，TTI）：定义为一个传输块集合到达的时间间隔，等于在无线接口上物理层传送一个 TBS 所需要的时间。MAC 子层在每一个 TTI 内送一个 TBS 到物理层。
- 传输格式组合（Transport Format Combination，TFC）：一个或多个传输信道复用到物理层，对于每一个传输信道，都有一系列传输格式（传输格式集）可使用。对于给定的时间点，不是所有的组合都可应用于物理层，而只是它的一个子集，这就是 TFC。它定义为当前有效传输格式的指定组合，这些传输格式能够同时提供给物理层，用于 UE 侧编码复用传输信道（CCTrCH）的传输，即每一个传输信道包含一个传输格式。
- 传输格式组合指示（Transport Format Combination Indicator，TFCI）：它是当前 TFC 的一种表示。TFCI 的值和 TFC 是一一对应的，TFCI 用于通知接收侧当前有效的 TFC，即如何解码、解复用以及在适当的传输信道上递交接收到的数据。

2. 物理信道

物理信道根据其承载的信息不同被分成了不同的类别，有的物理信道用于承载传输信道的数据，而有些物理信道仅用于承载物理层自身的信息。物理信道分为专用物理信道和公共物理信道两大类。

（1）专用物理信道

专用物理信道 DPCH （Dedicated Physical CHannel）用于承载来自专用传输信道 DCH 的数据。物理层将根据需要把来自一条或多条 DCH 的层 2 数据组合在一条或多条编码组合传输信道 CCTrCH（Coded Composite Transport CHannel）内，然后再根据所配置物理信道的容量将 CCTrCH 数据映射到物理信道的数据域。DPCH 可以位于频带内的任意时隙和任意允许的信道码，信道的存在时间取决于承载业务类别和交织周期。一个 UE 可以在同一时刻被配置多条 DPCH，若 UE 允许多时隙能力，这些物理信道还可以位于不同的时隙。物理层信令主要用于 DPCH。DPCH 采用前面介绍的突发结构，由于支持上下行数据传输，下行通常采用智能天线进行波束赋形。

（2）公共物理信道

根据所承载传输信道的类型，公共物理信道可划分为一系列控制信道和业务信道。在 3GPP 的定义中，所有的公共物理信道都是单向的（上行或下行）。

- 主公共控制物理信道（Primary Common Control Physical CHannel，P-CCPCH）仅用于承载来自传输信道 BCH 的数据，提供全小区覆盖模式下的系统信息广播。在 TD-SCDMA 中，PCCPCH 的位置（时隙/码）是固定的（TS0），总是采用固定扩频因子 SF=16 的 1 号、2 号码。
- 辅公共控制物理信道（Secondary Common Control Physical CHannel，S-CCPCH）用于承载来自传输信道 FACH 和 PCH 的数据。可使用编码组合指示指令（TFCI）。S-CCPCH 总是采用固定扩频因子 SF=16。S-CCPCH 所使用的码和时隙在小区中广播。
- 物理随机接入信道（Physiacal Random Access CHannel，PRACH）用于承载来自传输信道 RACH 的数据。PRACH 可以采用扩频因子 SF=16、8、4，其配置（使用的时隙和码道）通过小区系统信息广播。
- 快速物理接入信道（Fast Physical Access CHannel，FPACH）不承载传输信道信息，因而与传输信道不存在映射关系。Node B 使用 FPACH 来响应在 UpPTS 时隙收到的 UE 接入请求，调整 UE 的发送功率和同步偏移。FPACH 使用扩频因子 SF=16，其配置通过小区系统信息广播。
- 物理上行共享信道（Physical Uplink Shared CHannel，PUSCH）用于承载来自传输信道 USCH 的数据。所谓共享指的是同一物理信道可由多个用户分时使用，或者说信道具有较短的持续时间。由于一个 UE 可以并行存在多条 USCH，这些并行的 USCH 数据可以在物理层进行编码组合，因而 PUSCH 信道上可以存在 TFCI。
- 物理下行共享信道（Physical Downlink Shared CHannel，PDSCH）用于承载来自传输信道 DSCH 的数据。在下行方向，传输信道 DSCH 不能独立存在，只能与 FACH 或 DCH 相伴而存在，因此作为传输信道载体的 PDSCH 也不能独立存在。DSCH

数据可以在物理层进行编码组合，因而 PDSCH 上可以存在 TFCI。

- 寻呼指示信道（Paging Indicator CHannel，PICH）不承载传输信道的数据，但却与传输信道 PCH 配对使用，用以指示特定的 UE 是否需要解读其后跟随的 PCH 信道（映射在 S-CCPCH 上）。PICH 的扩频因子 SF=16。

3. 传输信道到物理信道的映射

如表 11-1 所示给出了 TD-SCDMA 系统中传输信道和物理信道的映射关系，但表中部分物理信道与传输信道并没有映射关系。按 3GPP 规定，只有映射到同一物理信道的传输信道才能够进行编码组合。由于 PCH 和 FACH 都映射到 S-CCPCH，因此来自 PCH 和 FACH 的数据可以在物理层进行编码组合生成 CCTrCH。其他的传输信道数据都只能自身组合成，而不能相互组合。另外，BCH 和 RACH 由于自身性质的特殊性，也不可能进行组合。

表 11-1　　TD-SCDMA 传输信道和物理信道间的映射关系

传输信道	物 理 信 道
DCH	专用物理信道（DPCH）
BCH	主公共控制物理信道（P-CCPCH）
PCH	辅助公共控制物理信道（S-CCPCH）
FACH	辅助公共控制物理信道（S-CCPCH）
RACH	物理随机接入信道（PRACH）
USCH	物理上行共享信道（PUSCH）
DSCH	物理下行共享信道（PDSCH）
—	下行导频信道（DwPCH）
—	上行导频信道（UpPCH）
—	寻呼指示信道（PICH）
—	快速物理接入信道（FPACH）

四、信道编码和复用

为了保证高层的信息数据在无线信道上可靠地传输，需要对来自 MAC 和高层的数据流（传输块/传输块集）进行编码/复用后在无线链路上发送，并且将无线链路上接收到的数据进行解码/解复用，然后再送给 MAC 和高层。

用于上行和下行链路的传输信道编码/复用步骤如图 11-6 所示。

在一个传输时间间隔 TTI 内，来自不同传输信道的数据以传输块的形式到达编码/复用单元。这里的 TTI 允许的取值间隔是 10ms、20ms、40ms、80ms。在经过全部 12 步的处理后，被映射到物理信道。

对于每个传输块，需要进行的基带处理步骤如下所述。

1. 给每个传输块添加 CRC 校验比特

循环冗余校验（Cyclic Redundancy Check，CRC）用于实现差错检测功能。对一个 TTI 内到达的传输块集，CRC 处理单元将为其中的每一个传输块附加上独立的 CRC 码。CRC

码是信息数据通过 CRC 生成器生成的，长度可以为 24、16、12、8 或 0 比特，具体的比特数目由高层根据传输信道所承载的业务类型来决定。

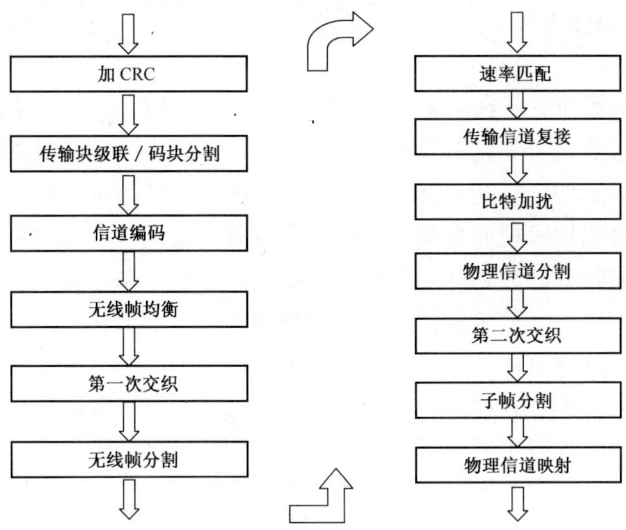

图 11-6　信道编码与复用过程

2. 传输块的级联和码块分割

在每一个传输块附加上 CRC 码后，把一个 TTI 内的传输块按编号从小到大的顺序级联起来。如果级联后的比特序列长度 A 大于最大编码块长度 Z，则需要进行码块分割处理，分割后得到的 C 个码块具有相同的大小。如果 A 不是 C 的整数倍，则在传输信道数据码块的最前端插入填充比特，填充比特为 0。

码块的最大尺寸将根据传输信道采用的编码方案而不同，具体尺寸为卷积编码 Z=504；Turbo 编码 Z=5114；无编码 Z 没有限制。

3. 信道编码

为了提高信息在无线信道传输时的可靠性，提高数据在信道上的抗干扰能力，TD-SCDMA 系统采用了卷积编码、Turbo 编码、无编码三种信道编码方案。不同类型的传输信道所使用的编码方案和码率不同，如表 11-2 所示。

表 11-2　　TD-SCDMA 所采用的信道编码方案和编码

<table>
<tr><th>传输信道类型</th><th>编 码 方 式</th><th>编　码　率</th></tr>
<tr><td>BCH</td><td rowspan="4">卷积编码</td><td>1/3</td></tr>
<tr><td>PCH</td><td>1/3，1/2</td></tr>
<tr><td>RACH</td><td>1/2</td></tr>
<tr><td rowspan="3">DCH,DSCH,FACH,USCH</td><td>1/3，1/2</td></tr>
<tr><td>Turbo 编码</td><td>1/3</td></tr>
<tr><td colspan="2">无编码</td></tr>
</table>

4. 无线帧均衡

无线帧尺寸均衡是针对一个传输信道在一个 TTI 内传输下来的数据块进行的。一个 TTI

的长度为 10ms、20ms、40ms 或 80ms，对应的这些数据需要被平均分配到 1 个、2 个、4 个或 8 个连续的无线帧上。尺寸均衡是通过在输入比特序列的末尾根据需要加入填充比特(0 或 1)，以保证输出能够被均匀分割。

5. 第一次交织

受到传播环境的影响，无线信道是一个高误码率的信道。虽然信道编码产生的冗余可以部分消除误码的影响，但是在信道的深衰落周期，仍会产生较长时间的连续误码。对于这类误码，信道编码的纠错功能无能为力，而交织技术就是为抵抗这种持续时间较长的突发性误码设计的。交织技术把原来顺序的比特流按照一定规律打乱后再发送出去，接收端再按相应的规律将接收到的数据恢复成原来的顺序，这样一来，连续的错误就变成了随机差错；再通过解信道编码，就可以恢复出正确的数据。

如前所述，交织过程有两步，第一次交织为列间交换的块交织，它完成无线帧之间的交织。交织时，输入序列被顺序逐行写入交织器，待所有输入数据均被写入交织器后，再逐列输出，输出的顺序如表 11-3 所示。例如，当 TTI 为 40ms 时，交织器共有 4 列，输出顺序依次为第 0、2、1、3 列。

表 11-3　　第一次交织的列间交换方式

TTI/ms	列数 C	列交换规则
10	1	<0>
20	2	<0，1>
40	4	<0，2，1，3>
80	8	<0，4，2，6，1，5，3，7>

6. 无线帧分割

当传输信道的 TTI 大于 10ms 时，输入比特序列将被分段映射到连续的 F 个无线帧上。经过无线帧均衡步骤之后，可以保证输入比特序列的长度为 F 的整数倍。

7. 速率匹配

速率匹配是指传输信道上的比特被重复或打孔。一个传输信道中的比特数在不同的 TTI 可以发生变化，而所配置的物理信道容量（或承载比特数）却是固定的。因而，当不同 TTI 的数据比特发生改变时，为了匹配物理信道的承载能力，输入序列中的一些比特将被重复或打孔，以确保在传输信道复用后总的比特率与所配置的物理信道的总比特率一致。

高层将为每一个传输信道配置一个速率匹配特性。这个特性是半静态的，而且只能通过高层信令来改变。速率匹配算法用于计算重复或打孔的比特数量。

8. 传输信道的复用

每隔 10ms，来自每个传输信道的无线帧被送到传输信道复用单元。复用单元根据承载业务的类别和高层的设置，分别将其进行复用或组合，构成一条或多条编码组合传输信道(CCTrCH)。不同的传输信道编码和复用到一个 CCTrCH 应符合如下规则。

- 复用到一个 CCTrCH 上的传输信道组合如果因为传输信道的加入、重配置或删除等原因发生变化，那么这种变化只能在无线帧的起始部分进行。
- 不同的 CCTrCH 不能复用到同一条物理信道上。

- 一条 CCTrCH 可以被映射到一条或多条物理信道上传输。
- 专用传输信道和公共传输信道不能复用到同一个 CCTrCH 上。
- 公共传输信道中，只有 FACH 或 PCH 可以被复用到一个 CCTrCH 上。
- 每个承载一个 BCH 的 CCTrCH，只能承载一个 BCH，不能再承载别的传输信道。
- 每个承载一个 RACH 的 CCTrCH，只能承载一个 RACH，不能再承载别的传输信道。

综上可知，CCTrCH 有如下两种类型。

- 专用 CCTrCH：对应于一个或多个 DCH 的编码和复用结果。
- 公共 CCTrCH：对应于一个公共信道的编码和复用结果。

另外，对于包含下列传输信道的 CCTrCH，可能传送 TFCI 信息。

- 专用类型。
- USCH 类型。
- DSCH 类型。
- FACH 和/或 PCH 类型。

例：如图 11-7 所示，在 10ms 周期内，专用传输信道 1 和 2 传下的数据块被复用为一条 CCTrCH。

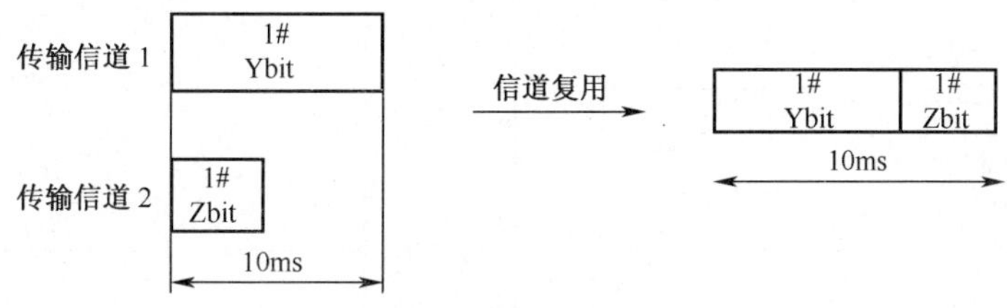

图 11-7　传输信道复用

9. 物理信道的分割

一条 CCTrCH 的数据速率可能要超过单条物理信道的承载能力，这就需要对 CCTrCH 数据进行分割处理，以便将比特流分配到不同的物理信道中。

例：如图 11-8 所示，传输信道复用后的数据块应该在 10ms 内被发送出去，但单条物理信道的承载能力不能胜任，决定使用两条物理信道。于是输入序列被分为两部分，分配在两条物理信道上传输。

图 11-8　物理信道分割

10. 第二次交织

第二次交织一般有两种方案，即基于帧和基于时隙的。前者是对 CCTrCH 映射无线帧上的所有数据比特进行的，后者则对映射到每一时隙的数据比特进行。具体采用哪种方案由高层指示。

11. 子帧分割

在前面的步骤中，级联和分割等操作都是以最小时间间隔（10ms）或一个无线帧为基本单位进行的。但为了将数据流映射到物理信道上，还必须将一个无线帧的数据分割为两部分，即分别映射到两个子帧之中。

12. 到物理信道的映射

将子帧分割输出的比特流映射到该子帧中对应时隙的码道上。

五、扩频与调制

在 TD-SCDMA 系统中，经过物理信道映射后的数据流还要进行数据调制和扩频调制。

数据调制可以采用 QPSK 或者 8PSK 的方式，即将连续的两个比特（采用 QPSK）或者连续的 3 个比特（采用 8PSK）映射为一个符号，然后对数据调制后的复数符号再进行扩频调制。TD-SCDMA 扩频调制时采用的扩频码是 OVSF 码，其特点是正交性较好。扩频因子的范围为 1～16，扩频后的码片速率为 1.28Mc/s，调制符号的速率为 80.0k～1.28M 符号/秒。扩频和调制过程如图 11-9 所示。

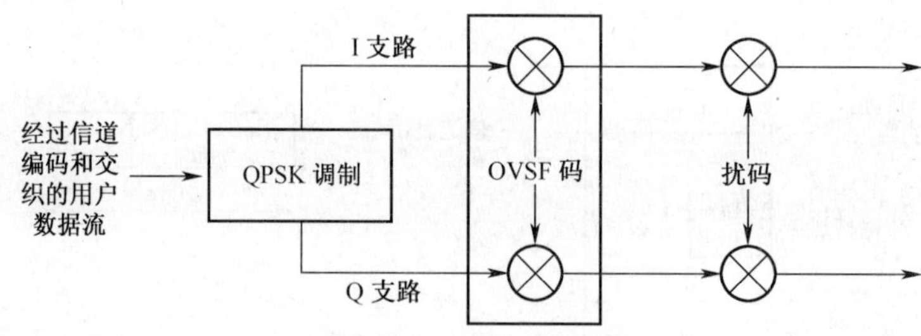

图 11-9　扩频与调制过程

1. 数据调制

调制就是对信息源信息进行编码的过程，其目的就是使携带信息的信号与信道特征相匹配，以有效地利用信道。TD-SCDMA 系统的数据调制通常采用 QPSK 方式，在提供 2Mbit/s 业务时采用 8PSK 调制方式。

（1）QPSK 调制

QPSK 数据调制实际上是将连续的两个比特映射为一个复数值的数据符号，映射关系如表 11-4 所示。

表 11-4　两个连续二进制比特映射到复数符号

连续二进制比特	复数符号
00	+j
01	+1
10	–1
11	–j

（2）8PSK 调制

在 TD-SCDMA 系统中，对于 2Mbit/s 业务采用 8PSK 方式进行数据调制。8PSK 数据调制实际上是将连续的三个比特映射为一个复数值的数据符号，其数据映射关系如表 11-5 所示。此时帧结构中将不使用训练序列，全部是数据区，且只有一个时隙，数据区前加一个序列。

表 11-5　　三个连续二进制比特映射到复数符号

连续二进制比特	复 数 符 号
000	cos(11pi/8)+ j sin(11pi/8)
001	cos(9pi/8)+ j sin(9pi/8)
010	cos(5pi/8)+ j sin(5pi/8)
011	cos(7pi/8)+ j sin(7pi/8)
100	cos(13pi/8)+ j sin(13pi/8)
101	cos(15pi/8)+ j sin(15pi/8)
110	cos(3pi/8)+ j sin(3pi/8)
111	cos(pi/8)+ j sin(pi/8)

2. 扩频调制

因为 TD-SCDMA 与其他第三代移动通信标准一样，均采用 CDMA 的多址接入技术，所以扩频是其物理层很重要的一个步骤。扩频操作位于数据调制之后和脉冲成形之前。扩频调制主要分为扩频和加扰两步。首先用扩频码对数据信号扩频，其扩频因子（Spreading Factor，SF）为 1～16；然后加扰码，即将扰码加到扩频后的信号中。具体见图 11-10 所示。

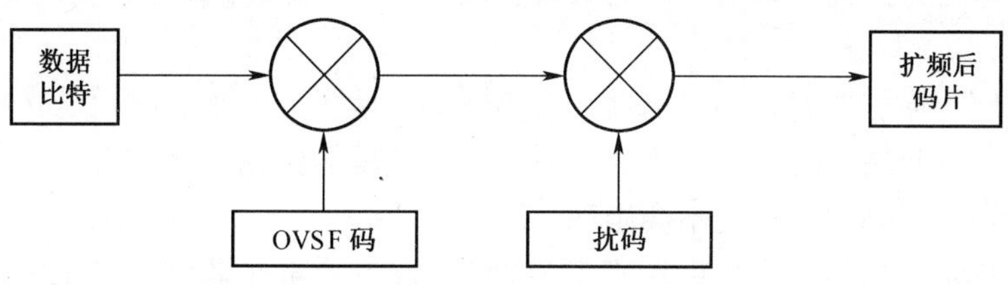

TD-SCDMA 中，上行倍道码的 SF 为：1，2，3，4，8，16
下行倍道码的 SF 为：1，16

图 11-10　扩频调制

所谓扩频就是用高于数据比特速率的数字序列与信道数据相乘，相乘的结果扩展了信号的带宽，将比特速率的数据流转换成了具有码片速率的数据流。所使用的数字序列称为扩频码，这是一组长度可以不同但仍相互正交的码组。

（1）正交可变扩频因子（OVSF）码

在 TD-SCDMA 系统中，使用 OVSF 作为扩频码，上行方向的扩频因子为 1、2、4、8、16，下行方向的扩频因子为 1、16。使用 OVSF 扩频码可以使同一时隙下的扩频码有不同的扩频因子，但是扩频码之间仍然保持正交。OVSF 码可以用图 11-11 所示的码树来定义。

OVSF 码的码长 Q_k 是 2 的整数次幂，即 $Q_k=2^n$。在 TD-SCDMA 系统中，$n\leqslant4$，因此最大的扩频因子是 16。

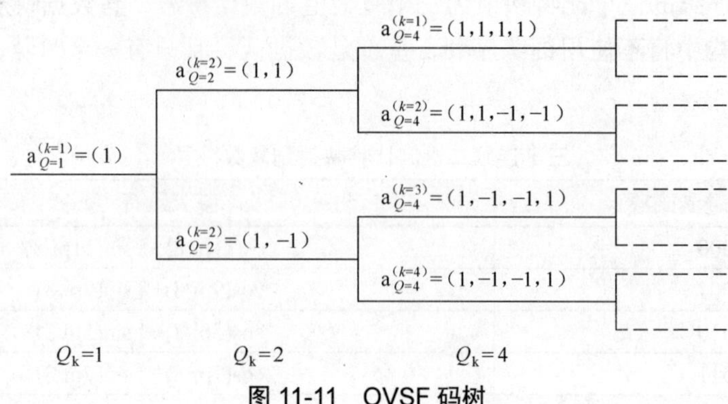

图 11-11　OVSF 码树

码树的每一级都定义了一个扩频因子为 Q_k 的码。但是，并不是码树上所有的码都可以同时用在一个时隙中。当一个码已经在一个时隙中采用，则其母系上的码和下级码树路径上的码就不能在同一时隙中被使用。也就是说：任意两个长度相同的 OVSF 码相互正交；任意两个不同长度的 OVSF 码，只要其中一个不是另外一个的母码（因为母码与其子码之间具有相关性），则它们之间也正交。这意味着一个时隙可使用的码的数目是不固定的，而是与每个物理信道的数据速率和扩频因子有关。

(2) 扰码

扰码与扩频类似，也是用一个数字序列与扩频处理后的数据相乘。与扩频不同的是，扰码用的数字序列与扩频后的信号序列具有相同的码片速率，所作的乘法运算是一种逐码片相乘的运算。

扰码的作用是标识数据的小区属性，将不同的小区区分开来。扰码是在扩频之后使用的，因此它不会改变信号的带宽，而只是将来自不同信源的信号区分开来，这样，即使多个发射机使用相同的码字扩频也不会出现问题。

在 TD-SCDMA 系统中，扰码序列的长度固定为 16，系统共定义了 128 个扰码，每个小区配置 4 个。

用户特定的扩频码和小区特定的扰码组合可以看作是一个用户和小区特有的扩频码。

(3) 扩频调制

① 原理

扩频通信在发端采用扩频码调制，使信号所占的频带宽度远大于所传信息必需的带宽；在收端采用相同的扩频码进行相关解调来解扩，以恢复所传信息数据。扩频通信的理论基础来源于信息论和抗干扰理论。

② 基本思想和理论依据

仙农公式：$C = W \times \log2(1+S/N)$

式中：C 为信息的传输速率；S 为有用信号功率；W 为频带宽度；N 为噪声功率。

由式中可以看出，为了提高信息的传输速率 C，可以通过两种途径实现，即加大带宽 W 或提高信噪比 S/N。换句话说，当信号的传输速率 C 一定时，信号带宽 W 和信噪比 S/N 是可以互换的，即增加信号带宽可以降低对信噪比的要求。当带宽增加到一定程度时，允许信噪比进一步降低，有用信号功率接近噪声功率，甚至淹没在噪声之下也是可能的。扩频通信就是用宽带传输技术来换取信噪比上的好处。

③ 优点

- 抗干扰、噪声。通过在接收端采用相关器或匹配滤波器的方法来提取信号，可以抑制干扰。相关器的作用是当接收机本地解扩码与收到的信号码相一致时，即将扩频信号恢复为原来的信息，而其他任何不相关的干扰信号通过相关器时频谱被扩散，从而落入信息带宽的干扰强度被大大降低了，当通过窄带滤波器（其频带宽度为信息宽度）时，就抑制了滤波器的带外干扰。
- 保密性好。由于扩频信号在很宽的频带上被扩展了，单位频带内的功率很小，即信号的功率谱密度很低，所以，直接序列扩频通信系统可以在信道噪声和热噪声的背景下，使信号淹没在噪声里，难以被截获。
- 抗多径衰落。由于扩频通信系统所传送的信号频谱已扩展很宽，频谱密度很低，在传输中小部分频谱衰落时，不会造成信号的严重畸变。因此，扩频系统具有潜在的抗频率选择性衰落的能力。如图 11-12 所示。

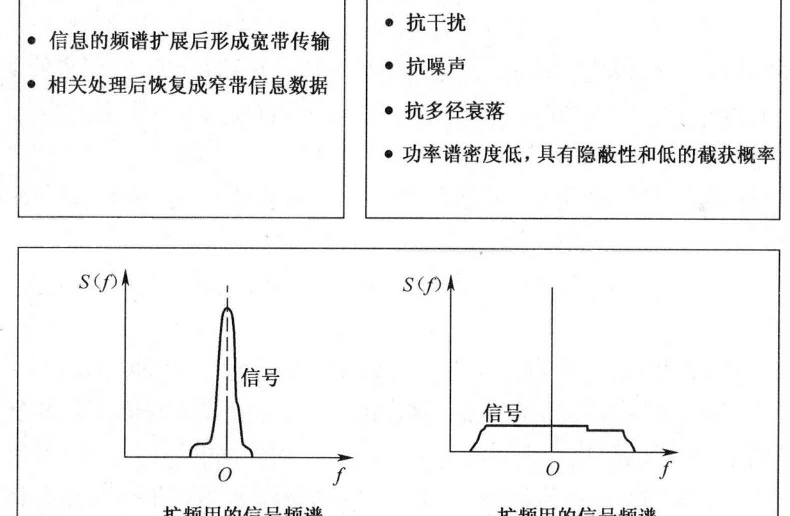

图 11-12 扩频通信优点

3. 同步码的产生

同步技术（Synchronisation）是 TD-SCDMA 系统中重要的关键技术之一，它的应用能最大程度地降低干扰，从而提高系统的容量。SYNC_DL（下行同步码）、SYNC_UL（上行同步码）都是直接以码片速率的形式给出的，不需要进行扩频。此外，它们在不同的小区有不同的配置，因而也不需要进行加扰处理。它们都可以在 3GPP 规范中查到，不需要任何生成过程，都是以实数值的形式给出，所需的处理只是需要在无线信道上把它们发送出去前进行复数化处理。

（1）SYNC_DL

SYNC_DL 用来区分相邻小区，在下行导频时隙（DwPTS）发射。与 SYNC_DL 有关的过程是下行同步、码识别和 P-CCPCH 交织时间的确定。

整个系统有 32 个长度为 64 的基本 SYNC_DL。一个 SYNC_DL 惟一标识一个小区和一个码组。一个码组包含 8 个 SYNC_UL 和 4 个特定的扰码，每个扰码对应一个特定的基本 Midamble 码。

基站将在小区的全方向或在固定波束方向以满功率发送 DwPTS，它同时起到了导频和下行同步的作用。DwPTS 由长为 64chip 的 SYNC_DL 和长为 32chip 的 GP 组成，DwPTS 是一个 QPSK 调制信号。

为了产生长度为 64 的复值 SYNC_DL，需要使用基本二进制 SYNC_DL 码 $S=(s_1,s_2,\cdots s_{64})$，其元素与集合之间的关系为：

$$s_i=(\mathrm{j})^i.s_i \quad s_i\in\{1,-1\} \quad i=1,2,\cdots 64$$

DwPTS 是一个 QPSK 调制信号，所有 DwPTS 的相位用来指示复帧中 P-CCPCH 上的 BCH 的 MIB（主信息块）位置。

（2）SYNC_UL

SYNC_UL 在上行导频时隙（UpPTS）发送，与 SYNC_UL 有关的是上行同步和随机接入过程。

整个系统有 256 个长度为 128chip 的基本 SYNC_UL，分成 32 组，每组 8 个。SYNC_UL 码组由小区的 SYNC_DL 确定，因此，8 个 SYNC_UL 对基站和已下行同步的 UE 来说都是已知的。当 UE 要建立上行同步时，将从 8 个已知的 SYNC_UL 中随机选择 1 个，并根据估计的定时和功率值在 UpPTS 发射。

为了产生长度为 128 的复值 SYNC_UL 码，需要使用长度为 128 的基本二进制 SYNC_UL 码 $S=(s_1,s_2,\cdots,s_{128})$，其元素与集合之间的关系为：

$$s_i=(\mathrm{j})^i.s_i \qquad s_i\in\{1,-1\} \quad i=1,2,\cdots,128$$

（3）码分配

在 TD-SCDMA 系统中，一共定义了 32 个 SYNC_DL、256 个 SYNC_UL、128 个 Midamble 码和 128 个扰码。所有这些码被分成 32 个码组，每个码组由 1 个 SYNC_DL、8 个 SYNC_UL、4 个 Midamble 和 4 个扰码组成。不同的邻近小区将使用不同的码组。对 UE 来说，只要确定了小区使用的 SYNC_DL，就能找到 Midamble 和扰码，而 SYNC_UL 是在该小区所用的 8 个 SYNC_UL 中随机选择的一个。

SYNC_DL 和 SYNC_UL 序列以及扰码和 Midamble 码间的关系如表 11-6 所示。

表 11-6　　SYNC_DL、SYNC_UL、扰码和 Midamble 码间的关系

Code Group	Associated Codes			
	SYNC-DL ID	SYNC-ULID (coding criteria)	Scrambling Code ID (coding criteria)	Basic Midamble Code ID (coding criteria)
Group 1	0	0～7 (000～111)	0 (00)	0 (00)
			1 (01)	1 (01)
			2 (10)	2 (10)
			3 (11)	3 (11)

续表

Code Group	Associated Codes			
	SYNC-DL ID	SYNC-ULID (coding criteria)	Scrambling Code ID (coding criteria)	Basic Midamble Code ID (coding criteria)
Group 2	1	8～15 (000～111)	4 (00)	4 (00)
			5 (01)	5 (01)
			6 (10)	6 (10)
			7 (11)	7 (11)
Group 32	31	248～255 (000～111)	124 (00)	124 (00)
			125 (01)	125 (01)
			126 (10)	126 (10)
			127 (11)	127 (11)

11.3 物理层的过程

在 TD－SCDMA 系统中，很多技术需要物理层的支持，这种支持体现为相关的物理层处理，如小区搜索、上行同步、随机接入和功率控制等。

一、小区搜索过程

在初始小区搜索中，UE 搜索到一个小区，并检测其所发射的 DwPTS，建立下行同步，获得小区扰码和基本 Midamble 码，控制复帧同步，然后读取 BCH 信息。初始小区搜索按以下步骤进行。

1. 搜索 DwPTS

移动台接入系统的第一步是获得与当前小区的同步。该过程是通过捕获小区下行导频时隙 DwPTS 中的 SYNC_DL 来实现的。系统中相邻小区的 SYDC_DL 互不相同，不相邻小区的 SYDC_DL 可以复用。

按照 TD-SDMA 的无线帧结构，SYDC_DL 在系统中每 5ms 发送一次，并且每次都用全向天线以恒定满功率值发送该信息。移动台接入系统时，对 32 个 SYDC_DL 进行逐一搜索，即用接收信号与 32 个可能的 SYDC_DL 逐一做相关，由于该码字彼此间具有很好的正交性，获取相关峰值最大的码字被认为是当前接入小区使用的 SYDC_DL。同时，根据相关峰值的时间位置也可以初步确定系统下行的定时。

2. 扰码和基本 Midamble 码识别

UE 接收到位于 DwPTS 时隙之前的 P-CCPCH 上的 Midamble 码。每个 SYDC_DL 对应一组 4 个不同的基本 Midamble 码，因此共有 128 个互不相同的基本 Midamble 码，并且这些码字相互不重叠。基本 Midamble 码的编号除以 4 就是 SYNC_DL 的编号。因此，32 个 SYNC_DL 和 P-CCPCH 的 32 组 Midamble 码一一对应，一旦 SYDC_DL 检测出来，UE 就会知道是哪 4 个基本 Midamble 码被使用。然后 UE 只需要通过分别使用这 4 个基本 Midamble 码进行符号到符号的相关性判断，就可以确定该基本 Midamble 码是 4 个码中的哪一个。在一帧中须使用相同的基本 Midamble 码。而每个扰码和特定的 Midamble 码相对应，因此就可以确定扰码。根据搜索 Midamble 码的结果，UE 可以进行下一步或返回到第一步。

3. 控制复帧同步

UE 搜索 P-CCPCH 的广播信息中的复帧主指示块 MIB（Master Indication Block），为了正确解出 BCH 中的信息，UE 必须要知道每一帧的系统帧号。系统帧号出现在物理信道 QPSK 调制时相位变化的排列图案中。通过采用 QPSK 调制对 n 个连续的 DwPTS 时隙进行相位检测，就可以找到系统帧号，即取得复帧同步。这样，BCH 信息在 P-CCPCH 帧结构中的位置就可以确定了。根据复帧同步的结果，UE 可能执行下一步或者返回上一步。

4. 读取广播信道 BCH

UE 在发起一次呼叫前，必须获得一些与当前所在小区相关的系统信息，比如可使用的 PRACH、FPACH 和 S-CCPCH（承载 FACH 逻辑信道）资源及它们所使用的一些参数（码、扩频因子、中间码、时隙）等，这些信息周期性地在 BCH 上广播。BCH 是一个传输信道，它映射到 P-CCPCH。UE 利用前几步已经识别出的扰码、基本 Midamble 码、复帧头读取被搜索到小区的 BCH 上的广播信息，从而得到小区的配置等公用信息。

二、上行同步过程

对于 TD-SCDMA 系统来说，上行同步是 UE 发起一个业务呼叫前必需的过程。如果 UE 仅驻留在某小区，而没有呼叫业务，UE 不用启动上行同步过程。因为在空闲模式下，UE 和 Node B 之间仅建立了下行同步，此时 UE 与 Node B 间的距离是未知的，UE 不能准确地知道发送随机接入请求消息时所需要的发射功率和定时提前量，此时系统还不能正确接收 UE 发送的消息。因此，为了避免上行传输的不同步带给业务时隙的干扰，需要首先在上行方向的特殊时隙 UpPTS 上发送 SYNC_UL 消息，UpPTS 时隙专用于 UE 和系统的上行同步，没有用户的业务数据。

TD-SCDMA 系统对上行同步定时有着严格的要求，不同用户的数据都要以基站的时间为准，在预定的时刻到达 Node B。

按照系统的设置，每个 DwPTS 序列号对应 8 个 SYNC_UL 码字，UE 根据收到的 DwPTS 信息，随机决定将使用的 SYNC_UL。Node B 采用逐个做相关的方法可判断出 UE 当前使用的是哪个 SYNC_UL。具体步骤如下所述。

1. 建立下行同步

即上述小区的搜索过程。

2. 建立上行同步

UE 根据在 DwPTS 或 P-CCPCH 上接收到信号的时间和功率大小，决定 UpPCH 所采用的初始发射时间和初始发送功率。Node B 在搜索窗内检测出 SYNC_UL 后，就可得到 SYNC_UL 的定时和功率信息，并由此决定 UE 应该使用的发送功率和时间调整值。在接下来的 4 个子帧（20ms）内通过 FPACH 发送给 UE，否则 UE 视此次同步建立的过程失败，在一定时间后将重新启动上行同步过程。在 FPACH 中还包含了 UE 初选的 SYNC_UL 码字信息以及 Node B 接收到 SYNC_UL 的相对时间，以区分在同一时间段内使用不同 SYNC_UL 的 UE，以及不同时间段内使用相同 SYNC_UL 的 UE。UE 在 FPACH 上接收到这些信息的控制命令后，就可以知道自己的上行同步请求是否已经被系统接受。上行同步的建立过程同样也将适用于上行失步时的上行同步再建立过程。

3. 保持上行同步

Node B 在每一上行时隙检测 Midamble 码，估计 UE 的发射功率和发射时间偏移，然后在下一个下行时隙发送 SS 命令和 TPC 命令进行闭环控制。

三、基站间同步

TD-SCDMA 系统中的同步技术主要由两部分组成，一是基站间的同步（Synchronization of Node Bs），二是移动台间的上行同步技术（Uplink Syncronization）。

大多数情况下，为了增加系统容量，优化切换过程中小区搜索的性能需要对基站进行同步。一个典型的例子，就是存在小区交叠情况时所需的联合控制。实现基站同步的标准主要有可靠性、稳定性、低实现成本、尽可能小的影响空中接口的业务容量。

所有的具体规范，目前尚处于进一步研究和验证阶段，其中比较典型的有如下 4 种方案（目前主要在 R5 中有讨论）。

（1）基站同步通过空中接口中的特定突发时隙，即网络同步突发（Network Synchronzation Burst）来实现。该时隙按照规定的周期在事先设定的时隙上发送，在接收该时隙的同时，此小区将停止发送任何信息，基站通过接受该时隙来相应地调整其帧同步。

（2）基站通过接收其他小区的下行导频时隙（DwPTS）来实现同步。

（3）RNC 通过 Iub 接口向基站发布同步信息。

（4）借助于卫星同步系统（如 GPS）来实现基站同步。

Node B 之间的同步只能在同一个运营商的系统内部。在基于主从结构的系统中，当在某一本地网中只有一个 RNC 时，可由 RNC 向各个 Node B 发射网络同步突发；或者是在一个较大的网络中，网络同步突发先由移动交换中心（MSC）发给各个 RNC，然后再由 RNC 发给每个 Node B。

在多 MSC 系统中，系统间的同步可以通过运营商提供的公共时钟来实现。

四、随机接入过程

随机接入过程分为如下所述 3 个部分。

1. 随机接入准备

当 UE 处于空闲状态时，它将维持下行同步，并读取小区广播信息。UE 从下行导频信道（DwPCH）中获得 SYNC_DL 后，就可以得到为随机接入而分配给上行导频信道（UpPCH）的 8 个 SYNC_UL。PRACH、FPACH 和 S-CCPCH 信道的详细信息（采用的码、扩频因子、Midamble 码和时隙）会在 BCH 中广播。

2. 随机接入过程

在 UpPTS 中紧随保护时隙之后的 SYNC_UL 序列仅用于上行同步，UE 从它要接入的小区所采用的 8 个可能的 SYNC_UL 中随机选择一个，并在 UpPTS 物理信道上将它发送到基站。然后 UE 确定 UpPTS 的发射时间和功率（开环过程），以便在 UpPTS 物理信道上发射选定的特征码。

一旦 Node B 检测到来自 UE 的 UpPTS 信息，那么它到达的时间和接收功率也就知道了。Node B 确定发射功率更新和定时调整的指令，并在以后的 4 个子帧内通过 FPACH（在一个突发/子帧消息）将它发送给 UE。

一旦 UE 从选定的 FPACH（与所选特征码对应的 FPACH）中收到上述控制信息，表明 Node B 已经收到了 UpPTS 序列。然后，UE 将调整发射时间和功率，并确保在接下来的两帧后，在对应于 FPACH 的 PPACH 信道上发送 RACH。在这一步，UE 发送到 Node B 的 RACH 将具有较高的同步精度。

之后，UE 将会在对应于 FACH 的 CCPCH 的信道上接收到来自网络的响应，指示 UE 发出的随机接入是否被接收。如果被接收，将在网络分配的 UL 及 DL 专用信道上通过 FACH 建立起上下行链路。

在利用分配的资源发送信息之前，UE 可以发送第二个 UpPTS，并等待来自 FPACH 的响应，从而可得到下一步的发射功率和 SS 的更新指令。

接下来，基站在 FACH 信道上传送带有信道分配信息的消息，在基站和 UE 间进行信令及业务信息的交互。

随机接入的过程如图 11-13 所示。

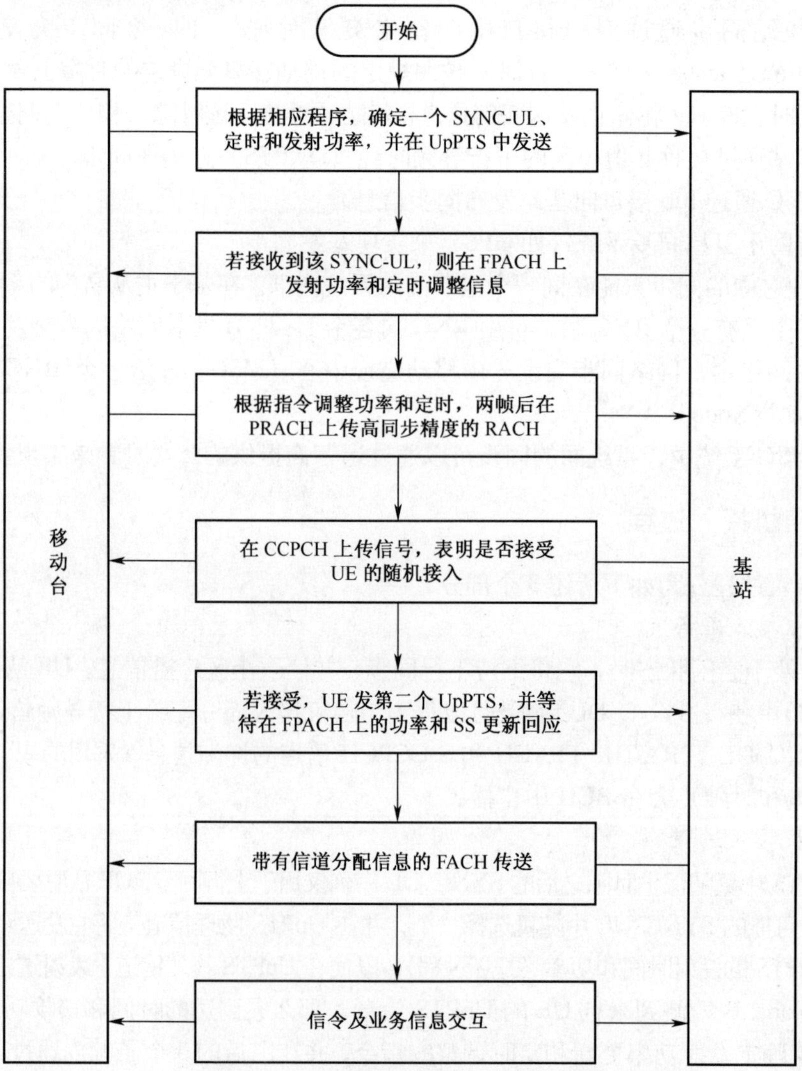

开始

移动台

基站

根据相应程序，确定一个 SYNC-UL、定时和发射功率，并在 UpPTS 中发送

若接收到该 SYNC-UL，则在 FPACH 上发射功率和定时调整信息

根据指令调整功率和定时，两帧后在 PRACH 上传高同步精度的 RACH

在 CCPCH 上传信号，表明是否接受 UE 的随机接入

若接受，UE 发第二个 UpPTS，并等待在 FPACH 上的功率和 SS 更新回应

带有信道分配信息的 FACH 传送

信令及业务信息交互

图 11-13　TD-SCDMA 的随机接入过程

3. 随机接入冲突处理

在有可能发生碰撞的情况下，或在较差的传播环境中，Node B 不发射 FPACH，也不能接收 SYNC_UL。也就是说，在这种情况下，UE 就得不到 Node B 的任何响应。因此 UE 必须通过新的测量来调整发射时间和发射功率，并在经过一个随机延时后重新发射 SYNC_UL。

注：每次（重）发射，UE 都将重新随机地选择 SYNC_UL 突发。

计划与建议

计划与建议（参考）	
1	通过阅读资料、查阅图书了解 TD-SCDMA 系统结构和技术优势
2	通过阅读资料了解和掌握 TD-SCDMA 系统物理层结构
3	小组讨论，分析物理层的过程
4	总结终端的随机接入过程

展示评价

（1）教师及其他组负责人根据小组展示汇报的整体情况进行小组评价。

（2）学生展示汇报中，教师可针对小组成员的分工，对个别成员进行提问，给出个人评价表。

（3）组内成员互评表打分。

（4）自评表打分。

（5）本学习情景成绩汇总。

（6）评选今日之星。

试一试

（1）TD-SCDMA 的网络结构完全遵循 3GPP 指定的 UMTS 网络结构，可以分为__________和__________。

（2）Iu 接口又被分别连接到电路交换域的__________接口、分组交换域的__________接口、广播控制域的________接口。

（3）TD-SCDMA 系统的关键技术有__________技术、__________技术、__________技术、__________技术、__________技术。

（4）Node B 与 RNC 之间的接口叫做__________接口；Node B 与 UE 之间的接口叫做__________接口。

（5）TD-SCDMA 系统中，存在 3 种信道模式，即__________、__________和__________。

练一练

（1）画出 TD-SCDMA 系统的网络结构图，并标示出各个接口协议。

（2）画出移动终端随机接入过程图。

任务十二 手机通话的信令流程

资讯指南	
资讯内容	获取方式
UE 的小区搜索是如何实现的?	阅读资料； 上网； 查阅图书； 询问相关工作人员
UE 的小区选择是如何实现的?	
UE 如何进行位置更新?	
UE 的呼叫过程是怎样的?	
小区是如何建立的?	

12.1 UE 呼叫过程概述

UE 呼叫过程如图 12-1 所示。

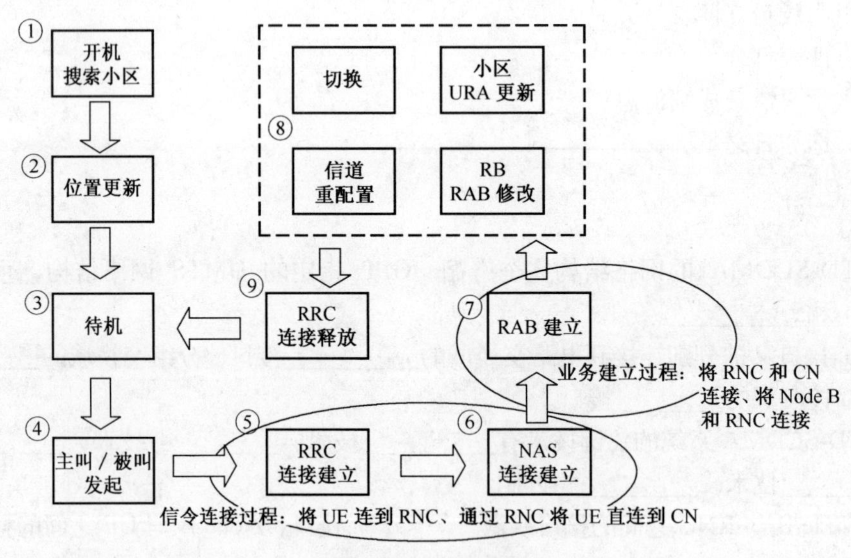

图 12-1 呼叫过程

1. 小区搜索和小区选择

小区搜索和小区选择主要完成以下功能。

(1) 测量 TDD 频带内各载频的宽带功率。

(2) 在 DwPTS 时隙搜索下行同步码 SYNC-DL。

（3）确定小区使用的 Midamble 码。

（4）建立 P-CCPCH 同步。

（5）读取 BCH 得到系统消息（接入层和非接入层）。

（6）判决是否选择当前小区。

2. 位置更新

位置更新过程如图 12-2 所示。

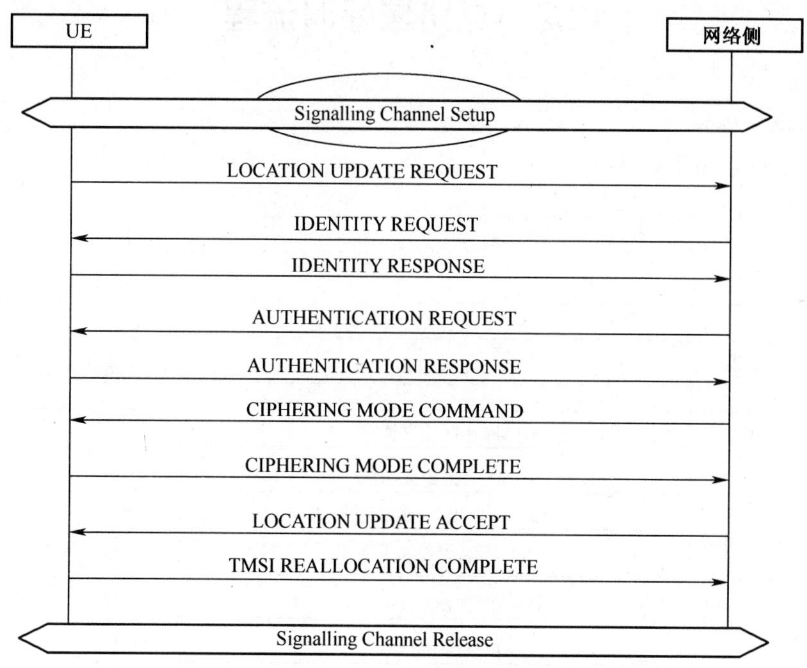

图 12-2 位置更新过程

3. 待机及呼叫准备

完成位置更新后，UE 的位置信息即登记到网络侧，UE 进入待机状态（RRC 处于 IDLE 状态），可以进行主叫或被叫。主叫与被叫的区别是被叫有个寻呼过程。

呼叫准备过程的具体内容如下所述。

（1）UE 监听寻呼信道 PCH。

（2）RRC 检测寻呼信息中的 ID 信息。

（3）RRC 接收系统消息并进行更新。

（4）RRC 控制物理层并进行测量。

（5）RRC 控制进行小区重选。

（6）如果收到寻呼消息（被叫）或主动进行呼叫（主叫），需要进行位置更新，高层指示 RRC 与网络侧建立 RRC 连接。

4. 呼叫过程

呼叫过程中，可以由 UE 主动发起呼叫，也可以由网络发起呼叫。在呼叫建立过程中需要在 CN 与 UE 以及 UTRAN 与 UE 间进行信令交互，具体分为以下三个步骤进行。

(1) 建立 RRC 连接。

(2) 建立 NAS 信令连接。

(3) 建立 RAB 连接。

在通信过程中，UE 的状态会进行迁移，于是会进行小区的更新和信道重配置过程。呼叫结束后有释放过程。

12.2 电路域呼叫流程

1. 小区建立过程

小区建立过程如图 12-3 所示。

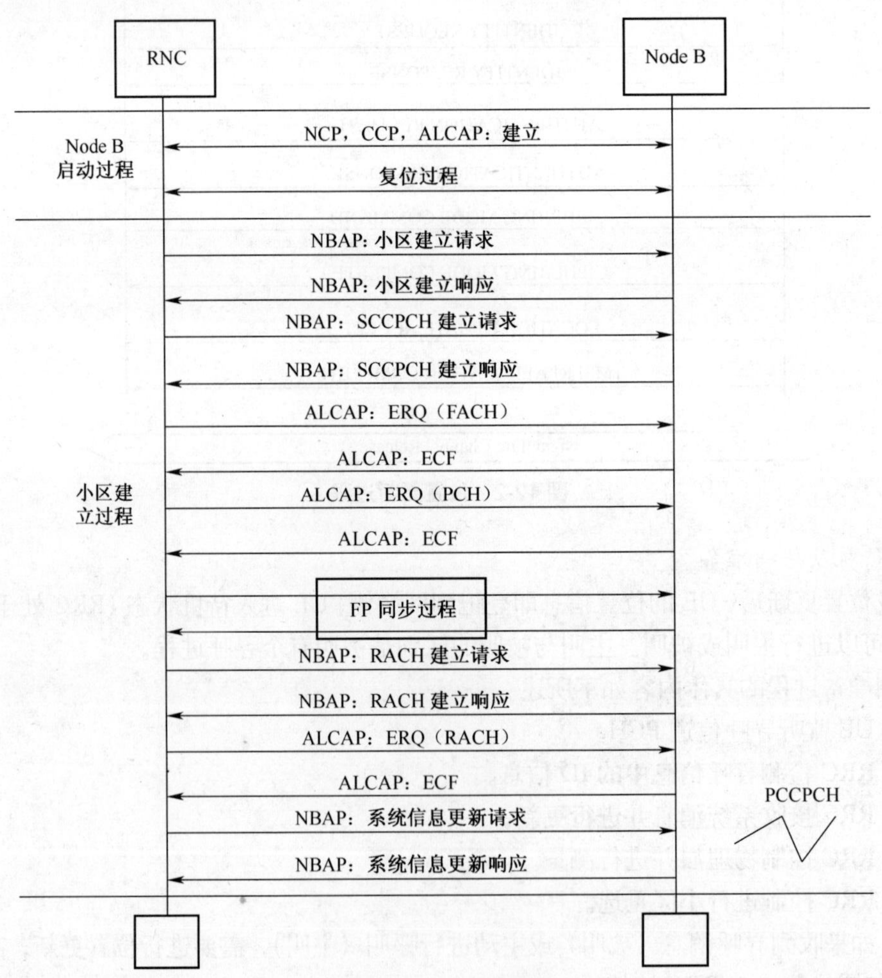

图 12-3 小区建立过程

2. CS 起呼流程（RRC 建立在公共信道）

CS 起呼流程如图 12-4 所示。

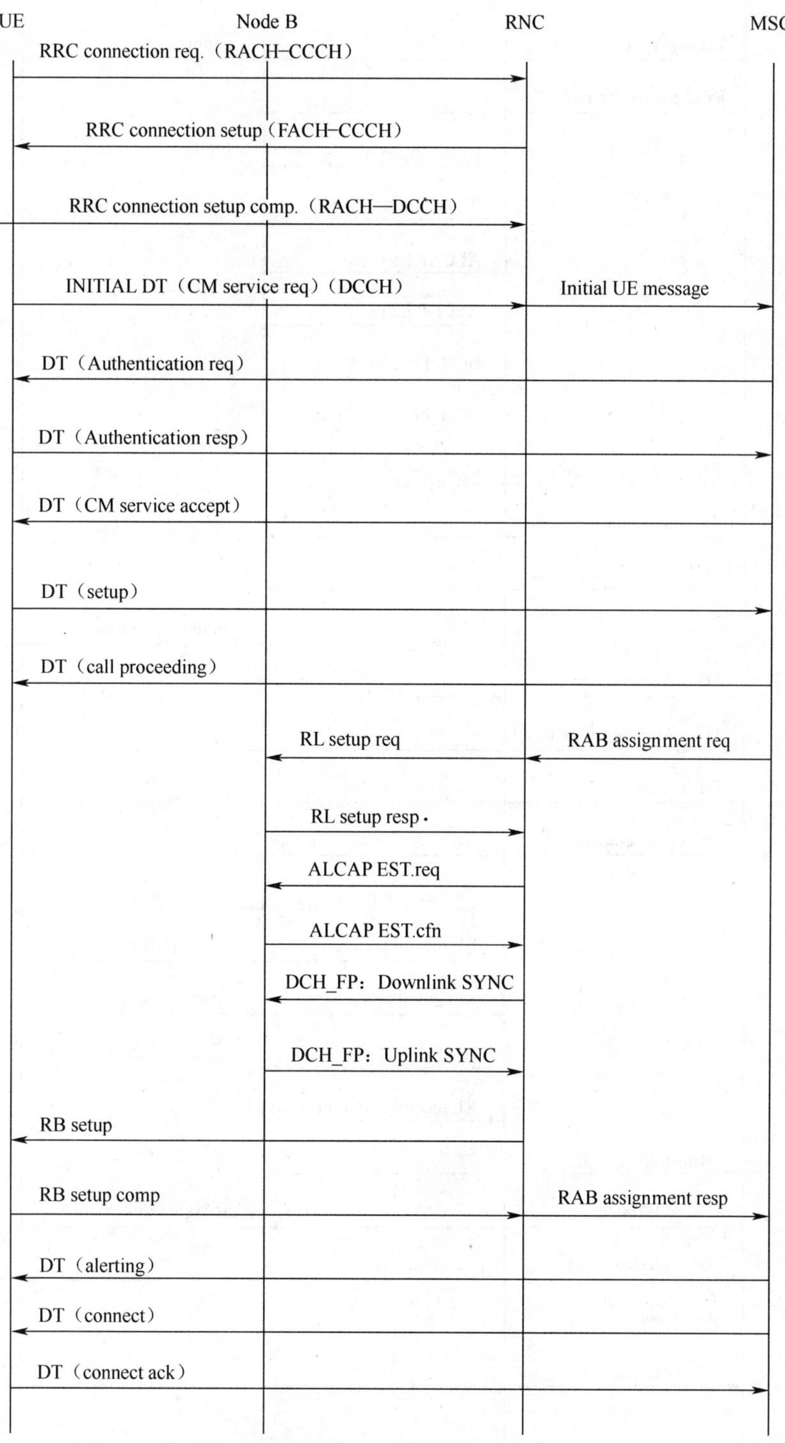

图 12-4 起呼流程（RRC 建立在公共信道）

3. CS 终呼流程

CS 终呼流程如图 12-5 所示。

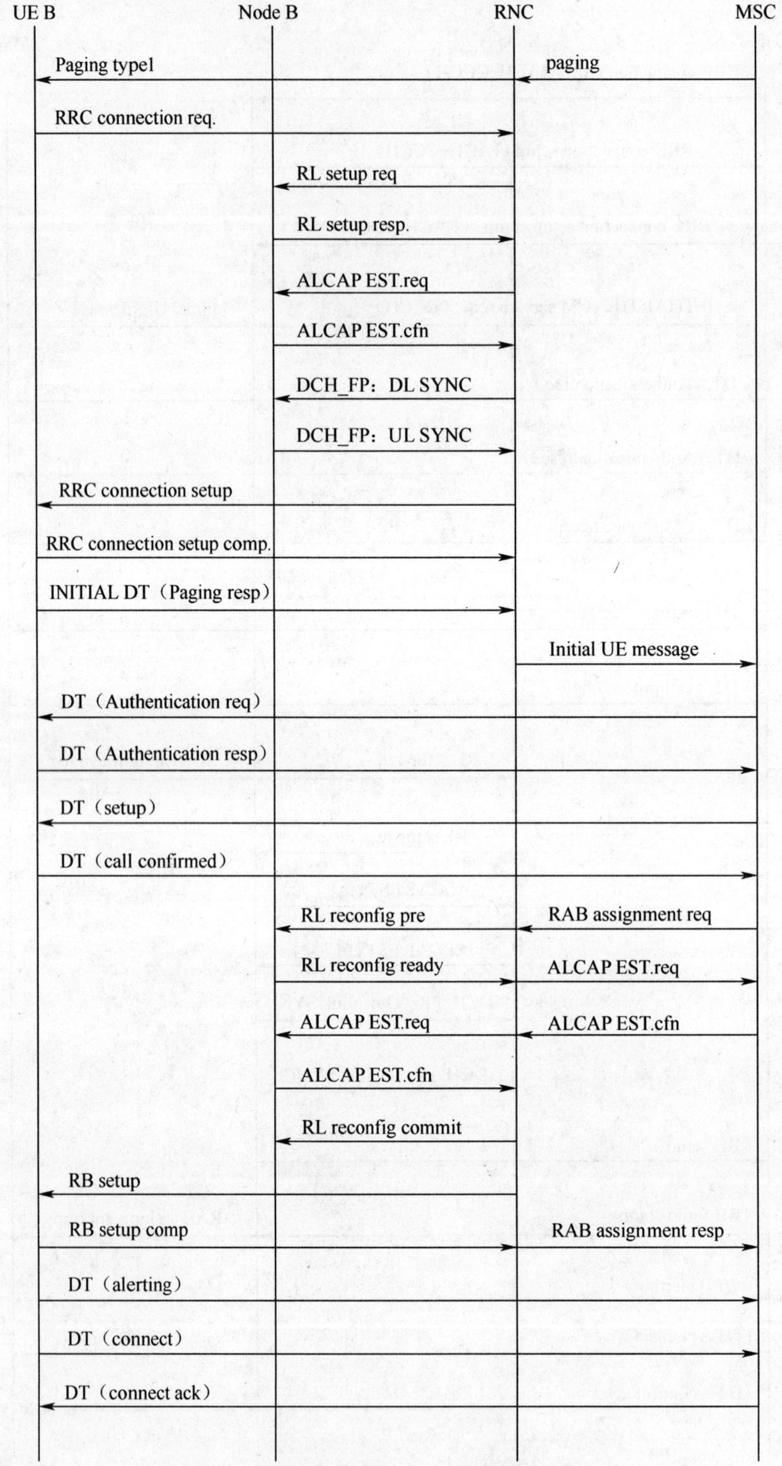

UE B　Node B　RNC　MSC

Paging type1
paging
RRC connection req.
RL setup req
RL setup resp.
ALCAP EST.req
ALCAP EST.cfn
DCH_FP：DL SYNC
DCH_FP：UL SYNC
RRC connection setup
RRC connection setup comp.
INITIAL DT（Paging resp）
Initial UE message
DT（Authentication req）
DT（Authentication resp）
DT（setup）
DT（call confirmed）
RL reconfig pre
RAB assignment req
RL reconfig ready
ALCAP EST.req
ALCAP EST.req
ALCAP EST.cfn
ALCAP EST.cfn
RL reconfig commit
RB setup
RB setup comp
RAB assignment resp
DT（alerting）
DT（connect）
DT（connect ack）

图 12-5　CS 终呼流程（RRC 建在专用信道）

4. CS 域 CN 发起的释放流程

CS 域 CN 发起的释放流程如图 12-6 所示。

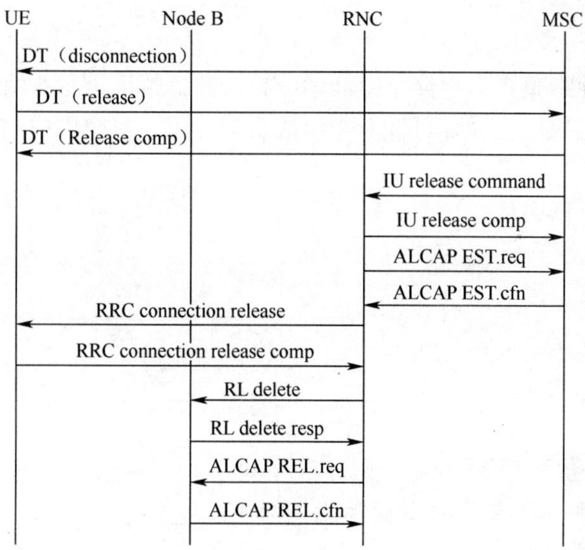

图 12-6 CS 域 CN 发起的释放流程

5. CS 域 UE 发起的释放流程

CS 域 UE 发起的释放流程如图 12-7 所示。

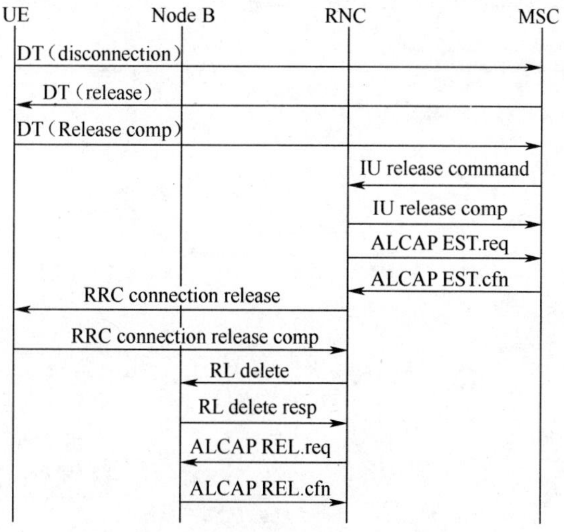

图 12-7 CS 域 UE 发起的释放流程

计划与建议

计划与建议（参考）	
1	通过阅读资料、查阅图书了解 UE 呼叫的过程
2	通过阅读资料、查阅图书了解电路域呼叫流程
3	分组讨论 UE 小区搜索、小区选择、位置更新、呼叫过程的实现

展示评价

（1）教师及其他组负责人根据小组展示汇报的整体情况进行小组评价。

（2）学生展示汇报中，教师可针对小组成员的分工，对个别成员进行提问，给出个人评价表。

（3）组内成员互评表打分。

（4）自评表打分。

（5）本学习情景成绩汇总。

（6）评选今日之星。

试一试

（1）UE进行主动呼叫可分为3个步骤进行，即________、________、________。

（2）小区搜索和小区选择的主要功能包括________、________、________、________、________、________。

练一练

（1）画出UE在CS域的起呼过程流程图。

（2）画出UE进行位置更新的信令流程图。

学习情景 6　无线网络维护和优化

➲ 情景说明

TD-SCDMA 网络是一个非常复杂的网络，通常一个地区级网络规模达数百或数千个 Node B，并且还有 RNC 和 CN 等设备，网络的覆盖范围也常常超过数千平方千米。本情景主要介绍如何对复杂的 TD-SCDMA 网络进行网络维护以及根据实际网络中用户话务的情况对网络进行优化，使网络达到最佳运行状态。

网络维护包括日常对设备的状态监控、设备故障处理、定期设备参数校准等工作。网络优化则包括对网络性能进行监测和评估，通过调整设备及参数配置的方式改善网络性能，减少网络中掉话、接入失败等现象，为用户提供满意的移动通信服务，提升用户的网络使用感知。

➲ 学习目标

- 相关知识
  - ✧ 了解无线网络维护的目的和分类。
  - ✧ 掌握事故等级的划分，部件更换的要求和步骤。
  - ✧ 掌握 TD 网络优化与规划的关系和优化的原则，掌握优化的流程。
- 拓展知识(*)
  - ✧ 日常维护的方法。
  - ✧ 日常网络优化的内容和要求。
  - ✧ 故障等级分类。
- 相关技能
  - ➢ 基本操作技能
    - ✧ 设备部件的更换。
    - ✧ 日常维护的要求。
    - ✧ 各种工具使用。
  - ➢ 拓展技能、技巧
    - ✧ 评估网络质量。
    - ✧ 定位网络问题。

任务十三　Node B 设备的日常维护

资讯准备

资讯指南	
资讯内容	获取方式
Node B 设备的常用维护方法有哪些？	阅读资料； 上网； 查阅图书； 询问相关工作人员
故障等级是如何划分的？	
如何进行部件的更换？	
防雷箱更换时有哪些准备和步骤？	
Node B 设备日常维护的操作规范有哪些？	
Node B 设备日常维护有哪些要求？	
不同级别故障包含的现象有哪些？	

13.1　操作任务描述

在安装实训室进行实地操作。具体如下所述。

- 了解 Node B 设备维护的人员安全要求。
- 了解 Node B 设备维护的设备安全要求。
- 进行 B328 设备的板卡更换。
- 进行防雷箱的更换。
- 对故障进行等级划分。

Node B 设备日常维护中的注意事项如下。

- 工具、仪器设备按规定摆放。
- 核实设备故障信息。
- 高标准要求进行板卡的更换操作。
- 注意用电安全。

13.2　日常维护的目的和分类

日常维护是在系统正常运行的情况下，对系统运行进行观察、检查、记录、分析以及对部分局数据的增删修改。对系统进行日常例行维护，可以确保系统的高效稳定运行。

通过例行维护，维护人员能够发现系统的潜在问题，有针对性地对系统进行性能优化，提高系统的运行效率；能够及时检测到故障的先兆，将故障解决在萌芽期，避免故障发生后抢修的慌乱和业务中断所造成的经济损失；并可充分了解系统的运行状况，对系统的进一步发展和建设给出具体的参考建议。

按照维护周期的不同，例行维护可分为周期性例行维护和不定期维护两类。

1. 周期性例行维护

周期性例行维护是指定期进行的维护。维护操作时对得到的数据和现象应做好记录，对发现的问题需详细记录相关故障发生的具体物理位置和详细的故障现象，以便及时维护和排除隐患。通过周期性例行维护，维护人员可以了解设备的长期工作情况。

2. 不定期维护

当由于维护不当造成设备的故障频率大于定期例行维护的频率时，应采用不定期维护，不定期维护的频率应大于事故的平均频率。不定期维护的项目根据发生故障设备的具体情况而定。

13.3 日常维护规程

为保证 RNS 的稳定运行，杜绝因人为因素引起的故障，在日常维护工作中应遵守各项维护规范和要求。

一、日常维护操作规范

本操作规范主要针对 ZXTR RNS 商用设备正常开通运行后的日常维护操作。对于设备出现重大故障、需要升级或需要进行网络优化数据调整等特殊情况不在此规范之内。

1. 6:00 ~ 24:00 可进行的操作

- 通过后台客户端的告警系统进行告警观察，分析告警类别和原因。
- 进行单用户跟踪。
- 在业务观察中进行进程数目、呼叫观察、释放观察、切换观察及历史数据观察。
- 进行基站信息观察。
- 进行性能管理。
- 查看统计性能报表、统计告警报表、统计系统参数报表。
- 进行 RNS 配置数据的备份。
- 进行系统资源监控。

2. 6:00 ~ 24:00 禁止进行的操作

为了保证系统的稳定运行，杜绝因人为因素引起的故障，在话务高峰或 6:00~24:00 之间不得进行下述可能危害设备运行的操作。

- 关闭或重新启动后台服务器。
- 对系统单板、服务器进行复位操作。
- 前后台数据同步、随意恢复备份数据。
- 进行全用户跟踪，尤其是在话务高峰期。
- 对中继话路、信令链路进行动态管理操作。
- 对 RCB（RNC 控制面处理板）、RUB（RNC 用户面处理板）、CLKG（时钟模块）等重要单板和模块进行批量或例行诊断测试。
- 格式化单板 Flash、删除文件操作。

- 插拔网线，修改服务器的网络配置、数据库配置。
- 修改系统的物理配置、ATM 配置、无线配置、七号信令配置。
- 下载各种类型的软件版本、启动存盘控制、动态数据管理等操作。

二、日常维护的安全要求

1. 人员安全要求

（1）激光

正常情况下设备上的LED是封闭的，如果光纤中的光束泄漏出来，可能会对人眼造成损害，为此维护设备时请注意以下事项。

- 进行光纤的安装、维护等各种操作时，严禁肉眼靠近或直视光纤接头。
- 严禁肉眼靠近或直视单板的光纤接头。
- 非经专业培训，请不要操作光纤。

（2）电磁辐射

Node B 是高强度射频信号收发设备，如果近距离曝露在射频信号下，可能会对人体造成损害，维护 Node B 时请注意以下事项。

- Node B 正常工作时，维护人员应该避免离射频收发天线太近。
- 如果要对 Node B 射频收发天线进行检修或更换，请先关掉 Node B 电源。
- 对于正在工作的 Node B，禁止断开射频连接电缆。

（3）高空作业

Node B 的天馈设备一般安装在铁塔或屋顶等比较高的位置，如果需要登高作业，维护人员应该具有相关部门认可的高空作业资格，并遵守相应的作业规范。

2. 设备安全要求

（1）机房管理

- 建立完善的机房维护制度，对维护人员的日常工作进行规范。
- 应有详细的值班日志，对系统的日常运行情况、版本情况、数据变更情况、升级情况和问题处理情况等做好详细的记录，以便于问题的分析和处理。
- 有交接班记录，做到责任分明。

（2）服务器、客户机管理

- 严禁在计算机终端上玩游戏、上网等，禁止在计算机终端安装、运行和复制其他任何与系统无关的软件，禁止将计算机终端挪作他用。
- 任何情况下，不得将后台服务器和客户端作为办公平台使用，不得随意安装操作系统、数据库、防毒软件、后台软件之外的其他软件。
- 任何情况下，不得通过后台服务器和客户端实现上网的功能。
- 任何情况下，不得将笔记本电脑或其他非系统内的机器经常性或长时间接入局域网或内部机器。
- 若因工作需要，在确保笔记本电脑（或其它机器）没有病毒及黑客探测程序等有害软件的情况下，可短暂接入局域网。但复制文件时，不得在机器上设置完全共享目录。

- 任何情况下，不得将不明软盘、硬盘、USB 存储器或其他存储器用于本系统中。
- 在不明情况下，不得拔插任何网线。
- 不得随意更改服务器的登录用户名和密码，特别是 Administrator 和网管服务器的登录密码。
- 不得随意更改 OMS 客户端用户的密码，特别是 system 用户的登录密码。
- 网管口令应该按级设置，严格管理，定期更改；并只能向维护人员开放。

（3）设备管理

- 接触设备硬件前应佩带防静电手环，避免因人为因素而造成事故。
- 不要盲目对设备复位、加载或改动数据，尤其不能随意改动网管数据库数据。改动数据前要做数据备份，修改数据后应在一定的时间内（一般为一周）确认设备运行正常，才能删除备份数据。改动数据时要及时作好记录。

三、故障等级分类

1. 一级故障（重大故障）

一级故障指的是产品运行出现重大故障，导致不能提供基本业务，如设备瘫痪、停机、系统紊乱等，正常运行时间无法超过 30min 或使用产品造成对人身安全的危害。

一级故障的故障现象如下所述。

- RNS 系统模块或 RNS 软件故障，导致 10 个以上（包括 10 个）的基站语音业务全部中断持续 30min 以上。
- 引起机房其他通信设备瘫痪和重大人身安全危害。

2. 二级故障（主要故障）

二级故障指的是产品运行出现较大故障，但能提供基本业务，主要辅助业务存在问题，或具有潜在设备瘫痪或停机的可能。

二级故障的故障现象如下所述。

- RNC 系统模块或 RNS 软件故障，导致 10 个以上（包括 10 个）的基站语音业务全部中断持续 30min 以内。
- RNS 出现系统级故障，导致 5 个以上（包括 5 个）基站语音业务全部中断持续 60min 以上。
- 前后台通信中断，但前台业务正常。
- RNS 系统模块或软件故障，高速数据业务（不包括传真等低速数据业务）中断。

3. 三级故障（次要故障）

三级故障指的是产品运行出现故障，但能提供基本业务和主要辅助业务，少数次要辅助业务存在问题，或直接影响服务。

三级故障的故障现象如下所述。

- No.7 链路故障，或者 Iu 接口地面电路退出服务。
- 传真等低速数据业务中断。
- 基站故障，整个基站或者单扇区语音业务不能正常提供。
- 基站故障，语音业务正常，但辅助业务不能正常提供。

- 基站单站呼叫成功率在 70%以下。
- 部分扇区通话有时有掉话、断续现象。
- 呼叫有单通或某些局向呼叫有问题。
- 个别信道或声码器故障，但不影响用户通信。
- 后台显示单板告警，但不影响系统功能和用户通信。
- 环境监控故障，不影响系统运行。
- 操作维护功能不正常。
- 性能统计、报表等不准确。
- 所有未定义的其他故障。

13.4 日常维护操作方法

在日常维护时，需要通过一些方法来定位故障，常用的维护方法如下所述。

1. 告警和操作日志查看

告警和操作日志查看是维护人员在遇到故障时最先使用的方法，主要通过操作维护子系统 OMCB 的告警管理和操作日志查看界面来实现。

（1）通过告警管理界面，用户可以观察和分析当前告警、历史告警和一般通知等各网元报告的告警信息，及时发现网络运行中的异常情况、定位故障、隔离故障并排除故障。

（2）通过查看用户管理中的操作日志，用户可以追查系统参数的修改情况，定位相关的责任终端和操作人员，及时发现由于个人操作所引起的故障。

2. 指示灯状态分析法

指示灯状态分析是维护人员在遇到故障时经常使用的方法。它主要通过观察机架各单板面板的指示灯状态，来排除和判断故障位置。

该方法要求维护人员熟悉各单板的指示灯状态及含义。

3. 性能分析法

性能分析主要通过 Node B 操作维护子系统 OMCB 的性能管理界面来实现。

通过性能管理界面，用户可以创建各种性能测量任务，产生各种性能报表，了解 Node B 系统的各种性能指标。通过分析这些信息，维护人员可以及时发现网络中的负载分配等情况，并及时调整网络参数提高网络性能。

4. 仪器、仪表分析法

仪器、仪表分析法主要是指在维护过程中，维护人员使用测试手机、信令分析仪、误码分析仪等辅助仪器，进行故障分析、故障定位和排除。

5. 按压法

断电后按压电缆接头，可排除因接触不良所产生的故障。

6. 互换法

互换法是将可能发生故障的部件用备件或者系统中正常运行的其他相同部件替换，根据故障是否消失来判定该部件是否发生了故障。需要注意的是，采用替代法时，要按照本手册部件更换中的相关说明进行。

7. 自检法

当系统重新上电时，可通过自检来判断故障。一般在重新上电自检时，其面板上指示灯会呈现出一定的规律性闪烁，因此可以依此判断自身是否存在问题。

8. 综合法

在实际操作中，通常将以上各种方法综合起来，结合维护人员平时积累的经验，排除维护过程中遇到的各种故障。

一、日常维护设备检查

1. 告警检查

告警检查中需要检查的项目如下所述。

- 小区状态检查。
- 天线校正。
- 功率校准。
- 工程检查。
- 经纬度检查。
- 线序检查。
- 扇区检查。
- 方位角检查。
- 下倾角检查。
- 驻波比检查。

2. 无线参数检查

无线参数检查中需要检查的项目如下所述。

- 小区最大下行发射功率 MaxDlTxPwr。
- PCCPCH 发射功率。
- DwPTS 发射功率。
- SCCPCH 发射功率。
- FACH 最大发射功率。
- 上行最大允许发射功率。
- 下行 DPCH 最大发射功率。
- DPCH 初始发射功率。
- 下行 DPCH 最小发射功率。
- 上行 PCCPCHPupPCH 功率。
- 网络侧期望在 DPCH 上接收到的 UE 的发射功率。
- 切换。
- 切换测量启动门限 RSCP_DL_DROP。
- 相邻小区检测门限 RSCP_DL_ADD。
- 切换滞后量 RSCP_DL_COMP 和时间滞后量 T2。

- 切换开关。
- Hom。
- 小区选择/小区重选。
- 下行最小接入门限 Q_RxLevMin。
- 同频小区重选的测量触发门限。
- 频间小区重选的测量触发门限。
- 服务小区重选迟滞和小区个体偏移。
- 小区重选定时器长度。
- 小区状态指示。
- 小区接入禁止时间。
- IMSI 去分离指示。
- 小区配置。
- 小区识别码。
- 小区参数标识。
- 邻区检查。

3. 单站点功能检查

单站点功能检查时需要检查的项目如下所述。

- CS 域业务。
- 覆盖率。
- 接通率。
- 掉话率。
- 质差通话率。
- 呼叫建立时间。
- 扇区间切换。
- PS 域业务。
- 附着成功率。
- PDP 上下文激活成功率。
- PDP 上下文平均激活时间。
- 通信中断率。
- 上下行平均传输速率。
- 扇区间切换。

二、日常维护整机更换

1. 工具

活络扳手、带孔内六角扳手、一字螺丝刀、十字螺丝刀。

2. 更换前的准备

（1）通过故障观察和分析，确定模块故障，并确认需要更换的部件。

（2）确定备件功能完好，并且型号与故障模块一致。

（3）准备防静电袋、防潮袋和纸箱，并准备若干标签，以作标记用。

（4）记录好待更换模块上的电缆位置（包括光纤、天馈跳线等），待模块更换完毕后，这些电缆要插回原位。

3. 更换步骤

（1）关闭该 ZXTR R04 的电源。

（2）拔掉 ZXTR R04 上的电缆，如光纤、天馈跳线等。

（3）松开长夹板（或墙面安装夹板）上的固定螺钉，将 ZXTR R04 取下。

（4）将替换下来的故障 ZXTR R04 放入有防潮袋的防静电袋中，并粘贴标签，注明模块型号、所在扇区以及故障等。将故障模块分类存放在纸箱中，纸箱外面也应该有相应标签，以便日后辨认处理。

（5）将 ZXTR R04 备件重新安装，注意旋紧固定螺钉，插好 ZXTR R04 上的电缆。

（6）给该 ZXTR R04 重新上电。

4. 更换后确认

模块刚上电时，会有一定时间的自检过程。如果自检成功，指示灯显示正常，业务恢复，则表明替换成功。

如果模块自检不成功，即不断自检或最终显示不正常，相关单元业务也未恢复，则表示替换未成功，需要重新检查确认是否备件损坏。或者故障原因不在该模块上，操作人员可以通过观察前、后台的告警，查看故障原因。

三、日常维护射频电缆更换

1. 工具

一字螺丝刀、活络扳手。

2. 更换前的准备

（1）确认需要更换的射频电缆。

（2）检查新电缆的地线芯线是否接触正常、芯线的针头是否正常，检查 SMA、N 接头或 DIN 接头是否接触到位；不可强力拧接头，以免接头损坏。

（3）记录下待更换射频电缆的接口位置，新电缆要按原接口进行连接。

（4）准备防潮袋和纸箱，并准备若干标签，以作标记用。

3. 更换步骤

（1）更换发射支路电缆前，必须关闭对应设备的电源。

（2）用工具拆开防水保护。

（3）拧下射频电缆两端的 SMA、N 接头或 DIN 接头，拆下电缆。

（4）将替换下来的射频电缆放入防潮袋中，并粘贴标签，注明型号及故障；然后存放在纸箱中，纸箱外面也应该有相应标签，以便日后辨认处理。

（5）按原方式、接口位置连接准备好的射频电缆。

⚠注意：

操作过程中应用力均匀，拧 SMA 接头时，不能使用蛮力，可边拧边左右晃动 SMA 接头，使之对正，以免损坏接头。

(6) 重新给设备上电。

(7) 重新给端口做防水处理。

4. 更换后确认

(1) 观察各运行指示灯，如果指示灯运行正常，则表示更换操作基本成功。

(2) 进行通话测试，看更换后基站是否运行良好。

四、日常维护防雷箱更换

1. 工具

活络扳手、一字螺丝刀、十字螺丝刀。

2. 更换前的准备

(1) 通过故障观察和分析，确定模块故障，并确认需要更换的模块。

(2) 确定备件功能完好，并且型号与故障模块一致。

(3) 准备防静电袋、防潮袋和纸箱，并准备若干标签，以作标记用。

(4) 记录好待更换模块上的电缆位置（包括电源、告警电缆等），待模块更换完毕后，这些电缆要插回原位。

3. 更换步骤

(1) 关闭该防雷箱的电源。

(2) 拔掉防雷箱上的电缆，如电源、地线等。

(3) 松开安装夹板上的固定螺钉，将防雷箱取下。

(4) 将替换下来的故障防雷箱放入有防潮袋的防静电袋中，并粘贴标签，注明模块型号、所在扇区以及故障等；然后将故障模块分类存放在纸箱中，纸箱外面也应该有相应标签，以便日后辨认处理。

(5) 将防雷箱备件重新安装，注意旋紧固定螺钉，插好防雷箱上的电缆。

(6) 给该防雷箱重新上电。

4. 更换后确认

模块刚上电时，会有一定时间的自检过程。如果自检成功，指示灯显示正常，业务恢复，则表明替换成功。如果模块自检不成功，即不断自检或最终显示不正常，相关单元业务也未恢复，则表示替换未成功。请重新检查确认是否备件损坏，或者故障原因不在该模块上。操作人员可以通过观察前、后台的告警，查看故障原因。

计划与建议

计划与建议（参考）	
1	通过阅读资料、询问相关工作人员了解日常维护的目的、安全要求
2	通过阅读资料、实地观察了解故障等级分类及特征信息
3	分组讨论日常维护的操作方法
4	总结 B328 设备各个部件更换的方法和注意事项

展示评价

（1）教师及其他组负责人根据小组展示汇报的整体情况进行小组评价。

（2）学生展示汇报中，教师可针对小组成员的分工，对个别成员进行提问，给出个人评价表。

（3）组内成员互评表打分。

（4）自评表打分。

（5）评选今日之星。

试一试

（1）按照维护周期的不同，可将例行维护分为__________和__________两类。

（2）有些维护工作可以在6:00～24:00之间进行，有些则不能。列出几个不可以在6:00～24:00间进行的维护工作。__________、__________、__________、__________、__________、__________。

（3）故障等级划分为__________、__________、__________。

（4）常用的维护方法有__________、__________、__________、__________、__________、__________、__________、__________。

练一练

（1）按照维护要求，自己动手更换射频电缆。

（2）按照维护要求，自己动手更换防雷箱电缆。

任务十四 TD-SCDMA系统无线网络优化

资讯准备

资 讯 指 南	
资 讯 内 容	获 取 方 式
TD-SCDMA无线网络优化具有什么样的意义?	阅读资料； 上网； 查阅图书； 询问相关工作人员
TD-SCDMA无线网络优化与2G网络优化有哪些区别?	
TD-SCDMA无线网络优化具有什么指导思想和原则?	
TD-SCDMA无线网络优化的流程是怎样的?	
TD-SCDMA无线网络日常优化的内容有哪些?	
TD-SCDMA无线网络日常优化有哪些必要条件?	
日常优化过程中如何对网络问题进行定位?	
在实际网络优化过程中问题的解决手段有哪些?	

14.1 操作任务描述

在实习现场进行实地操作，具体如下所示。

- 网络优化相关设备及软件的使用。
- 评估网络质量状态。
- 定位网络问题。
- 分析实施优化的措施。

无线网络优化的注意事项如下所示。

- 工具、仪器设备按规定摆放。
- 日常网络优化中解决问题的步骤。
- 注意数据的备份。

14.2 TD-SCDMA 无线网络优化概论

移动通信网络的运营效率和运营收益最终归结于网络质量与网络容量问题，这些问题直接体现在用户与运营商之间的接口上，这正是网络规划和优化所关注的领域。由于无线传播环境的复杂和多变以及 3G 网络本身的特性，TD-SCDMA 网络优化工作将成为网络运营所极为关注的日常核心工作之一。

众所周知，网络优化是一项复杂、艰巨而又意义深远的工作。作为一种全新的 3G 技术，TD-SCDMA 网络优化工作内容与其他标准体系网络的优化工作既有相同点又有不同点。相同的是，网络优化的工作目的都是相同的，步骤也相似；不同的是，具体的优化方法、优化对象和优化参数。本节的编撰目的是为了迎合 TD-SCDMA 大规模网络建设初期较强的网络优化需求，力求抛砖引玉，给出 TD-SCDMA 网络优化的步骤与方法。

1. TD-SCDMA 无线网络优化的意义

与其他制式网络相同，TD-SCDMA 网络也会经历规划、优化的阶段，并且 TD-SCDMA 的网络优化在网络建设、运维中的重要性是非常大的。通过网络优化可以优化网络规划的结果，规避由网络规划不准确带来的一些弊端，使网络性能全面提高，并且同时指导下一阶段的网络规划工作。网络优化的主要工作是提高网络的性能指标，包括如下几方面。

(1) 容量指标：反映容量的指标是上下行负载。

(2) 覆盖指标：反映覆盖的指标有 PCCPCH 强度、接收功率、发送功率和覆盖里程比等，PCCPCH 强度是反映覆盖质量的关键参数，覆盖里程比是反映网络整体覆盖状况的综合指标。覆盖问题主要有无覆盖、越区覆盖、无主覆盖等，容易导致掉话和接入失败，是优化的重点。

(3) 质量指标：对于语音业务，反映业务质量的指标是误帧率；对于数据业务，反映业务质量的指标主要是吞吐率和时延。

（4）接入指标：反映接入指标的参数是业务接入完成率。移动台发起接入请求，如果在规定时间内移动台不能建立相应的业务连接，则认为接入失败，但是接入失败不包括由于基站主动拒绝而导致不能建立连接（呼叫阻塞）的情况。导致接入失败的主要原因有无覆盖、越区覆盖、临区列表不合理以及协议不完善等。

（5）成功率指标：反映成功率指标的参数是业务的掉话率。导致掉话的主要原因有PCCPCH 污染、覆盖不良、无主 PCCPCH 以及临区设置不合理等。

（6）切换指标：反映切换指标的参数是切换成功率。

2. TD-SCDMA 与 2G 无线网络优化的区别

2G 网络都已经形成了自己的一套比较标准的无线网络优化流程，并且形成了一套关键指标体系来反映网络的整体情况，包括容量指标、覆盖指标、接入指标、成功率指标、质量指标和切换指标。TD-SCDMA 无线网络优化与 2G 的不同之处在于如下所述几个方面。

（1）TD-SCDMA 网的无线网络初规划阶段为以后的优化服务提出了更多需求。网络规划的结果将会引导网络建设的规模，TD-SCDMA 建设初期，由于网络规划的一些输入，比如话务模型还有未完善的地步，因此相对 2G 而言，TD-SCDMA 的网络规划会对日后的网络优化产生较大的影响。

（2）TD-SCDMA 支持多速率业务，包括 PS 和 CS，所以相对 2G 而言，对不同业务的优化工作也是一种挑战。

（3）CDMA 系统是个自干扰系统，TD 也不例外，只是 TD 系统呼吸效应并不明显。但是如果衡量覆盖与容量的平衡也是需要重点考虑的问题。网络优化就是对受干扰影响的覆盖和容量进行不断分析、研究及调整的过程。

（4）2G 与 TD-SCDMA 共存阶段的优化是个需要考虑的问题，必须解决与现有网长期共存带来的问题。在共存的过程中需要解决的问题也是分阶段不一样的，初期重点解决覆盖的问题是要避免影响 2G 网的稳定性，保持 2G 业务的连续性，还要突出 TD-SCDMA 业务的高质量；在业务扩张的成熟时期，要考虑 TD-SCDMA、2G 负载均衡，提出网络的资源利用率。

3. TD-SCDMA 无线网络优化与规划设计的关系

网络规划的特点在于通过一系列的科学的、严谨的流程来获得具体的网络建设规模、网络建设参数等。这些输出将用于直接指导网络建设，网络规划的结果将直接影响未来的网络优化的工作。网络规划的质量也可以通过后期网络优化的工作量来反映。网络优化在更好地提高网络性能的同时，也会弥补网络规划带来的不足，同时根据当地网络优化经验的积累也会为下一阶段该地区的网络规划工作带来非常重要的依据。图 14-1 指示了网络规划工具与优化工具在网络优化中的联系。

4. TD-SCDMA 无线网络优化的指导思想与原则

移动网络规划和优化的基本原则是在一定的成本下，在满足网络服务质量的前提下，建设一个容量和覆盖范围都尽可能大的无线网络，并适应未来网络发展和扩容的要求。无线网络优化的目的就是对投入运营的网络进行参数采集、数据分析，找出影响网络质量的原因，再通过技术手段或参数调整，使网络达到最佳运行状态的方法，使网络资源获得最佳效益；同时了解网络的发展依据，为扩容提供依据。TD-SCDMA 网络优化的工作思路是首先做好覆盖优化，在能够保证覆盖的基础上进行业务性能的优化，最后过渡到整体性能优化阶段。

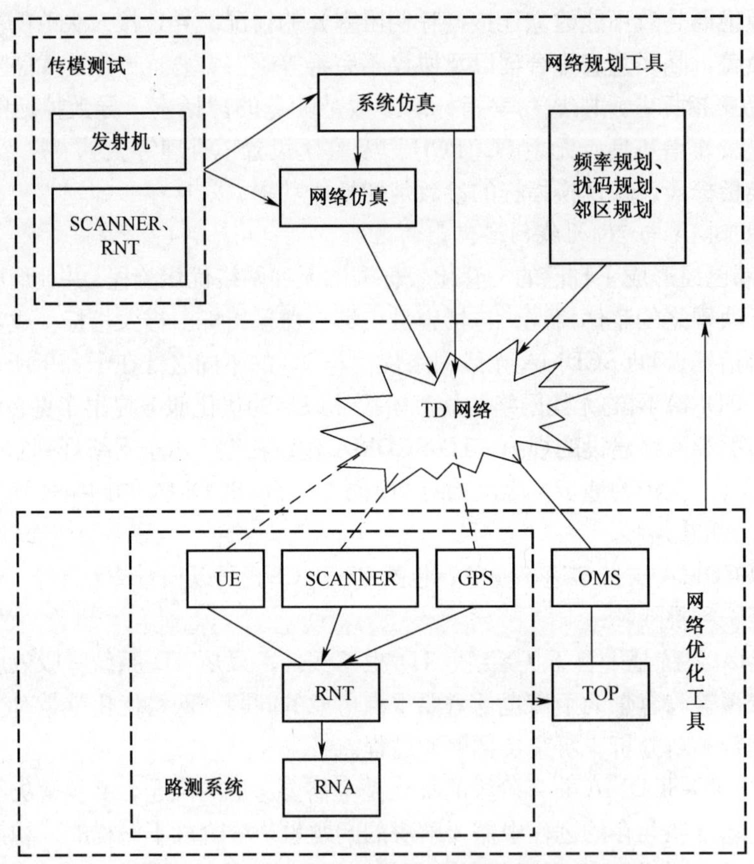

图 14-1 TD-SCDMA 无线网络规划与优化的关系图

5. TD-SCDMA 无线网络优化工作的内容

无线网络日常优化的工作主要有以下几个方面。

（1）基础数据维护

基础数据维护是建立完整的关于网络中设备（如基站、直放站等）的信息数据库，在日常优化中应及时维护并更新这些信息，保证基本信息的准确和完整。基础数据维护是网络优化的基础和前提。

（2）OMC 日常统计分析

OMC 日常统计分析是通过重点指标的分析，判断网络运行状态，发现网络问题。OMC 日常统计分析的一个重要工作是通过 TOP N 的方法筛选指标异常的小区，并进行分析优化。

（3）室内分布系统、直放站的优化

室内分布系统、直放站的优化主要是监控直放站和室内设备的运行状态，通过对统计指标、底噪、告警的分析及时发现室内分布系统和直放站的问题，并予以解决。

（4）道路和重点区域的优化

道路和重点区域的优化主要是通过对道路和重点区域的现场测试和监控，再通过分析测试数据、统计数据和投诉信息发现存在问题，并采取措施提高网络质量。

（5）投诉处理

投诉处理主要是对用户的投诉进行分析、验证和测试，并优化解决。用户投诉处理完毕后要汇总相关信息，通过分析投诉类型和分布特点确定需要重点优化的区域。

（6）搬迁及新增基站的优化

基站搬迁或新增基站后，需要对搬迁或新建的站点及其周围的基站通过现场测试调整覆盖范围和相关参数，并进行连续一段时间的性能监测，对存在的问题优化解决。

（7）资源利用率分析

资源利用率分析是分析当前网络的资源利用情况，对超闲或超忙的扇区进行话务均衡或容量调整，以提高资源利用率，节省投入。

（8）网络结构调整

网络结构调整是对现有的网络结构进行分析，如 MSC、RNC 边界划分、基站及容量分布等进行适当的调整，以使边界更为合理，容量分布更加满足市场需要。

（9）频率规划或码资源规划

频率或码资源规划是对频率或码资源的分配进行分析，对不合理的频率或码资源分配进行调整，以减少由此产生的问题，必要的时候可以对局部或全网进行频率或码资源的重新规划。

（10）IU 接口及 IUB 接口分析

IU 接口及 IUB 接口分析主要是通过 IU 接口或 IUB 接口的信令采集和分析，从信令的角度来查找问题的根源。

（11）新技术应用

新技术应用是跟踪新技术的发展，必要的时候进行相关试验，确定新技术应用的条件和范围。

（12）网络质量分析报告

网络质量分析报告是定期对网络情况进行分析，并形成报告，分析当前存在的问题，提出下一阶段的工作内容和工作目标。

日常优化的主要工作内容（示例）如表 14-1，相关的工作内容和周期可以根据实际情况进行相应调整。

表 14-1 日常优化的主要工作内容

工作内容	基本要求	工作周期
基础数据维护	对基站、直放站和室内分布系统的基础资料进行更新	基础数据变更后及时更新
OMCR 日常统计分析	对 OMCR 统计报表分析，及时发现全局性的、重大的指标变化，并在当天定位问题原因，筛选出指标最差小区进行优化	每天一次
室内分布系统、直放站的优化	对重要场所进行巡检和测试，保证能正常完成呼叫	每月一次
道路和重点区域的优化	对高速公路、重要干道和市区重要道路等进行 DT 测试、分析和优化	每月一次

续表

工 作 内 容	基 本 要 求	工 作 周 期
投诉处理	对用户投诉进行处理并汇总分析	每天记录，每月汇总一次
搬迁及新增基站的优化	对新建基站和周围基站进行测试、覆盖调整、参数调整等优化工作，并对相关基站进行性能监控	持续监测 3 天
资源利用率分析	对网络各类相关资源的利用情况进行分析和优化	每天监控，根据情况及时进行调整
网络结构调整	对于不合理的网络结构进行重新规划调整，如对 MSC、BSC、位置区、寻呼区等边界的调整，以使整个网络的负荷分担更为合理	按需进行
频率或码资源规划	根据需要对网络重新做频率、码资源规划	按需进行
IU接口及IUB接口分析	根据需要对 IU、IUB 接口进行信令跟踪分析	按需进行
新技术应用	在一定范围内进行有目的的技术实验，如新技术、新功能实验等	按需进行
网络质量分析报告	对网络性能指标、不良小区、投诉情况、话务量、告警及网络运行状态等情况进行综合分析，并定期形成报告	每周和每月进行

6. TD-SCDMA 无线网络优化的必备条件

开展无线网络优化工作需要具备以下条件。

(1) 组织和人员

建议有专门的网络优化队伍，网络优化队伍至少包括投诉处理人员、网络监测人员、系统分析人员、基站优化人员、现场测试人员及天馈调整人员等。

(2) 工具和车辆

网络优化中的优化工具一般需要有电子地图（如 mapinfo 地图）、统计分析软件、频率或码资源规划软件、路测前台设备、路测后台分析软件、CQT 测试工具、功率计、天馈测试仪、IU 口和 IUB 口信令测试仪、扫频仪及现场勘察设备等，另外还需要配备专门的网络优化车辆。

14.3 TD-SCDMA 无线网络的优化流程

日常优化流程图如图 14-2 所示，流程根据日常优化的总体思路分为评估网络质量、定位网络问题和实施优化 3 部分。

(1) 评估网络质量工作包括 OMC 后台分析、投诉分析处理、现场测试（DT 和 CQT 测试）分析等工作，搬迁和新加站点的监测也是其中一部分。如果存在问题，最后要将问题地理化图示，并详细描述。

(2) 定位网络问题是将各种地理化的信息整合在一起综合分析，查找问题的原因。

(3) 实施优化是根据分析结果制定优化方案，并通过工单处理系统派发工单实施优化。方案实施后要对实施结果进行评估，如问题未解决则重新拟定方案实施优化。如果问题已解决，则总结经验，并将相关文件归档处理，流程结束。

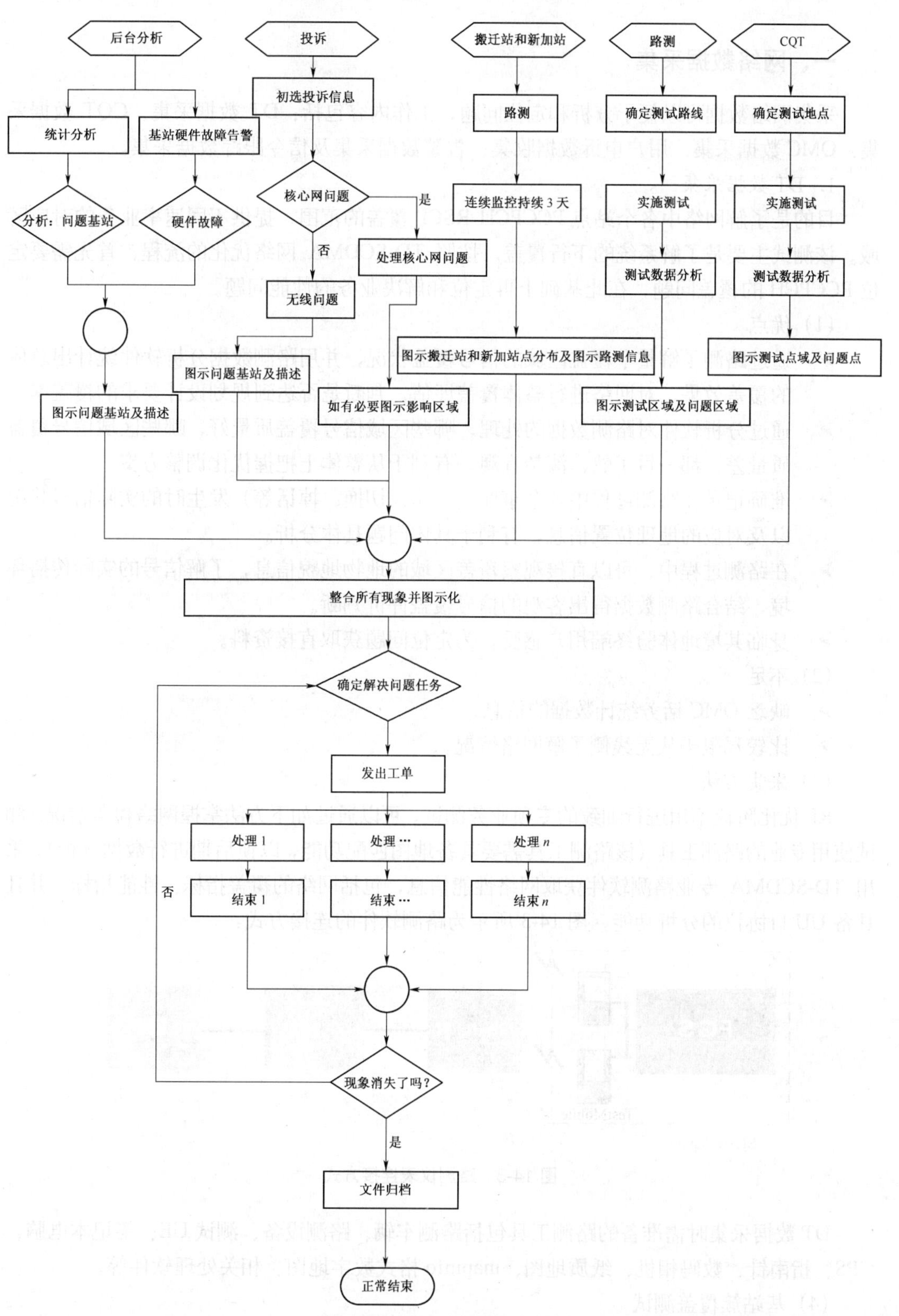

图 14-2 日常网络优化流程

一、网络数据采集

采集网络数据可以便于分析和定位问题，工作内容包括：DT 数据采集、CQT 数据采集、OMC 数据采集、用户申诉数据收集、告警数据采集及信令跟踪数据采集。

1. DT 数据采集

目的是了解网络中各个站点 PCCPCH RSCP 覆盖的范围，提供不同速率业务的对应区域。该测试主要是了解系统的下行覆盖，按照 TD-SCDMA 网络优化的流程，首先需要定位 PCCPCH 的覆盖问题，在此基础上再定位和解决业务的性能问题。

（1）优点

- 通过路测了解整个覆盖区域的信号覆盖状况，并用路测数据分析软件统计出总体的覆盖效果，对网络进行整体覆盖评估，判断是否达到规划设计要求的覆盖率。
- 通过分析软件对路测数据的处理，哪些区域信号覆盖质量好，哪些区域信号覆盖质量差，都一目了然，清楚直观，有利于从整体上把握优化调整方案。
- 准确记录在路测过程中各个事件（呼叫、切换、掉话等）发生时的实际信号状况以及对应的地理位置信息，有利于具体问题具体分析。
- 在路测过程中，可以直接观察覆盖区域的地物地貌信息，了解信号的实际传播环境，结合路测数据得出客观的信号覆盖评价判断。
- 身临其境地体验终端用户感受，为定位问题获取直接资料。

（2）不足

- 缺乏 OMC 话务统计数据的信息。
- 比较局限于从无线侧了解网络情况。

（3）采集方法

RF 优化阶段不用进行细致的专项业务测试，可以通过如下方法掌握网络覆盖情况。测试使用专业的路测工具（该路测工具需要具备地图匹配功能，以便后期进行数据分析），采用 TD-SCDMA 专业路测软件获取网络性能信息，包括网络的覆盖指标、性能指标，并且具备 UU 口协议的分析功能。图 14-3 所示为路测软件的连接方式：

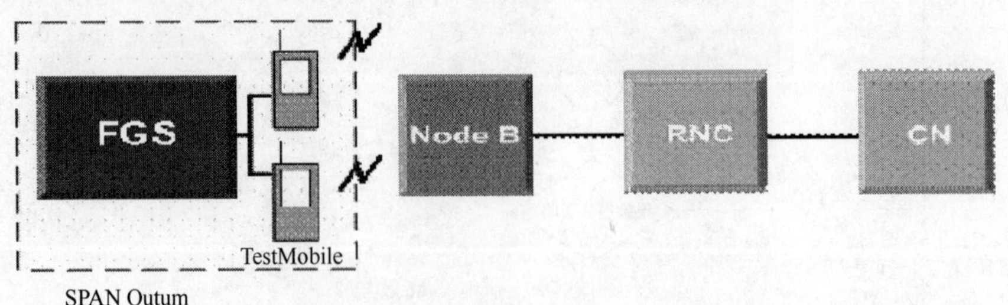

图 14-3 路测仪表连接方式

DT 数据采集时需准备的路测工具包括路测车辆、路测设备、测试 UE、笔记本电脑、GPS、指南针、数码相机、纸质地图、mapinfo 格式数字地图、相关处理软件等。

（4）基站簇覆盖测试

测试时需要记录无线参数设置和各项工程参数，以便与后期的测试结果做对比。设计测试路线时须注意划分基站簇的覆盖范围，清晰区分覆盖边界，详细记录 PCCPCH RSCP 和 C/I 值的分布。

（5）全网覆盖测试

全网覆盖测试工作量较大。测试中出现的情况比较复杂，因此测试需要充分准备。首先做好路线设计，争取遍历覆盖范围内每一个小区；另外避免重复测试某一个小区现象，详细记录 PCCPCH RSCP 和 C/I 值的分布。

不同速率的业务要求的信号条件也有所区别，表 14-2 列出了常见业务对应的边界覆盖的 PCCPCH 信号强度和质量参考值。

表 14-2 常见业务对应的边界覆盖参考值

业　务	RSCP	C/I
CS12.2K voice		
CS64K video		
PS64K		
PS128K		
PS384K		

表中给出的数据仅供平时参考，且站点开通后的 RF 优化通常是以空载网络为对象，用户增多后业务边界会收缩。

全网覆盖测试的目的为分析测试数据，对网络覆盖水平作出判定，找出存在问题的区域并进行问题分析，做出《优化前测试报告》。

2. CQT 数据采集

在相同的负载条件和采用相同呼叫方式的情况下，网络评估之间才具有可比性。因此首先要明确网络数据采集的参数选择。不同优化阶段进行的路测数据采集对负载的要求如表 14-3 所示。

表 14-3 路测条件选择

	工程优化阶段		运维优化阶段	
负载选择	网络负荷	对应时间段	网络负荷	对应时间段
	无载（或轻载）	9:00～21:00	忙时	9:00～10:00
	有载（即模拟加载）	9:00～21:00	有载（即模拟加载）	00:00～5:00

CQT 测试分为长时间保持和短呼测试，每种测试又分为在模拟加载和真实加载两种情况下进行。测试过程中，要选择近场、中场和远场。

从呼叫时间来分，呼叫方式可以分为呼叫保持和短呼。

连续长时呼叫测试需要将呼叫保持时间设置为最大值，发起呼叫后在覆盖区内连续测试。如果出现掉话自动重呼，连续长时呼叫测试可以用来测试掉话率、切换成功率、数据业务的速率等网络性能参数，更多体现系统在切换方面的性能。

周期性呼叫测试通过将呼叫建立时间、呼叫保持时间和呼叫间隔时间设置为一组固定的值，周期性地发起呼叫来测试网络性能。周期性呼叫测试更能反映系统的处理能力，可以用来测试接通率、掉话率等网络性能参数。

3. OMC 数据采集

OMC 数据采集属于海量数据采集，适用于运维优化阶段，可使用系统默认的报表统计，也可自定义查询，按照时间段采集所需计数器的值进行统计。

4. 用户投诉数据采集

用户投诉数据采集适用于运维优化阶段。由于用户申诉都来自切身感受，并且带有网络问题描述和地理信息，需要认真对待。运维人员可将申诉数据分类后统一处理。

5. 告警数据采集

OMC 机房均安装有设备告警箱，必须及时响应告警信息。

6. 信令跟踪数据采集

信令跟踪是优化过程中常用的手段，手机侧和 RNC 侧均可进行信令跟踪和采集。手机侧采集空口信令，RNC 侧采集的信令更全，可以根据需要设置为跟踪 RNC 下的多个用户、单个用户或跟踪某小区的用户，使用专门的信令跟踪工具来进行跟踪分析，然后根据信令消息和 DT 及 CQT 测试定位问题。信令跟踪过程中信令分析窗口如图 14-4 所示。

令上报时间	信...	小区标识	UE标识	协议类型	信令消息类型	信令消息名称	信令方向	其他信息
:14:18.233	18	6531	D60044B2	RRC	DL_DCCH_MESSAGE	downlinkDirectTransfer	RNC-->UE	
:14:18.421	10	6531	D60044B2	RRC	UL_DCCH_MESSAGE	uplinkDirectTransfer	RNC<--UE	
:14:18.436	14	6531	D60044B2	RANAP	Request(initiatingMessage)	DirectTransferMessage	RNC-->CN	PD_CC: CONNECT ACKNOWLEDGE
:15:46.233	13	6531	D60044B2	RRC	UL_DCCH_MESSAGE	uplinkDirectTransfer	RNC<--UE	
:15:46.249	17	6531	D60044B2	RANAP	Request(initiatingMessage)	DirectTransferMessage	RNC-->CN	PD_CC: DISCONNECT
:15:46.280	19	6531	D60044B2	RANAP	Request(initiatingMessage)	DirectTransferMessage	RNC<--CN	PD_CC: RELEASE
:15:46.296	10	6531	D60044B2	RRC	DL_DCCH_MESSAGE	downlinkDirectTransfer	RNC-->UE	
:15:56.280	27	6531	D60044B2	RANAP	Request(initiatingMessage)	DirectTransferMessage	RNC<--CN	PD_CC: RELEASE
:15:56.296	18	6531	D60044B2	RRC	DL_DCCH_MESSAGE	downlinkDirectTransfer	RNC-->UE	
:16:05.483	29	6531	D60044B2	NBAP	Request(initiatingMessage)	RadioLinkFailureIndicationMessage	RNC<-NodeB	
:16:06.280	12	6531	D60044B2	RANAP	Request(initiatingMessage)	IuReleaseCommandMessage	RNC<--CN	
:16:06.296	7	6531	D60044B2	RANAP	Response(successfulOutco...	IuReleaseCommandMessage	RNC-->CN	
:16:06.358	7	6531	D60044B2	RRC	DL_DCCH_MESSAGE	rrcConnectionRelease	RNC-->UE	
:16:07.483	29	6531	D60044B2	NBAP	Request(initiatingMessage)	RadioLinkFailureIndicationMessage	RNC<-NodeB	
:16:08.358	7	6531	D60044B2	RRC	DL_DCCH_MESSAGE	rrcConnectionRelease	RNC-->UE	
:16:09.483	29	6531	D60044B2	NBAP	Request(initiatingMessage)	RadioLinkFailureIndicationMessage	RNC<-NodeB	
:16:10.358	7	6531	D60044B2	RRC	DL_DCCH_MESSAGE	rrcConnectionRelease	RNC-->UE	
:16:11.483	29	6531	D60044B2	NBAP	Request(initiatingMessage)	RadioLinkFailureIndicationMessage	RNC<-NodeB	
:16:12.358	7	6531	D60044B2	RRC	DL_DCCH_MESSAGE	rrcConnectionRelease	RNC-->UE	
:16:13.483	29	6531	D60044B2	NBAP	Request(initiatingMessage)	RadioLinkFailureIndicationMessage	RNC<-NodeB	
:16:14.389	32	6531	D60044B2	NBAP	Request(initiatingMessage)	RadioLinkDeletionMessage	RNC->NodeB	
:16:14.405	15	6531	D60044B2	NBAP	Response(successfulOutco...	RadioLinkDeletionMessage	RNC<-NodeB	
:18:16.499	21	5621	D60044B2	RRC	UL_CCCH_MESSAGE	rrcConnectionRequest	RNC<--UE	
:18:16.530	176	5621	D60044B2	NBAP	Request(initiatingMessage)	RadioLinkSetupMessage	RNC->NodeB	
:18:16.577	71	5621	D60044B2	NBAP	Response(successfulOutco...	RadioLinkSetupMessage	RNC<-NodeB	
:18:16.686	118	5621	D60044B2	RRC	DL_CCCH_MESSAGE	rrcConnectionSetup	RNC-->UE	
:18:16.874	28	5621	D60044B2	NBAP	Request(initiatingMessage)	RadioLinkRestoreIndicationMessage	RNC<-NodeB	
:18:16.983	32	5621	D60044B2	RRC	UL_DCCH_MESSAGE	rrcConnectionSetupComplete	RNC<--UE	
:18:16.999	43	5621	D60044B2	RRC	DL_DCCH_MESSAGE	measurementControl	RNC-->UE	
:18:17.139	31	5621	D60044B2	RRC	UL_DCCH_MESSAGE	initialDirectTransfer	RNC<--UE	
:18:17.155	78	5621	D60044B2	RANAP	Request(initiatingMessage)	InitialUEMessage	RNC-->CN	PD_MM: LOCATION UPDATING REQUEST
:18:17.186	54	5621	D60044B2	RANAP	Request(initiatingMessage)	DirectTransferMessage	RNC<--CN	PD_MM: AUTHENTICATION REQUEST
:18:17.202	40	5621	D60044B2	RRC	DL_DCCH_MESSAGE	downlinkDirectTransfer	RNC-->UE	
:18:19.030	15	5621	D60044B2	RRC	UL_DCCH_MESSAGE	uplinkDirectTransfer	RNC<--UE	
:18:19.046	24	5621	D60044B2	RANAP	Request(initiatingMessage)	DirectTransferMessage	RNC-->CN	PD_MM: AUTHENTICATION RESPONSE
:18:19.061	20	5621	D60044B2	RANAP	Request(initiatingMessage)	CommonIDMessage	RNC<--CN	
:18:19.093	20	5621	D60044B2	RANAP	Request(initiatingMessage)	DirectTransferMessage	RNC<--CN	PD_MM: IDENTITY REQUEST

图 14-4 信令分析窗口

二、数据分析与定位

数据分析与定位通过分析测试数据，对优化前的网络进行评估，主要用于发现网络中存在的问题，为下一阶段的网络优化提供指导；其工作内容包括如下几个方面。

➢ DT、CQT 数据分析。

- OMC 性能统计数据分析。
- 告警数据分析。
- 信令分析。

1. DT 数据分析

DT 数据分析即对通过信号接收机和测试手机采集到的网络数据进行地理化分析，可以在地图上直观地看到当前网络的信号强度与信号质量、各基站分布及小区覆盖范围、干扰及 PCCPCH 污染等信息。通常需要完成单基站、基站簇以及全网的 PCCPCH RSCP 分布图和 PCCPCH C/I 分布图。对于掉话、切换故障等（或服务质量不好的）区域，可以利用专用优化分析软件提供的数据回放及查询统计功能，进行进一步分析。

通过考察网络覆盖情况进行判定的工作内容主要有以下几点。

(1) PCCPCH 合理性分布定位。每个小区都有一定的覆盖范围，通过测试结果，可以看到主导小区的覆盖情况。一个良好覆盖的网络需要每个小区都有一个均衡的合理的覆盖范围（特殊场景除外），通过观察主导小区分布图，判断整个网络小区的大致覆盖情况，然和对问题进行细化。

(2) PCCPCH 污染现象判断。当某地出现多个小区覆盖，并且信号强度都较高时，令导致 C/I 偏低，并且 UE 在其中频繁重选，这时即可进入导频污染的问题解决流程。

(3) 加强弱覆盖。在测试路线上，主导小区的信号较弱，并且邻区信号也较弱，需要加强该区域的覆盖。

(4) 纠正邻区关系。邻区关系配置不当，会引起主导小区信号异常。

(5) 排除 C/I 的异常。PCCPCH 污染、弱覆盖、邻区关系设置不当、频点规划等都会引起 C/I 的变化。

2. CQT 数据分析

CQT 数据分析即用优化分析软件对 CQT 数据进行分析，主要得到呼叫成功率、切换成功率、呼叫时延、掉话率、数据业务平均速率等指标。

其对全网故障点进行分析，获取网络性能直观印象，力争找到故障点出现规律，打开解决问题的思路。从而确定重点优化地段和内容。下图是某地掉话点分布，可见掉话点集中在弱场，在拐角处较多。

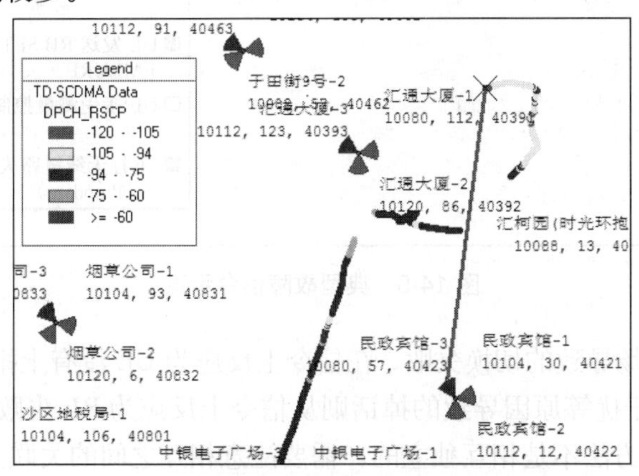

CQT 数据分析掉话点示意图

3. OMC 性能统计数据分析

正式运营的网络才会有海量数据，因此 OMC 性能统计数据分析用于运维优化分析。

通过对 OMC 性能统计数据的分析，不仅能获得各小区、基站和网络的各项性能统计指标，而且还可以基本找出网络大致存在的问题；再结合针对性的路测、拨打测试和信令分析，就可以找到问题的解决方法。

通过 OMC 性能统计数据分析可得到无线网络一般性能指标 GPI 和关键性能指标 KPI，都是评估网络性能的重要参考指标。

4. 用户投诉数据分析

用户投诉数据分析适用于运维优化阶段的数据分析过程。

对于用户申诉信息，由于用户描述问题的多样性和表达方式的差异，问题可能不仅仅出在基站侧，往往还涉及传输系统、计费系统等。因此需要详细地加以辨别，找出能够真正反映网络情况的信息。

另外，用户申诉可以直接反映问题表现和地理位置信息。

5. 信令性能分析

(1) 典型的信令故障

通过 CQT 测试，配合 UU 口和 IUB 口的信令跟踪以及路测数据，可以进行问题的定位。图 14-5 所示为某地 TD-SCDMA 各种故障信令的分析汇总，从中可以看出各种信令占据故障信令的比例。各种典型的信令故障如表 14-4 所示。

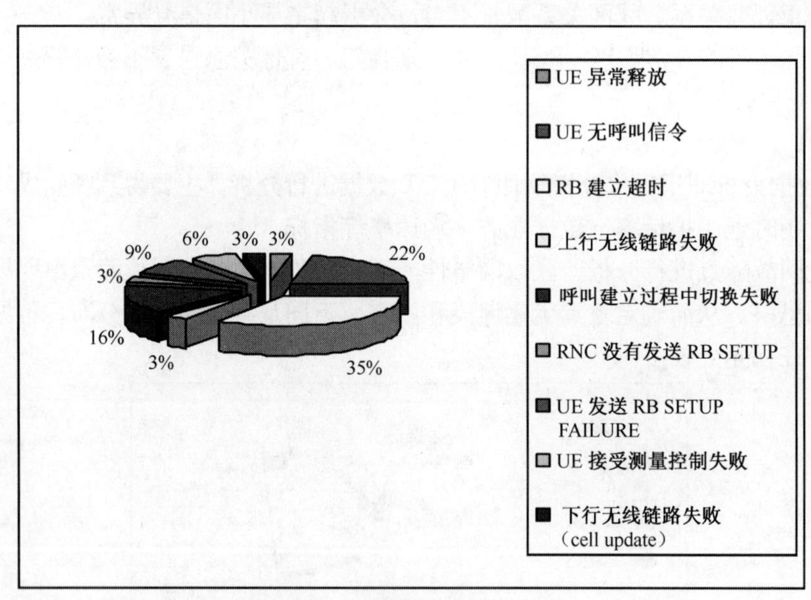

图 14-5 典型故障信令示意

注：由信号的弱场导致的切换失败，在信令上反应为 UE 没有上报物理信道重配完成、RB 重配超时等。由干扰等原因导致的掉话则从信令上反应为 RL 失败等现象。

各种数据的分析方法不是相互独立的，需要注意相互之间的关联。如 DT/CQT 数据都是从网络中直接测量得到的，分析时可能要结合 OMC-R 的配置参数或 OMC-B 观察到的

RTWP 等信息。

表 14-4 典型故障信令列表

信令	呼叫失败原因
MoC	UE 异常释放
	UE 无呼叫信令
	RB 建立超时或失败
	上行无线链路失败
	PSTN(网络异常释放)
	RRC 建立失败
	CM 服务拒绝
	NODBE RADIO LINK 删除时间过长
	UE 接受测量控制失败
	掉话
	上行无线链路失败
	PSTN 问题(网络异常释放)
	切换掉话
	UE 接受测量控制失败
MMC	UE 异常释放
	UE 无呼叫信令
	RB 建立超时或失败
	上行无线链路失败
	呼叫建立过程中切换失败
	RNC 没有发送 RB SETUP
	UE 发送 RB SETUP FAILURE
	UE 接受测量控制失败
	下行无线链路失败
	掉话
	UE 异常释放
	上行无线链路失败
	切换掉话
	UE 接受测量控制失败
	下行链路失败

（2）典型呼叫失败信令分析

① UE 无信令

测试过程中，会出现主叫手机按下按键后迅速返回“未接通”状态，从网络侧看没有任何主叫得信令；或者 MMC 呼叫过程中，主叫听到“被叫不在服务区”的语音提示，但是从网络侧信令看，没有被叫的任何信令消息。

在通常的网络环境下，手机的小区重选不会对系统的 KPI 指标产生过多的影响。但在几个阶段的测试中发现，手机在小区重选时手机的主叫流程和被叫流程都存在问题。

➢ 对于被叫，如果手机在发生小区重选的时候被寻呼，被叫手机有一定的概率不能收到寻呼消息，导致后续无信令。

➢ 对于主叫，问题相对更严重，如果手机在发生小区重选的时候做主叫，测试中发现有一定数量的表现为手机无主叫信令而导致呼叫失败。

② RB 建立超时失败

正常的 RB 流程如下：

downlinkDirectTransfer

RAB_AssignmentMessage

RadioLinkReconfigurationPreparation

RadioLinkReconfigurationPreparation

radioBearerSetup

RadioLinkReconfigurationCommit

RadioLinkRestoreIndicationMessage

radioBearerSetupComplete

RAB_AssignmentMessage

比较典型的 RAB 失败是网络侧未收到 radioBearerSetupComplete，从而导致 RAB 重配超时（失败）。造成这种失败的原因有可能是 UE 没有收到 radioBearerSetup，也有可能是 UE 收到 radioBearerSetup 后上发 radioBearerSetupComplete，但网络侧没有收到。

➢ 如果 UE 没有收到 radioBearerSetup，则说明当时下行链路质量差。造成下行链路质量差的原因可能是下行覆盖临界、邻区的下行干扰、本小区其他用户的下行干扰等。

➢ 如果 UE 收到 radioBearerSetup 后上发 radioBearerSetupComplete，但网络侧没有收到，则可能是因为上行质量差。造成上行链路质量差的原因可能是上行覆盖临界、邻区的上行干扰、本小区其他用户的上行干扰等。

从上面可以看到，只要上行覆盖差、本小区的其他用户的上下行干扰增大或者邻小区的上下性干扰增大，都可能导致 RAB 建立完成不了。所以 RAB 失败是一个上下行综合的问题，只要上或下行链路处于低质量的状态，RAB 失败就容易发生。

③ 呼叫建立过程中切换未完成

在 CALL 建立过程中，UE 收到的 PHYSICAL CHANNEL RECONFIGURATION 消息需要进行切换。如果目标小区在规定时间内没有成功接收到 PHYSICAL CHANNEL RECONFIGURATION COMPLETE 消息，则 RNC 向目标小区发送 RADION LINK DELETION 消息，删除目标小区的 RL，UE 退回源小区。

正是由于上述原因，如果上述切换正好发生在网络下发 radioBearerSetup 之后，则待 UE 退回源小区之后，源小区的链路质量将无法再让 UE 的 radioBearerSetupComplete 被网络侧收到。

由于切换未完成，对于 UE 来说，此时源小区的信号已经很大概率得恶化，此时 UE 需要的是第二次切换的发生。但切换是需要一定的测量时间的，在第二切换完成之前，RAB 可能已经超时并且失败了，从而导致掉话。

④ UE 异常释放

UE 接收到 CONNECT ACKNOWLEGE 消息，表明已经接机，进入了正常谈话工程。在正常谈话过程中，但距离接机的时刻短时间后（比如几秒），UE 发送 DISCONNECT 消息，使得 CN 进入挂机流程。相应的，测试人员记录了一次呼叫未通。

该现象可能与终端异常（导致测试人员的用户感受不良，比如听到噪声，误认为没有接通）或者操作错误（比如等待了一段时间，而该次呼叫本身持续时间较长，导致测试人员误按键挂机）有关。

(3) 典型掉话故障信令分析

① 切换掉话

- RNC 向源小区 UE 发送 PHYSICAL CHANNEL RECONFIGURATION 指令，指示 UE 进行切换操作；随后 RNC 向目标小区发送 RADIO LINK DELETION 消息，源小区随后又向 RNC 传送了 RADIO LINK FAILURE INDICATION 消息，UE 与两个小区的 RL 均失败，导致掉话。其根本原因是，UE 进行物理信道重配超时，导致切换定时器超时而进行了 RL 删除的操作。
- RNC 向源小区 UE 发送 PHYSICAL CHANNEL RECONFIGURATION 指令，指示 UE 进行切换操作，随后源小区向 RNC 传送了 RADIO LINK FAILURE INDICATION 消息，紧接着目标小区也向 UE 发送了 RADIO LINK FAILURE INDICATION 消息，UE 与两个小区的 RL 均失败，导致掉话。其根本原因是，UE 进行物理信道重配超时，导致切换定时器超时而进行了 RL 删除的操作。

上述切换（超时）掉话的本质是目标小区在规定时间内没有收到“物理信道重配完成”的信令。

- 在下行方向，UE 如果没有收到 PHYSICAL CHANNEL RECONFIGURATION 消息，目标小区在规定时间内将收不到“物理信道重配完成”的信令。
- 在上行方向，UE 发出了“物理信道重配完成”，但网络侧收不到，则目标小区在规定时间内同样收不到“物理信道重配完成”的信令。

② 测量控制等消息下发重传失败掉话

由于下或者上行链路恶化，RNC 下发的确认模式的测量控制重传失败，重传失败持续一定的时间后，RNC 放弃重传，认为链路质量已经不可接收，RNC 将链路释放。

测量控制等消息下发重传失败后，RNC 向 CN 发送了 IU RELEASE REQUEST 请求，随即进入 IU RELEASE 流程，而被叫一侧则收到 CN 发送的 DISCONNECT 消息也进入 IU RELEASE 流程，随即掉话。

③ UE 在源小区无线链路失败导致掉话

源小区下发 PHYSICAL CHANNEL RECONFIGURATION 后 UE 发送 PHYSICAL CHANNEL RECONFIGURATION FAILUR，之后 UE 退回源小区，由于切换未完成并且 UE 退回源小区，UE 退回后的无线质量很有可能已经恶化；MEASURE REPORT 源小区已经无

法收到 UE 发送的测量报告，这样 UE 只能保持在实际信号已经很差的源小区里，无线链路持续恶化，导致上行链路失步，源小区向 RNC 发送 RADIO LINK FAILURE INDICATION，导致源小区进行了 RADIO LINK DELETION 操作，随即进入了 IU REALEASE 过程，导致掉话。

④ 下行链路失败

呼叫流程正常，UE 已经发送 CONNECT ACKNOWLEGE，进入通话保持阶段。通话保持时，UE 向 RNC 发送 CELL UPDATE 消息，该消息指示下行链路失败，RNC 向 CN 发送 IU RELEASE Request，进入了释放流程，导致掉线。

这样的信令是明确指示下行链路恶化的信令，可能是由下行覆盖临界、邻区的下行干扰增大、本小区其他用户的下行干扰增大等原因造成的。

⑤ 上行链路失败

呼叫流程正常，UE 已经发送 CONNECT ACKNOWLEGE，进入通话保持阶段。通话保持时，Node B 向 RNC 上报 RADIO LINK FAILURE INDICATION，该消息指示上行链路失败，RNC 向 CN 发送 IU RELEASE Request，进入了释放流程，导致掉线。

这样的信令是明确指示上行行链路恶化的信令，可能是由上行覆盖临界、邻区的上行干扰增大、本小区其他用户的上行干扰增大等原因造成的。

三、评估网络质量

网络质量可以通过 OMC 性能指标、用户感受、现场测试等几个方面来进行评估。

例如，话音的网络质量监控指标为呼叫建立成功率、寻呼成功率、话务掉话比、掉话率、切换成功率、不良小区个数及话务量，可通过分析 OMC 性能指标评估网络质量。

对于监控的性能指标，应当根据各地实际情况设置相应的门限，当某项指标劣于设定的门限时，应当及时查找问题原因，并采取优化措施予以解决。为了简化性能指标的监测，可以采取适当的方法将各类性能指标综合成一个指标，通过这个综合指标的变化来发现网络质量的变化。

1. 现场测试

制订合理的现场测试计划，定期对选定的道路和场所进行 DT 和 CQT 测试，通过测试结果来监控网络质量的变化。

2. 网络质量投诉

用户投诉可以反映用户对网络质量的感受，运维人员可以通过投诉率（每万用户的投诉量）来监测用户对网络质量的满意度。各地可以根据本地的实际情况设定相应的投诉率门限，当投诉率超过这个门限时，可判断用户对网络质量的满意度下降，应当采取优化措施减少投诉，提高用户的满意度。

四、网络问题定位和解决

1. 信息的整合

网络优化中要充分整合 OMC、现场测试、投诉等各方面的信息，通过综合分析来定位影响网络质量的各种问题原因。利用 mapinfo 平台整合各种信息，即将各种信息都放在 mapinfo 图层上，把用户投诉信息、路测信息、定点测试信息、OMC 统计分析结果以不同的颜色标注在数字地图相应的图层上。如假定红颜色代表覆盖差或性能差，绿颜色代表覆盖好或性能好，则通过观察数字地图上不同图层的颜色，即可对网络质量有一个全面的判定。若图层都是绿色，表明网络质量很好，图层上有红色的地方，表明网络在该区域存在问题。

为了使 OMC、现场测试、投诉等各种数据都能够图示化，必须对这些数据进行处理。首先应将数据记录在 Excel 的标准表格中，然后利用 Excel 表格到 mapinfo 表的映射生成图层，通过表格到图层的映射就能够把一段时间内的用户投诉在 mapinfo 图层上标示出来。通过不同的图标和颜色区分不同类型的投诉，从而让分析人员掌握各种投诉分布的情况。OMC 信息和现场测试数据中，CQT 测试记录的处理方法也类似，DT 测试数据通过后台分析软件可以直接导出成 mapinfo 图层。

2. 综合分析

综合分析是定期将 OMC、现场测试、投诉等数据处理后生成的 mapinfo 图层叠加在一起，对网络的整体表现进行分析和判断，对问题较多的区域进行标示和编号。

综合分析的主要特点是将这些信息通过地理化的方式综合地、直观地展现出来，从而使网络问题的定位更为准确和快捷。

为了解决网络问题，可能还要继续进行微观的分析，如系统参数检查、现场测试和勘察、反复的优化调整和验证过程等。

3. 问题解决

实际网络优化过程中，问题解决的主要手段如下所述。

（1）故障排除

在网络优化过程中，需要首先对问题区域的设备进行检查，排除设备故障，比如单板故障、传输问题、电压问题、接地问题及天馈问题等。

（2）覆盖调整

主要是对扇区的覆盖进行优化，控制覆盖范围，解决欠覆盖或越区覆盖的问题。技术手段包括调整扇区的方位角、下倾角、天线挂高及基站搬迁等。

（3）参数调整

在实际优化过程中，需要对邻小区参数、切换参数、功控参数等主要参数进行调整。

（4）资源调整

根据容量或网络覆盖的需要适当配置基站，以改善网络质量。比如增加载频，调整扇区方位角均衡话务，增加小区达到小区分裂增加话务等。

（5）干扰排除

通过上行指标观察，判断是否存在干扰，根据干扰特点查找干扰源。

（6）网络结构优化

根据话务分布、设备配置要求，合理设置 MSC 和 RNC 边界，合理规划 LAC 边界（注意两个不同的 LAC 边界不要在繁忙的道路中间），使网络结构更为合理。

计划与建议

计划与建议（参考）	
1	通过阅读资料、查阅图书、询问相关工作人员了解无线网络优化的目的、意义
2	通过阅读资料、询问相关工作人员了解无线网络优化的工作内容和必备条件
3	分组讨论无线网络优化流程并画写流程
4	通过无线网络优化的数据采集和数据分析，总结评估网络质量

展示评价

（1）教师及其他组负责人根据小组展示汇报的整体情况进行小组评价。

（2）学生展示汇报中，教师可针对小组成员的分工，对个别成员进行提问，给出个人评价表。

（3）组内成员互评表打分。

（4）自评表打分。

（5）本学习情景成绩汇总。

（6）评选今日之星。

试一试

（1）简述 TD-SCDMA 无线网络优化指导思想与原则。

（2）网络优化中反映无线网络性能数据可以从 6 个方面获得，分别为________、________、________、________、________、________。

（3）根据日常优化的总体思路，无线网络优化流程分为________、________、________三个部分。

（4）用优化分析软件对 CQT 数据进行分析，可以得到哪些网络业务性能指标？________、________、________、________、________、________等。

练一练

讲述 TD-SCDMA 的日常网络优化中解决问题的步骤，并画出无线网络优化流程图。

续表

书　名	书　号	定　价
电子线路板设计与制作	978-7-115-21763-9	22.00 元
单片机应用系统设计与制作	978-7-115-21614-4	19.00 元
PLC 控制系统设计与调试	978-7-115-21730-1	29.00 元
微控制器及其应用	978-7-115-22505-4	31.00 元
电子电路分析与实践	978-7-115-22570-2	22.00 元
电子电路分析与实践指导	978-7-115-22662-4	16.00 元
电工电子专业英语（第 2 版）	978-7-115-22357-9	27.00 元
实用科技英语教程（第 2 版）	978-7-115-23754-5	25.00 元
高等职业教育课改系列规划教材（动漫数字艺术类）		
游戏动画设计与制作	978-7-115-20778-4	38.00 元
游戏角色设计与制作	978-7-115-21982-4	46.00 元
游戏场景设计与制作	978-7-115-21887-2	39.00 元
影视动画后期特效制作	978-7-115-22198-8	37.00 元
高等职业教育课改系列规划教材（通信类）		
交换机（华为）安装、调试与维护	978-7-115-22223-7	38.00 元
交换机（华为）安装、调试与维护实践指导	978-7-115-22161-2	14.00 元
交换机（中兴）安装、调试与维护	978-7-115-22131-5	44.00 元
交换机（中兴）安装、调试与维护实践指导	978-7-115-22172-8	14.00 元
综合布线实训教程	978-7-115-22440-8	33.00 元
TD-SCDMA 系统组建、维护及管理	978-7-115-23760-8	33.00 元
高等职业教育课改系列规划教材（机电类）		
钳工技能实训（第 2 版）	978-7-115-22700-3	18.00 元

如果您对“世纪英才”系列教材有什么好的意见和建议，可以在“世纪英才图书网”（http://www.ycbook.com.cn）上“资源下载”栏目中下载“读者信息反馈表”，发邮件至wuhan@ptpress.com.cn。谢谢您对“世纪英才”品牌职业教育教材的关注与支持！

高等职业教育课改系列规划教材目录

书　名	书　号	定　价
高等职业教育课改系列规划教材（公共课类）		
大学生心理健康案例教程	978-7-115-20721-0	25.00 元
应用写作创意教程	978-7-115-23445-2	31.00 元
高等职业教育课改系列规划教材（经管类）		
电子商务基础与应用	978-7-115-20898-9	35.00 元
电子商务基础（第 3 版）	978-7-115-23224-3	36.00 元
网页设计与制作	978-7-115-21122-4	26.00 元
物流管理案例引导教程	978-7-115-20039-6	32.00 元
基础会计	978-7-115-20035-8	23.00 元
基础会计技能实训	978-7-115-20036-5	20.00 元
会计实务	978-7-115-21721-9	33.00 元
人力资源管理案例引导教程	978-7-115-20040-2	28.00 元
市场营销实践教程	978-7-115-20033-4	29.00 元
市场营销与策划	978-7-115-22174-9	31.00 元
商务谈判技巧	978-7-115-22333-3	23.00 元
现代推销实务	978-7-115-22406-4	23.00 元
公共关系实务	978-7-115-22312-8	20.00 元
市场调研	978-7-115-23471-1	20.00 元
高等职业教育课改系列规划教材（计算机类）		
网络应用工程师实训教程	978-7-115-20034-1	32.00 元
计算机应用基础	978-7-115-20037-2	26.00 元
计算机应用基础上机指导与习题集	978-7-115-20038-9	16.00 元
C 语言程序设计项目教程	978-7-115-22386-9	29.00 元
C 语言程序设计上机指导与习题集	978-7-115-22385-2	19.00 元
高等职业教育课改系列规划教材（电子信息类）		
电路分析基础	978-7-115-22994-6	27.00 元
电子电路分析与调试	978-7-115-22412-5	32.00 元
电子电路分析与调试实践指导	978-7-115-22524-5	19.00 元
电子技术基本技能	978-7-115-20031-0	28.00 元